新工科信息技术基础系列规划教材

U0501844

大数据导论
——数据思维、数据能力和数据伦理
（通识课版）

（第2版）

林子雨 编著

中国教育出版传媒集团

高等教育出版社·北京

内容简介

　　本书详细阐述了培养具有数据素养的综合型人才所需要的大数据相关知识。本书在确定知识布局时，秉持的一个基本原则是：紧紧围绕通识教育核心理念，努力培养学生的数据意识、数据思维和数据能力。全书共 11 章，内容包括大数据概述、大数据与其他新兴技术（云计算、物联网、人工智能、区块链、元宇宙）的关系、大数据技术、大数据应用、大数据安全、大数据思维、大数据伦理、数据共享、数据开放、大数据交易和大数据治理。为了避免陷入空洞的理论介绍，本书在很多章节都融入了丰富的案例，这些案例就发生在我们生活的大数据时代，很具代表性和说服力，能够让学生直观感受相应理论的具体内涵。

　　本书可作为高等学校非计算机专业数据科学通识类课程教材，也可供对大数据感兴趣的读者自学使用。

图书在版编目（CIP）数据

　　大数据导论：数据思维、数据能力和数据伦理：通识课版／林子雨编著. --2 版. --北京：高等教育出版社，2024.7. --ISBN 978-7-04-062466-3

　　Ⅰ. TP274

　　中国国家版本馆 CIP 数据核字第 202434UG08 号

Dashuju Daolun：Shuju Siwei、Shuju Nengli he Shuju Lunli

| 策划编辑　唐德凯 | 责任编辑　唐德凯 | 封面设计　李卫青 | 版式设计　童　丹 |
| 责任绘图　李沛蓉 | 责任校对　张　薇 | 责任印制　高　峰 | |

出版发行	高等教育出版社	网　　　址	http://www.hep.edu.cn
社　　址	北京市西城区德外大街 4 号		http://www.hep.com.cn
邮政编码	100120	网上订购	http://www.hepmall.com.cn
印　　刷	北京顶佳世纪印刷有限公司		http://www.hepmall.com
开　　本	787 mm×1092 mm　1/16		http://www.hepmall.cn
印　　张	17.75	版　　次	2020 年 2 月第 1 版
字　　数	430 千字		2024 年 7 月第 2 版
购书热线	010-58581118	印　　次	2024 年 12 月第 2 次印刷
咨询电话	400-810-0598	定　　价	39.50 元

本书如有缺页、倒页、脱页等质量问题，请到所购图书销售部门联系调换

版权所有　侵权必究

物　料　号　62466-00

○ 第2版前言

本书第1版于2020年2月出版，距今已有4年时间。在过去4年间，笔者始终致力于将该书打造成一本精品教材，投入大量时间和精力，精心制作了大量配套教学资源，包括精美的讲义PPT、慕课、案例视频、课程思政案例等。这些教学资源为高校教师提高教学质量、提升教学效果、推进教学改革起到了很好的辅助作用，受到了很多高校教师的好评。同时，笔者继续就如何改进和完善本书，做了很多的探索和思考。一方面，持续跟踪调研大数据相关领域最新发展情况，吸收整合新的知识要素；另一方面，积极与全国高校大数据教师探讨交流，认真倾听反馈意见。笔者把本书的修订工作，分布到日常的工作和学习过程中。在调研或阅读时，每每有新的知识发现，就及时进行整理，形成写作素材；在日常教学时，发现知识结构存在不足时，立即思考改进之策；在收到教师反馈意见时，认真分析问题原因，努力给出有针对性的解决方案。所以，本书的修订工作是一个持续4年的"精品建设工程"。

本书依然沿用了第1版的11章总体布局，但对每章的内容进行了更新。第1章是大数据概述，增加了对"大数据与数字经济"和"数商"的介绍；第2章是大数据与新兴技术的关系，增加了区块链和元宇宙的介绍；第3章是大数据技术，根据大数据技术的最新进展更新了部分内容；第4章是大数据应用，内容做了大量精简；第5章是大数据安全，增加了大数据安全威胁和不同形式的大数据安全风险，并增加了一些案例；第6章是大数据思维，增加了一个案例；第7章是大数据伦理，增加了一些典型案例；第8章是数据共享，增加了数据共享的原则；第9章是数据开放，对数据资产理论进行了改写；第10章是大数据交易，更新了大数据交易发展现状和有代表性的大数据交易平台；第11章是大数据治理，增加大数据治理原则和大数据治理范围相关内容。

本书面向高校非计算机类专业的学生，可以作为通识类课程教材。在撰写过程中，厦门大学计算机科学系硕士研究生周凤林、吉晓函、刘浩然、周宗涛、黄万嘉、曹基民等做了大量辅助性工作，在此，向这些同学的辛勤工作表示衷心的感谢。同时，感谢夏小云老师撰写了第11章的内容。

本书通过"厦门大学数据库实验室"网站免费提供全部配套资源的在线浏览和下载，并接受错误反馈和发布勘误信息。

由于笔者能力有限，本书难免存在不妥之处，望广大读者批评指正。作者邮箱：ziyulin @ xmu. edu. cn。

林子雨
2023年11月

第 1 版前言

大数据作为继云计算、物联网之后 IT 行业又一颗覆性的技术，备受人们关注。大数据无处不在，包括金融、汽车、零售、餐饮、电信、能源、政务、医疗、体育、娱乐等在内的社会各行各业，都融入了大数据的印迹，大数据对人类社会的生产和生活已经产生了重大而深远的影响。

对于一个国家而言，能否紧紧抓住大数据发展机遇，快速形成核心技术和应用并参与新一轮的全球化竞争，将直接决定未来若干年世界范围内各国科技力量博弈的格局。大数据专业人才的培养是新一轮科技较量的基础，高等院校承担着大数据人才培养的重任。大数据人才的培养包括两个部分，一个是培养掌握复杂大数据技术知识的大数据专业人才，另一个是培养具有数据素养的综合型人才。数据素养是信息素养在大数据时代的拓展和延伸，也是在大数据时代的新环境下，对当代大学生提出的新要求。对大学生进行数据素养教育，可以有效提升大学生的数据意识、数据思维和数据能力，使其在大数据时代获得更好的生存和发展空间。

在大数据专业人才培养方面，随着全国高校数据科学与大数据技术专业建设的持续推进，在全国从事大数据专业教学的老师的共同努力下，目前已经诞生了一大批优秀的大数据专业系列教材，较好地满足了新专业对教材的紧迫需求。但是，在通识导论教材方面，目前还处于空白状态。笔者所在的厦门大学数据库实验室，是全国高校知名的大数据教学团队，每年有很多来自全国各地的教师来到厦门大学与我们开展交流，与此同时，我们也积极走出去，到全国各地学习其他高校的大数据课程和教材的建设经验。通过大量的相互交流，我们了解到，国内高校对于开设大数据通识导论课程存在很大的需求，但却苦于缺乏相应的教材。为了满足这种需求，也为了让更多高校能够用教材把大数据通识导论课程开设起来，笔者在大量调研学习的基础上，编著了本书。

作为通识类课程教材，本书服务于具有数据素养的综合型人才的培养，而非面向大数据专业人才的培养，因此，面向的读者对象是非计算机类专业学生。本书在确定知识布局时，秉持的一个基本原则是，紧紧围绕通识教育核心理念，努力培养学生的数据意识、数据思维、数据伦理和数据能力。为了避免陷入空洞的理论介绍，本书在很多章节都融入了丰富的案例，这些案例就发生在我们生活的大数据时代，很具有代表性和说服力，能够让学生直观感受相应理论的具体内涵。

本书共 11 章，详细阐述了培养具有数据素养的综合型人才所需要的大数据相关知识。第 1 章介绍了数据的概念、大数据时代到来的背景、大数据的发展历程、世界各国的大数据发展战略、大数据的概念与影响、大数据的应用以及大数据产业；第 2 章介绍了云计算、物联网、人工智能的概念和应用，并阐述了大数据与云计算、物联网、人工智能之间的紧密关系；第 3 章介绍大数据分析全流程所涉及的各种技术，包括数据采集与预处理、数据存储和管理、数据处理与分析、数据可视化、数据安全和隐私保护等；第 4 章介绍大数据在各大领域的典型应用，包括互联网、生物医学、物流、城市管理、金融、汽车、零售、餐饮、电信、能源、体育、娱乐、安全、政府和日常生活等领域；第 5 章讨论大数据安全问题并给出相关的典型案例；第 6 章介绍大数据时代新的思维方式，包括全样而非抽样、效率而非精确、相关而非因果、以数据为中心、"人人为我，我为人人"等；第 7 章介绍大数据伦理的概念，并给出与大数据伦理相关的典型案例；第 8 章介绍数据共享的意义、实现数据共享所面临的相关挑战以及推进数据共享应当采取的措施；第 9 章介绍政府开放数据的理论基础、政府数据开放的重要意义、国外政府开放数据的经验和我国政府开放数据的现状；第 10 章介绍大数据交易的发展现状、大数据交易平台、大数据交易在发展过程中出现的问题以及推进大数据交易发展的对策；第 11 章介绍大数据治理的概念、要素和治理模型。

本书面向高校非计算机类专业的学生，可以作为通识类课程教材使用。本书由林子雨执笔。在撰写过程中，厦门大学计算机科学系硕士研究生魏亮、曾冠华、程璐、林哲、郑宛玉、陈杰祥等做了大量辅助性工作，在此，向这些同学的辛勤工作表示衷心的感谢。同时，感谢夏小云老师在书稿校对过程中的辛勤付出。

本书通过"厦门大学数据库实验室"网站免费提供全部配套资源的在线浏览和下载，并接受错误反馈和发布勘误信息。

本书在撰写过程中，参考了大量网络资料、文献和书籍，对相关知识进行了系统梳理，有选择性地把一些重要知识纳入本书。由于笔者能力有限，本书难免存在不足之处，望广大读者不吝赐教。

林子雨

2019 年 3 月

目　录

第 1 章　大数据概述

1.1　数据 ······················· 002
　1.1.1　数据的概念 ············· 002
　1.1.2　数据类型 ··············· 002
　1.1.3　数据组织形式 ··········· 003
　1.1.4　数据生命周期 ··········· 003
　1.1.5　数据的使用 ············· 004
　1.1.6　数据的价值 ············· 005
　1.1.7　数据爆炸 ··············· 006
　1.1.8　数商 ··················· 006
1.2　大数据时代 ················· 007
　1.2.1　第三次信息化浪潮 ······· 007
　1.2.2　信息科技为大数据时代提供技术
　　　　支撑 ··················· 008
　1.2.3　数据产生方式的变革促成大数据
　　　　时代的来临 ············· 009
1.3　大数据的发展历程 ··········· 011
1.4　世界各国的大数据发展战略 ····· 013
　1.4.1　美国 ··················· 014
　1.4.2　英国 ··················· 015
　1.4.3　欧盟 ··················· 015
　1.4.4　韩国 ··················· 016

　1.4.5　日本 ··················· 016
　1.4.6　中国 ··················· 016
1.5　大数据的概念 ··············· 019
　1.5.1　数据量大 ··············· 019
　1.5.2　数据类型繁多 ··········· 020
　1.5.3　处理速度快 ············· 021
　1.5.4　价值密度低 ············· 022
1.6　大数据的影响 ··············· 022
　1.6.1　大数据对科学研究的影响 ··· 022
　1.6.2　大数据对社会发展的影响 ··· 023
　1.6.3　大数据对就业市场的影响 ··· 024
　1.6.4　大数据对人才培养的影响 ··· 025
1.7　大数据的应用 ··············· 026
　1.7.1　大数据在各个领域的应用 ··· 027
　1.7.2　大数据应用的三个层次 ····· 028
1.8　大数据产业 ················· 029
1.9　大数据与数字经济 ··········· 031
　1.9.1　数字经济的概念及其重要意义 ··· 031
　1.9.2　大数据与数字经济的紧密关系 ··· 033
1.10　本章小结 ·················· 035
1.11　习题 ······················ 035

第 2 章　大数据与其他新兴技术的关系

2.1　云计算 ····················· 038
　2.1.1　云计算的概念 ··········· 038
　2.1.2　云计算的服务模式和类型 ··· 041
　2.1.3　云计算数据中心 ········· 041
　2.1.4　云计算的应用 ··········· 043
　2.1.5　云计算产业 ············· 043
2.2　物联网 ····················· 044
　2.2.1　物联网的概念 ··········· 044
　2.2.2　物联网的关键技术 ······· 046

　2.2.3　物联网的应用 ··········· 047
　2.2.4　物联网产业 ············· 048
2.3　大数据与云计算、物联网的
　　关系 ······················· 049
2.4　人工智能 ··················· 050
　2.4.1　人工智能的概念 ········· 050
　2.4.2　人工智能的关键技术 ····· 051
　2.4.3　人工智能的应用 ········· 056
　2.4.4　人工智能产业 ··········· 061

2.4.5 大数据与人工智能的关系 ············ 064

2.5 区块链 064
2.5.1 从比特币说起 ············ 065
2.5.2 区块链的原理 ············ 065
2.5.3 区块链的定义 ············ 071
2.5.4 区块链的应用 ············ 071
2.5.5 大数据与区块链的关系 ············ 073

2.6 元宇宙 074
2.6.1 元宇宙的概念 ············ 074
2.6.2 元宇宙的基本特征 ············ 075
2.6.3 元宇宙的核心技术 ············ 076
2.6.4 大数据与元宇宙的关系 ············ 077

2.7 本章小结 078
2.8 习题 078

第3章 大数据技术

3.1 概述 080
3.2 数据采集与预处理 080
3.2.1 数据采集的概念 ············ 081
3.2.2 数据采集的三大要点 ············ 081
3.2.3 数据采集的数据源 ············ 082
3.2.4 数据采集方法 ············ 083
3.2.5 数据清洗 ············ 085
3.2.6 数据集成 ············ 088
3.2.7 数据转换 ············ 088
3.2.8 数据脱敏 ············ 089

3.3 数据存储和管理 090
3.3.1 传统的数据存储和管理技术 ············ 090
3.3.2 大数据时代的数据存储和
管理技术 ············ 092

3.4 数据处理与分析 099
3.4.1 基于统计学方法的数据分析 ············ 100
3.4.2 数据挖掘和机器学习算法 ············ 102
3.4.3 大数据处理与分析技术 ············ 102

3.5 数据可视化 104
3.5.1 什么是数据可视化 ············ 104
3.5.2 可视化的发展历程 ············ 105
3.5.3 数据可视化的重要作用 ············ 105
3.5.4 可视化图表 ············ 107

3.6 数据安全和隐私保护 108
3.6.1 数据安全技术 ············ 108
3.6.2 隐私保护技术 ············ 109

3.7 本章小结 109
3.8 习题 110

第4章 大数据应用

4.1 大数据在互联网领域的应用 112
4.2 大数据在生物医学领域的应用 113
4.2.1 流行病预测 ············ 113
4.2.2 智慧医疗 ············ 114
4.2.3 生物信息学 ············ 115

4.3 大数据在物流领域的应用 116
4.3.1 智能物流的概念 ············ 116
4.3.2 大数据是智能物流的关键 ············ 116
4.3.3 中国智能物流骨干网——菜鸟 ············ 117

4.4 大数据在城市管理领域的应用 118
4.4.1 智能交通 ············ 118
4.4.2 环保监测 ············ 118
4.4.3 城市规划 ············ 119
4.4.4 安防领域 ············ 120
4.4.5 疫情防控 ············ 120

4.5 大数据在金融领域的应用 121
4.5.1 高频交易 ············ 121
4.5.2 市场情绪分析 ············ 121
4.5.3 信贷风险分析 ············ 122
4.5.4 大数据征信 ············ 122

4.6 大数据在汽车领域的应用 123
4.7 大数据在零售领域的应用 124
4.7.1 发现关联购买行为 ············ 124
4.7.2 客户群体细分 ············ 125
4.7.3 供应链管理 ············ 126

4.8 大数据在餐饮领域的应用 126
4.8.1 餐饮行业拥抱大数据 ············ 126
4.8.2 餐饮O2O ············ 126

4.9 大数据在电信领域的应用 128
4.10 大数据在能源领域的应用 128

4.11 大数据在体育和娱乐领域的
    应用 …………………………… 129
  4.11.1 训练球队 …………… 129
  4.11.2 投拍影视作品 ………… 130
  4.11.3 预测比赛结果 ………… 131
4.12 大数据在安全领域的应用 …… 131

4.12.1 大数据与国家安全 ……… 131
4.12.2 应用大数据技术防御网络攻击 …… 132
4.12.3 警察应用大数据工具预防犯罪 …… 132
4.13 大数据在日常生活中的应用 …… 133
4.14 本章小结 ……………………… 135
4.15 习题 …………………………… 135

第5章　大数据安全

5.1 传统数据安全 ………………… 138
5.2 大数据安全与传统数据安全的
    不同 …………………………… 138
5.3 大数据时代数据安全面临的
    挑战 …………………………… 139
5.4 大数据安全问题 ……………… 140
  5.4.1 隐私和个人信息安全问题 … 140
  5.4.2 企业数据安全问题 …… 141
  5.4.3 国家安全问题 ………… 142
5.5 大数据安全威胁 ……………… 143
  5.5.1 大数据基础设施安全威胁 … 143
  5.5.2 大数据存储安全威胁 …… 144
  5.5.3 大数据网络安全威胁 …… 144
5.6 不同形式的大数据安全风险 …… 145
5.7 典型案例 ……………………… 146
  5.7.1 棱镜门事件 …………… 146
  5.7.2 维基解密 ……………… 146
  5.7.3 Facebook 数据滥用事件 ……… 147
  5.7.4 手机应用软件过度采集个人信息 … 148
  5.7.5 免费 Wi-Fi 窃取用户信息 ……… 149

5.7.6 收集个人隐私信息的"探针
    盒子" …………………… 150
5.7.7 健身软件泄露美军机密 …… 150
5.7.8 基因信息出境引发国家安全问题 … 150
5.8 大数据保护的基本原则 ……… 151
  5.8.1 数据主权原则 ………… 151
  5.8.2 数据保护原则 ………… 151
  5.8.3 数据自由流通原则 …… 151
  5.8.4 数据安全原则 ………… 152
5.9 大数据时代数据安全与隐私
    保护的对策 ………………… 152
5.10 世界各国保护数据安全的
     实践 ………………………… 153
  5.10.1 欧盟 …………………… 153
  5.10.2 美国 …………………… 154
  5.10.3 英国 …………………… 155
  5.10.4 其他国家 ……………… 156
  5.10.5 中国 …………………… 157
5.11 本章小结 ……………………… 158
5.12 习题 …………………………… 158

第6章　大数据思维

6.1 传统的思维方式 …………… 162
6.2 大数据时代需要新的思维方式 … 162
6.3 大数据思维方式 ……………… 164
  6.3.1 全样而非抽样 ………… 164
  6.3.2 效率而非精确 ………… 165
  6.3.3 相关而非因果 ………… 165
  6.3.4 以数据为中心 ………… 166
  6.3.5 我为人人，人人为我 …… 167
6.4 运用大数据思维的具体实例 …… 168

6.4.1 商品比价网站 ………… 168
6.4.2 啤酒与尿布 …………… 168
6.4.3 零售商 Target 的基于大数据的
    商品营销 ……………… 169
6.4.4 吸烟有害身体健康的法律诉讼 …… 169
6.4.5 基于大数据的药品研发 …… 171
6.4.6 基于大数据的谷歌广告 …… 172
6.4.7 搜索引擎"点击模型" …… 172
6.4.8 迪士尼 MagicBand 手环 …… 173
6.4.9 谷歌流感趋势预测 ………… 173

6.4.10 大数据的简单算法比小数据的
复杂算法更有效 ……… 174
6.4.11 谷歌翻译 …………… 174
6.4.12 基于大模型、大数据和大算力的

ChatGPT ………………… 175
6.5 本章小结 ………………… 175
6.6 习题 ……………………… 176

第 7 章 大数据伦理

7.1 大数据伦理概念 ………… 178
7.2 大数据伦理典型案例 …… 178
  7.2.1 徐玉玉事件 …………… 179
  7.2.2 大麦网"撞库"事件 …… 179
  7.2.3 大数据"杀熟" ……… 179
  7.2.4 隐性偏差问题 ………… 180
  7.2.5 魏则西事件 …………… 180
  7.2.6 "信息茧房"问题 …… 181
  7.2.7 人脸数据滥用 ………… 182
  7.2.8 大数据算法歧视问题 … 183
  7.2.9 菜鸟和顺丰事件 ……… 183
7.3 大数据的伦理问题 ……… 183

  7.3.1 隐私泄露问题 ………… 184
  7.3.2 数据安全问题 ………… 185
  7.3.3 数字鸿沟问题 ………… 186
  7.3.4 数据独裁问题 ………… 186
  7.3.5 数据垄断问题 ………… 187
  7.3.6 数据的真实可靠问题 … 187
  7.3.7 人的主体地位问题 …… 188
7.4 大数据伦理问题产生的原因 188
7.5 大数据伦理问题的治理 ……… 191
7.6 本章小结 ………………… 194
7.7 习题 ……………………… 194

第 8 章 数据共享

8.1 数据孤岛问题 …………… 196
8.2 数据孤岛问题产生的原因 … 196
8.3 消除数据孤岛的重要意义 …… 197
8.4 实现数据共享所面临的挑战 … 198
  8.4.1 在政府层面的挑战 …… 198
  8.4.2 在企业层面的挑战 …… 199
8.5 推进数据共享开放的举措 … 199
  8.5.1 在政府层面的举措 …… 199
  8.5.2 在企业层面的举措 …… 200

8.6 数据共享的原则 ………… 201
8.7 数据共享案例 …………… 201
  8.7.1 案例 1：菜鸟物流 …… 201
  8.7.2 案例 2：政府一站式平台 … 202
  8.7.3 案例 3：浙江打通政府数据，
让群众最多跑一次 …… 204
8.8 本章小结 ………………… 206
8.9 习题 ……………………… 206

第 9 章 数据开放

9.1 政府开放数据的理论基础 … 208
  9.1.1 数据资产理论 ………… 208
  9.1.2 数据权理论 …………… 209
  9.1.3 开放政府理论 ………… 210
9.2 政府信息公开与政府数据开放的
联系与区别 ……………… 211
9.3 政府数据开放的重要意义 … 212
  9.3.1 政府开放数据有利于促进开放透明

政府的形成 …………… 212
  9.3.2 政府开放数据有利于创新创业和
经济增长 ……………… 213
  9.3.3 政府开放数据有利于社会治理
创新 …………………… 213
9.4 国外政府开放数据的经验 … 214
  9.4.1 概述 ………………… 214
  9.4.2 G8 数据开放原则 …… 215

9.4.3 美国开放数据国家行动计划 ……… 216
9.4.4 英国开放数据国家行动计划 ……… 216
9.4.5 德国政府开放数据行动 ……… 217
9.4.6 日本政府开放数据行动 ……… 218
9.4.7 澳大利亚政府开放数据行动 ……… 219
9.5 国内政府开放数据 ……… 220
9.5.1 概述 ……… 220

9.5.2 我国政府数据开放制度体系 ……… 220
9.5.3 当前数据开放存在的主要问题 ……… 221
9.5.4 各地政府数据开放实践 ……… 225
9.6 政府数据开放的几点启示 ……… 230
9.7 本章小结 ……… 231
9.8 习题 ……… 231

第 10 章　大数据交易

10.1 概述 ……… 234
10.2 大数据交易发展现状 ……… 235
10.3 大数据交易平台 ……… 237
10.3.1 交易平台的类型 ……… 237
10.3.2 交易平台的数据来源 ……… 237
10.3.3 交易平台的产品类型 ……… 238
10.3.4 交易平台涉及的主要领域 ……… 238
10.3.5 平台的交易规则 ……… 239

10.3.6 交易平台的运营模式 ……… 239
10.3.7 代表性的大数据交易平台 ……… 240
10.4 大数据交易在发展过程中
出现的问题 ……… 241
10.5 推进大数据交易发展的对策 ……… 243
10.6 本章小结 ……… 245
10.7 习题 ……… 245

第 11 章　大数据治理

11.1 概述 ……… 248
11.1.1 数据治理的必要性 ……… 248
11.1.2 数据治理的基本概念 ……… 248
11.1.3 数据治理与数据管理的关系 ……… 249
11.1.4 大数据治理的基本概念 ……… 250
11.1.5 大数据治理与数据治理的关系 ……… 252
11.1.6 大数据治理的重要意义和作用 ……… 253
11.2 大数据治理要素 ……… 254
11.3 大数据治理原则 ……… 255
11.4 大数据治理的范围 ……… 256
11.4.1 大数据生存周期 ……… 257
11.4.2 大数据架构 ……… 257
11.4.3 大数据安全与隐私 ……… 258
11.4.4 数据质量 ……… 258

11.4.5 大数据服务创新 ……… 259
11.5 大数据治理模型 ……… 259
11.5.1 ISACA 数据治理模型 ……… 259
11.5.2 HESA 数据治理模型 ……… 260
11.5.3 数据治理螺旋模型 ……… 261
11.6 大数据治理保障机制 ……… 262
11.6.1 大数据治理战略目标 ……… 262
11.6.2 大数据治理组织 ……… 263
11.6.3 制度章程 ……… 264
11.6.4 流程管理 ……… 265
11.6.5 技术应用 ……… 265
11.7 本章小结 ……… 265
11.8 习题 ……… 266

参考文献 ……… 267

第 1 章
大数据概述

    大数据时代的开启，带来了信息技术发展的巨大变革，并深刻影响着社会生产和人们生活的方方面面。世界各国政府均高度重视大数据技术的研究和产业发展，纷纷把大数据上升为国家战略加以重点推进。企业和学术机构纷纷加大技术、资金和人员投入力度，加强对大数据关键技术的研发与应用，以期在"第三次信息化浪潮"中占得先机、引领市场。大数据已经不是"镜中花、水中月"，它的影响和作用正迅速触及社会的每个角落，所到之处，或是颠覆，或是提升，都让人们深切感受到了大数据实实在在的巨大作用。

    本章主要介绍数据的概念、大数据时代到来的背景、大数据的发展历程、世界各国的大数据发展战略、大数据的概念与影响、大数据应用、大数据产业、大数据与数字经济。

1.1　数据

本节介绍数据的概念、数据类型、数据组织形式、数据生命周期、数据的使用、数据的价值性、数据爆炸和数商。

1.1.1　数据的概念

数据是指对客观事物进行记录并可以鉴别的符号，是对客观事物的性质、状态以及相互关系等进行记载的物理符号或这些物理符号的组合，是可识别的、抽象的符号。数据和信息是两个不同的概念，信息是较为宏观的概念，它由数据的有序排列组合而成，传达给读者某个概念、事实等，而数据则是构成信息的基本单位，离散的数据没有任何实用价值。

数据有很多种形式，例如数字、文字、图像、声音等。随着人类社会信息化进程的加快，我们在日常生产和生活中每天都在不断产生大量的数据。数据已经渗透到当今每一个行业和业务职能领域，成为重要的生产要素。从创新到所有决策，数据推动着企业的发展，并使得各级组织的运营更为高效。可以这样说，数据将成为每个企业获取核心竞争力的关键要素。数据资源已经和物质资源、人力资源一样，成为国家的重要战略资源，影响着国家和社会的安全、稳定与发展，因此，数据也被称为"未来的石油"，如图 1-1 所示。

图 1-1　数据是"未来的石油"

1.1.2　数据类型

常见的数据类型包括文本、图片、音频、视频等。

（1）文本：是指不能参与算术运算的任何字符，也称为字符型数据。在计算机中，文本数据一般保存在文本文件中。文本文件是一种由若干行字符构成的计算机文件，常见格式包括 ASCII、MIME 和 TXT 等。

（2）图片：是指由图形、图像等构成的平面媒体。在计算机中，图片数据一般用图片格式的文件来保存。图片的格式很多，大体可以分为点阵图和矢量图两大类，我们常用的 BMP、JPG 等格式的图片属于点阵图，而 Flash 动画制作软件所生成的 SWF 格式的文件和 Photoshop 绘图软件所生成的 PSD 格式的图片属于矢量图。

（3）音频：数字化的声音数据就是音频数据。在计算机中，音频数据一般用音频文件的格式来保存。音频文件是指存储声音内容的文件，把音频文件用一定的音频程序打开，就可以还原以前录下的声音。音频文件的格式很多，包括 CD、WAV、MP3、MID、WMA、RM 等。

（4）视频：是指连续的图像序列。在计算机中，视频数据一般用视频文件的格式来保存。视频文件常见的格式包括 MPEG-4、AVI、DAT、RM、MOV、ASF、WMV、DivX 等。

1.1.3　数据组织形式

计算机系统中的数据组织形式主要有两种——文件和数据库。

（1）文件：计算机系统中的很多数据都是以文件形式存在的，例如一个 Word 文件、一个文本文件、一个网页文件、一个图片文件等。一个文件的文件名包含主名和扩展名，扩展名用来表示文件的类型，如文本、图片、音频、视频等。在计算机中，文件是由文件系统负责管理的。

（2）数据库：计算机系统中另一种非常重要的数据组织形式就是数据库。今天，数据库已经成为计算机软件开发的基础和核心，在人力资源管理、固定资产管理、生产制造业管理、销售管理、电信管理、票务管理、银行管理、股票交易管理、教学管理、图书馆管理、政务管理等领域发挥着至关重要的作用。从 1968 年 IBM 公司推出第一个大型商用数据库管理系统 IMS 开始到现在，人类社会已经经历了层次数据库、网状数据库、关系数据库和 NoSQL 数据库等多个数据库发展阶段。关系数据库仍然是目前的主流数据库，大多数商业应用系统都构建在关系数据库的基础之上。但是，随着 Web 2.0 的兴起，非结构化数据迅速增加，目前人类社会产生的数字内容中有 90% 是非结构化数据，因此，能够更好地支持非结构化数据管理的 NoSQL 数据库应运而生。

1.1.4　数据生命周期

数据都存在一个生命周期，数据生命周期是指数据从创建、修改、发布、利用到归档/销毁的整个过程。在不同的时期，数据的利用价值也会不同。为了充分发挥存储设备和数据

的价值，需要对数据生命周期进行认真分析，在不同阶段对数据采用不同的数据存储管理方式。

数据生命周期管理工作包括以下几个方面：

（1）对数据进行自动分类，分离出有效的数据，对不同类型数据制定不同的管理策略，并及时清理无用的数据。

（2）构建分层的存储系统，满足不同类型的数据对不同生命周期阶段的存储要求，对关键数据进行数据备份保护，对处于生命周期末期的数据进行归档并保存到适合长期保存数据的存储设备中。

（3）根据不同的数据管理策略，实施自动分层数据管理，即自动把不同生命周期阶段的数据存放在最合适的存储设备上，提高数据可用性和管理效率。

1.1.5　数据的使用

日常生活中存在各种各样的数据，那么，如何把数据变得可用呢？

第一步：数据清洗。数据分析的第一步就是数据清洗，也就是把数据变成一种可用的状态。这个过程需要借助工具去实现数据转换，如古老的 UNIX 工具 AWK、XML 解析器和机器学习库等；此外，脚本语言，如 Perl 和 Python，也可以在这个过程发挥重要的作用。一旦完成数据的转换，后续就要开始关注数据的质量。对于来源众多、类型多样的数据而言，数据缺失和语义模糊等问题是不可避免的，必须采取相应措施有效解决这些问题。

第二步：数据管理。数据经过清洗以后，被存放到数据库系统中进行管理和使用。从 20世纪 70 年代到 21 世纪前 10 年，关系型数据库一直是占据主流地位的数据库管理系统，它以规范化的行和列形式保存数据，并提供 SQL 语句进行各种查询操作，同时支持事务一致性功能，很好地满足了各种商业应用需求，因此，长期占据市场统治地位。但是，随着 Web 2.0应用的不断发展，非结构化数据开始迅速增加，而关系型数据库擅长管理结构化数据，对于大规模非结构化数据则显得力不从心，暴露了很多难以克服的问题。NoSQL 数据库（非关系型的数据库）的出现，有效满足了对非结构化数据进行管理的市场需求，并由于其本身的特点得到了非常迅速的发展。

第三步：数据分析。存储数据是为了更好地分析数据，分析数据需要借助数据挖掘和机器学习算法，同时需要使用相关的大数据处理技术。Google 提出了面向大规模数据分析的分布式编程模型 MapReduce，Hadoop 对其进行了开源实现。MapReduce 将复杂的、运行于大规模集群上的并行计算过程高度地抽象到了两个函数——Map 和 Reduce，一个 MapReduce 作业通常会把输入的数据集切分为若干独立的数据块，由 Map 函数以完全并行的方式处理它们，大大提高了数据分析的速度。此外，构建统计模型对于数据分析也十分重要。统计是数据分析的重要方式，在众多开源的统计分析工具中，R 语言和它的综合类库 CRAN 是最重要的。为了能够让数据说话，使得分析结果更容易被人理解，还需要对分析结果进行可视化。可视化对于数据分析来说是一项非常重要的工作，如果需要找出数据隐含的信息。就需要画图帮助人们进行直观理解，继而找出有价值的信息所在。

这里以数据仓库为例演示数据在企业中的使用方法。很多企业为了支持决策分析会构建数据仓库系统，如图 1-2 所示。其中会存放大量的历史数据，这些数据来自不同的数据源，利用抽取、转换、装载（extract-transform-load，ETL）方法加载到数据仓库中，并且不会发生更新，技术人员可以利用数据挖掘和联机分析处理（on-Line analytical processing，OLAP）工具从这些静态历史数据中找到对企业有价值的信息。

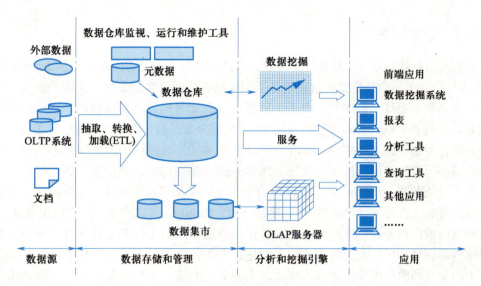

图 1-2　数据仓库体系架构图

1.1.6　数据的价值

　　数据的根本价值在于可以为人们找出问题的答案。数据往往都是为了某个特定的目的而被收集，而对于数据收集者而言，数据的价值是显而易见的。数据的价值是不断被人发现的。

在过去，一旦数据的基本用途实现了，往往就会被删除，一方面是由于过去的存储技术落后，人们需要删除旧数据来存储新数据；另一方面则是人们没有认识到数据的潜在价值。例如，在淘宝或者京东搜索购买一件衣服，当输入性别、颜色、布料、款式等关键词后，消费者很容易找到自己心仪的产品，当购买行为结束之后，这些数据就会被消费者删除。但是，对于这些购物网站，它们会记录和整理这些购买数据，当收集到海量的购买信息后，就可以预测未来即将流行的产品特征。网络公司会把这些信息卖给各类生产商，帮助这些公司在竞争中脱颖而出，这就是数据价值的再发现。

　　数据的价值不会因为不断被使用而削减，反而会因为不断重组而产生更大的价值。例如，将一个地区的物价和地价走势、高档轿车的销售数量、二手房转手的频率、出租车密度等各种不相关的数据整合到一起，可以更加精准地预测该地区的房价走势。这种方式已经被国外很多房地产网站所采用。而这些被整合起来的数据，还可以在下一次因为别的目的而被重新整合。也就是说，数据没有因为被使用一次或两次而造成价值的衰减，反而会在不同的领域产生更多的价值。基于以上数据的价值特性，各类收集来的数据都应当被尽可能长时间地保存下来，同时也应当在一定条件下与全社会分享，产生价值。因为数据的潜在价值，往往是收集者不可想象的。当今世界已经逐步产生了一种认识：在大数据时代以前，最有价值的商品是石油，而今天和未来则是数据。目前拥有大量数据的谷歌、亚马逊等全球前五大公司，每个季度的利润总和高达数百亿美元，并在继续快速增加，这都是数据价值的最好佐证。因此，要实现大数据时代思维方式的转变，就必须要正确认识数据的价值，数据已经具备了资本的属性，可以用来创造经济价值。

1.1.7 数据爆炸

人类进入信息社会以后，数据快速增长，其产生不以人的意志为转移。从 1986 年到 2010 年的 20 多年时间里，全球数据的数量增长了 100 倍，今后的数据量增长速度将更快，我们正生活在一个"数据爆炸"的时代。今天，世界上只有 25% 的设备是联网的，在联网设备中大约 80% 是计算机和手机，而随着移动通信 5G 时代的全面开启，汽车、电视、家用电器、生产机器等各种设备也将联入互联网。随着 Web 2.0 和移动互联网的快速发展，人们已经可以随时随地、随心所欲发布包括博客、微博、微信、抖音等在内的各种信息。在 1 分钟内，新浪可以产生 2 万条微博，Twitter 可以产生 10 万条推文，苹果可以下载 4.7 万次应用，淘宝可以卖出 6 万件商品，百度可以产生 90 万次搜索查询，Facebook 可以产生 600 万次浏览量。以后，随着物联网的推广和普及，各种传感器和摄像头将遍布人们工作和生活的各个角落，这些设备每时每刻都在自动产生大量数据。综上所述，人类社会正经历第二次数据爆炸（如果把印刷在纸上的文字和图形也看作数据，那么，人类历史上第一次数据爆炸发生在造纸术和印刷术发明的时期），各种数据产生速度之快，产生数量之大，已经远远超出人类可以控制的范围，"数据爆炸"成为大数据时代的鲜明特征。

在数据爆炸的今天，人类一方面对知识充满渴求，另一方面为数据的复杂特征所困扰。数据爆炸对科学研究提出了更高的要求，需要人类设计出更加灵活高效的数据存储、处理和分析工具，来应对大数据时代的挑战，由此，必将带来云计算、数据仓库、数据挖掘等技术和应用的提升或者根本性改变。在存储效率（存储技术）领域，需要实现低成本的大规模分布式存储；在网络效率（网络技术）方面，需要实现及时响应的用户体验；在数据中心方面，需要开发更加绿色节能的新一代数据中心，在有效面对大数据处理需求的同时，实现最大化资源利用率、最小化系统能耗的目标。面对数据爆炸的大数据时代，人类不再从容！

1.1.8 数商

这里所谓的"商"，是指对人类某种特定能力的度量。智商主要表现为一个人智力水平的高低，情商则用来衡量一个人管理自己和他人情绪的能力。

大数据先锋思想家、前阿里巴巴集团副总裁涂子沛借助全新研究成果，在《数商》一书中创造性地提出了一个新概念——"数商"。数据是土壤，是基础设施，更是基本生产要素，数商则是衡量现代人类是否具备数据意识、思维、习惯和数据分析能力的重要尺度，它衡量的是数据化时代的生存逻辑。

今天的社会，正在发生一场巨大的变迁，即将从以文字为中心变成以数据为中心。数据是一种新的资源，它可以释放出新的能量，这种能量对人和世界会产生新的作用力。在数据爆炸的今天，收集数据、分析数据、用数据来指导决策的能力将越发重要。对这种能力高低的衡量就是"数商"。数商是衡量数据优势大小的一个体系，它是智能时代的一个新的"商"，是对使用数据、驾驭数据能力的衡量，它包括记录数据、整理数据、组织数据、保存数据、搜索数据、洞察数据以及控制数据等各方面的能力。

高数商者十分重视数据，因为它是进行统计、计算、科研和技术设计的依据。数据既是证据，也是解决问题的基础。巧妇难为无米之炊，数据就是"米"，数据是新文明的新基因，掌握它就是掌握新文明的密码。高数商的十大原则包括：

原则 1：勤于记录，善于记录，敢于记录。勤是习惯，善是方法工具，敢是勇气。很多人不愿意、害怕面对自己的记录，所以"敢"也是一个问题。

原则 2：善于分析。最好是定量分析，简单地分析、量化，以一定的次序、格式或者图表呈现数据，分析就会有很大的改进。

原则 3：实"数"求是。从数据当中寻找因果关系和规律，让数据成为"感觉的替代品"，这是数据分析的最终使命。

原则 4：知道未来是一种演化，是多种可能性的分布，用概率统计来辅助个人决策。

原则 5：通过做实验收集数据，寻找真正的因果关系。

原则 6：学会用幸存者偏差分析社会现象。

原则 7：用数据破解生活中的隐性知识。

原则 8：反对混沌、差不多以及神秘主义的文化。

原则 9：掌握聪明搜索的一系列技巧。

原则 10：掌握 SQL、Python 等数据新世界的"金刚钻"。

修炼数商，是智能时代的新潮流。这是人类社会发展到一个新的阶段，自然而然产生的新要求。对一个高数商的人来说，要善于让数据成为"感觉的替代品"，即让数据帮助我们感觉自己的身体和周围的世界，让大脑直接处理数据，而不仅仅是直接处理情感和欲望。我们可以通过训练来提高数据在大脑中的地位，就像反复练习可以强化我们的肌肉一样，基于数据的反复练习也可以强化我们大脑中的"数据肌肉"，形成基于数据的反射思维，这样就能在更多的情境中让情感让位，主动使用数据，从而做出正确的判断和决策。大部分人做不到，你能做到，这就是高数商带来的竞争性优势。

1.2　大数据时代

第三次信息化浪潮涌动，大数据时代全面开启。人类社会信息科技的发展为大数据时代的到来提供了技术支撑，而数据产生方式的变革是促进大数据时代到来至关重要的因素。

1.2.1　第三次信息化浪潮

根据 IBM 前首席执行官郭士纳的观点，IT 领域每隔 15 年就会迎来一次重大变革（见表 1-1）。1980 年前后，个人计算机（PC）开始普及，使得计算机走入企业和千家万户，大大提高了社会生产力，也使人类迎来了第一次信息化浪潮，Intel、IBM、苹果、微软、联想等企业是这个时期的标志。随后，在 1995 年前后，人类开始全面进入互联网时代，互联网的普及把世界变成"地球村"，每个人都可以自由徜徉于信息的海洋，由此，人类迎来了第二次信息化浪潮，这个时期也缔造了雅虎、谷歌、脸书、阿里巴巴、百度等互联网巨头。时隔 15 年，在 2010 年前后，云计算、大数据、物联网的快速发展，拉开了第三次信息化浪潮的大幕，大数据时代到来，英伟达、特斯拉、OpenAI、字节跳动等一批市场标杆企业开始蓬勃发展。

表 1-1　三次信息化浪潮

信息化浪潮	发生时间	标　　志	解决的问题	代　表　企　业
第一次浪潮	1980 年前后	个人计算机	信息处理	Intel、AMD、IBM、苹果、微软、联想、戴尔、惠普等
第二次浪潮	1995 年前后	互联网	信息传输	亚马逊、雅虎、谷歌、脸书、阿里巴巴、百度、腾讯等
第三次浪潮	2010 年前后	物联网、云计算和大数据	信息爆炸	英伟达、特斯拉、OpenAI、VMware、Palantir、Cloudera、字节跳动、阿里云等

1.2.2　信息科技为大数据时代提供技术支撑

大数据，首先是一场技术革命。毫无疑问，如果没有强大的数据存储、传输和计算等技术能力，缺乏必要的设施设备，大数据的应用就无从谈起。从这个意义上说，信息科技进步是大数据时代的物质基础。信息科技需要解决信息存储、信息传输和信息处理 3 个核心问题，人类社会在信息科技领域的不断进步，为大数据时代的到来提供了技术支撑。

1. 存储设备容量不断增加

数据被存储在磁盘、磁带、光盘、闪存等各种类型的存储介质中。随着科学技术的进步，存储设备制造工艺不断升级，容量大幅增加，读写速度不断提升，价格却在不断下降。早期的存储设备容量小、价格高、体积大，例如，IBM 公司在 1956

微视频
1-5
信息科技为大数据时代提供技术支撑

年生产的一个早期的商业硬盘，容量只有 5 MB，不仅价格昂贵，而且体积有一个冰箱那么大。而今天容量为 1 TB 的硬盘，其外观尺寸约为 147 mm（长）×102 mm（宽）×26 mm（厚），读写速度达到 200 MB/s，而且价格低廉。现在，高性能的硬盘存储设备，不仅提供了海量的存储空间，还大大降低了数据存储成本。

与此同时，以闪存为代表的新型存储介质也开始得到大规模的普及和应用。闪存是一种非易失性存储器，即使发生断电也不会丢失数据，可以作为永久性存储设备。闪存具有体积小、质量轻、能耗低、抗震性好等优良特性。闪存芯片可以被封装制作成 SD 卡、U 盘和固态盘等各种存储产品，SD 卡和 U 盘主要用于个人数据存储，固态盘则越来越多地应用于企业级数据存储。

总体而言，数据量和存储设备容量二者之间是相辅相成、互相促进的。一方面，随着数据不断产生，需要存储的数据量不断增长，人们对存储设备的容量提出了更高的要求，促使存储设备生产商制造更大容量的产品满足市场需求；另一方面，更大容量的存储设备，进一步加快了数据量增长的速度。在存储设备价格高企的年代，由于成本问题，一些不必要或当前不能明显体现价值的数据往往会被丢弃，但是，随着单位存储空间价格不断降低，人们开始倾向于把更多的数据保存起来，以期在未来某个时刻可以用更先进的数据分析工具从中挖掘价值。

2. CPU 处理能力大幅提升

CPU 处理性能的不断提升也是促使数据量不断增长的重要因素。CPU 的性能不断提升，大大提高了处理数据的能力，使人们可以更快地处理不断累积的海量数据。从 20 世纪 80 年代至今，CPU 的制造工艺不断提升，晶体管数目不断增加，运行频率不断提高，核心（Core）数量逐渐增多，而用同等价格所能获得的 CPU 处理能力也呈几何级数上升。在过去的 40 多年里，CPU 的处理速度已经从 10 MHz 提高到 5 GHz。在 2013 年之前的很长一段时间里，CPU 处理速度的提高一直遵循"摩尔定律"，即芯片上集成的元件数量大约每 18 个月翻一番，性能大约每 18 个月提高一倍，价格下降一半。

3. 网络带宽不断增加

1977 年，世界上第一个光纤通信系统在美国芝加哥市投入商用，数据传输速率达到 45 Mb/s，从此，人类社会的数据传输速率不断被刷新。进入 21 世纪，世界各国更是纷纷加大宽带网络建设力度，不断扩大网络覆盖范围，提高数据传输速率。以我国为例，截至 2022 年年底，我国互联网宽带接入端口数量达 10.65 亿个，其中，光纤接入端口占互联网接入端口的比重达 95.7%，光缆线路总长度已达 5791 万千米。目前，我国移动通信 4G 基站数量已达 590 万个，4G 网络的规模全球第一，并且 4G 的覆盖广度和深度也在快速发展。与此同时，我国正全面加速 5G 网络建设，截至 2023 年 9 月底，全国建设开通 5G 基站达 318.9 万个，5G 移动电话用户达 7.37 亿户，5G 网络建设基础不断夯实。由此可以看出，在大数据时代，数据传输不再受网络发展初期的瓶颈的制约。

1.2.3　数据产生方式的变革促成大数据时代的来临

数据产生方式的变革，是促成大数据时代来临的重要因素。总体而言，人类社会的数据产生方式大致经历了三个阶段：运营式系统阶段、用户原创内容阶段和感知式系统阶段，如图 1-3 所示。

微视频

1-6

数据产生方式的变革促成大数据时代的来临

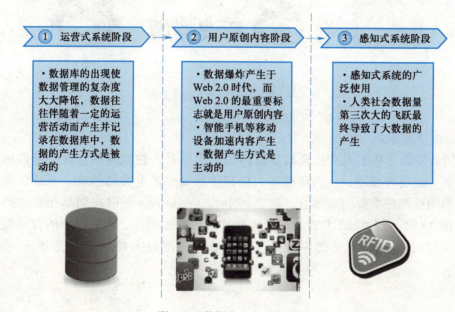

① 运营式系统阶段	② 用户原创内容阶段	③ 感知式系统阶段
• 数据库的出现使数据管理的复杂度大大降低，数据往往伴随着一定的运营活动而产生并记录在数据库中，数据的产生方式是被动的	• 数据爆炸产生于 Web 2.0 时代，而 Web 2.0 的最重要标志就是用户原创内容 • 智能手机等移动设备加速内容产生 • 数据产生方式是主动的	• 感知式系统的广泛使用 • 人类社会数据量第三次大的飞跃最终导致了大数据的产生

图 1-3　数据产生方式的变革

1. 运营式系统阶段

人类社会最早大规模管理和使用数据，是从数据库的诞生开始的。大型零售超市销售系统、银行交易系统、股市交易系统、医院医疗系统、企业客户管理系统等大量运营式系统，都是建立在数据库基础之上的，数据库中保存了大量结构化的企业关键信息，用来满足企业各种业务需求。在这个阶段，数据的产生方式是被动的，只有当实际的企业业务发生时，才会产生新的记录并存入数据库。例如，对于股市交易系统而言，只有当发生一笔股票交易时，才会有相关记录生成。

2. 用户原创内容阶段

互联网的出现，使得数据传播更加快捷，不需要借助磁盘、磁带等物理存储介质传播数据，网页的出现进一步加速了大量网络内容的产生，从而使得人类社会数据量开始呈现井喷式增长。但是，互联网真正的数据爆炸产生于以"用户原创内容"为特征的 Web 2.0 时代。Web 1.0 时代主要以门户网站为代表，强调内容的组织与提供，大量上网用户本身并不参与内容的产生。而 Web 2.0 技术以 Wiki、博客、微博、微信、抖音等自服务模式为主，强调自服务，大量上网用户本身就是内容的生成者，尤其是随着移动互联网和智能手机终端的普及，人们更是可以随时随地使用手机发微博、传照片，数据量开始急剧增加。从此，每个人都是海量数据中的微小组成部分。每天人们通过微信、QQ、微博（见图 1-4）等各种方式采集到大量数据，然后再通过同样的渠道和方式把处理过的数据反馈回去。而这些数据不断地被存储和加工，使得互联网世界里的"公开数据"不断丰富，大大提高了大数据时代的到来速度。

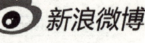

微信　　　　　　　　　　　　　　　　　　　　QQ

图 1-4　微信、微博和 QQ 的标志

3. 感知式系统阶段

物联网的发展导致了人类社会数据量的第三次跃升。物联网中包含大量传感器，如温度传感器、湿度传感器、压力传感器、位移传感器、光电传感器等，此外，视频监控摄像头也是物联网的重要组成部分。物联网中的这些设备，每时每刻都在自动产生大量数据（见图 1-5），与 Web2.0 时代的人工数据产生方式相比，物联网中的自动数据产生方式，将在短时间内生成更密集、更大量的数据，使得人类社会迅速步入"大数据时代"。

摄像头

人脸识别

车辆识别

图 1-5　物联网设备每时每刻都在产生数据

1.3　大数据的发展历程

从大数据的发展历程来看，总体上可以划分为 3 个重要阶段：萌芽期、成熟期和大规模应用期，如表 1-2 所示。

表 1-2　大数据发展的 3 个阶段

阶　　段	时　　间	内　　容
第一阶段：萌芽期	20 世纪 90 年代至 21 世纪初	随着数据挖掘理论和数据库技术的逐步成熟，一批商业智能工具和知识管理技术开始被应用，如数据仓库、专家系统、知识管理系统等
第二阶段：成熟期	21 世纪前 10 年	Web2.0 应用迅猛发展，非结构化数据大量产生，传统处理方法难以应对，带动了大数据技术的快速突破，大数据解决方案逐渐走向成熟，形成了并行计算与分布式系统两大核心技术，谷歌的 GFS 和 MapReduce 等大数据技术受到关注，Hadoop 平台开始"大行其道"
第三阶段：大规模应用期	2010 年以后	大数据应用渗透各行各业，数据驱动决策，信息社会智能化程度大幅提高

这里简要回顾一下大数据的发展历程。

• 1980 年，著名未来学家阿尔文·托夫勒在《第三次浪潮》一书中，将大数据热情地赞颂为"第三次浪潮的华彩乐章"。

● 1997 年 10 月，迈克尔·考克斯和大卫·埃尔斯沃思在第八届美国电气和电子工程师协会（IEEE）关于可视化的会议论文集中，发表了《为外存模型可视化而应用控制程序请求页面调度》的文章，这是在美国计算机学会的数字图书馆中第一篇使用"大数据"这一术语的文章。

● 1999 年 10 月，在美国电气和电子工程师协会关于可视化的年会上，设置了名为"自动化或者交互：什么更适合大数据？"的专题讨论小组，探讨大数据问题。

● 2001 年 2 月，梅塔集团分析师道格·莱尼发表了《3D 数据管理：控制数据容量、处理速度及数据种类》研究报告。10 年后，"3V"（volume、velocity 和 variety）作为定义大数据的三个维度而被广泛接受。

● 2005 年 9 月，蒂姆·奥莱利发表了《什么是 Web2.0》一文，并在文中指出"数据将是下一项技术核心"。

● 2008 年，《自然》杂志推出大数据专刊；计算社区联盟（computing community consortium）发表了报告《大数据计算：在商业、科学和社会领域的革命性突破》，阐述了大数据技术及其面临的一些挑战。

● 2010 年 2 月，肯尼斯·库克尔在《经济学人》上发表了一份关于管理信息的特别报告《数据，无所不在的数据》。

● 2011 年 2 月，《科学》杂志推出专刊《处理数据》，讨论了科学研究中的大数据问题。

● 2011 年，维克托·迈尔·舍恩伯格出版著作《大数据时代：生活、工作与思维的大变革》，引起轰动。

● 2011 年 5 月，麦肯锡全球研究院发布《大数据：下一个具有创新力、竞争力与生产力的前沿领域》，提出"大数据"时代到来。

● 2012 年 3 月，美国奥巴马政府发布了《大数据研究和发展倡议》，正式启动"大数据发展计划"，大数据上升为美国国家发展战略，被视为美国政府继信息高速公路计划之后在信息科学领域的又一重大举措。

● 2013 年 12 月，中国计算机学会发布《中国大数据技术与产业发展白皮书》，系统总结了大数据的核心科学与技术问题，推动了中国大数据学科的建设与发展，并为政府部门提供了战略性的意见与建议。

● 2014 年 5 月，美国政府发布 2014 年全球"大数据"白皮书《大数据：抓住机遇、守护价值》，报告鼓励使用数据来推动社会进步。

● 2015 年 8 月，国务院印发《促进大数据发展行动纲要》，提出要全面推进我国大数据发展和应用，加快建设数据强国。

● 2017 年 1 月，为加快实施国家大数据战略，推动大数据产业健康快速发展，工业和信息化部印发了《大数据产业发展规划（2016—2020 年）》。

● 2017 年 4 月，《大数据安全标准化白皮书（2017）》正式发布，从法规、政策、标准和应用等角度，勾画了我国大数据安全的整体轮廓。

● 2018 年 4 月，首届"数字中国"建设峰会在福建省福州市举行。

● 2020 年 4 月，国务院发布了《关于构建更加完善的要素市场化配置体制机制的意见》，明确提出了"数据成为继土地、劳动力、资本、技术之后第五种市场化配置的关键生产要素"。

● 2021 年 9 月，《中华人民共和国数据安全法》正式实施。该法围绕保障数据安全和促进数据开发利用两大核心，从数据安全与发展、数据安全制度、数据安全保护义务、政务数据安全与开放的角度进行了详细的规制。

● 2021 年 11 月，工业和信息化部印发《"十四五"大数据发展产业规划》，该规划旨在充分激发数据要素价值潜能，夯实产业发展基础，构建稳定高效产业链，统筹发展和安全，培育自主可控和开放合作的产业生态，打造数字经济发展新优势，为建设制造强国、网络强国、数字中国提供有力支撑。

● 2022 年 2 月，国家发改委、中央网信办、工业和信息化部、国家能源局联合印发通知，同意在京津冀、长三角、粤港澳大湾区、成渝、内蒙古、贵州、甘肃、宁夏 8 地启动建设国家算力枢纽节点，并规划了 10 个国家数据中心集群。至此，全国一体化大数据中心体系完成总体布局设计，"东数西算"工程正式全面启动。

● 2022 年 10 月，党的二十大报告再次提出加快建设"数字中国"。

● 2022 年 12 月 19 日，《中共中央 国务院关于构建数据基础制度更好发挥数据要素作用的意见》（简称《数据二十条》）对外发布，从数据产权、流通交易、收益分配、安全治理等方面构建数据基础制度，提出 20 条政策举措。

● 2023 年 3 月 10 日，第十四届全国人民代表大会第一次会议表决通过了关于国务院机构改革方案的决定，其中包括组建国家数据局。2023 年 10 月 25 日，国家数据局正式揭牌。国家数据局主要负责协调推进数据基础制度建设、统筹数据资源整合共享和开发利用，统筹推进数字中国、数字经济、数字社会规划和建设等。

1.4　世界各国的大数据发展战略

进入大数据时代，世界各国都非常重视大数据发展。瑞士洛桑国际管理学院 2017 年度《世界数字竞争力排名》显示，各国数字竞争力与其整体竞争力呈现出高度一致的态势，即数字竞争力强的国家，其整体竞争力也很强，同时也更容易产生颠覆性创新。以美国、英国、欧盟、日本、韩国等为代表的发达国家或组织，非常重视大数据在促进经济发展和社会变革、提升国家整体竞争力等方面的重要作用，把发展大数据上升到国家战略的高度（见表 1-3），视大数据为重要的战略资源，大力抢抓大数据技术与产业发展先发优势，积极捍卫本国数据主权，力争在大数据时代占得先机。

表 1-3　世界各国（组织）的大数据发展战略

国家（组织）	战　　略
美国	稳步实施"三步走"战略，打造面向未来的大数据创新生态
英国	紧抓大数据产业机遇，应对脱欧后的经济挑战

续表

国家（组织）	战　　略
欧盟	注重加强成员国之间的数据共享，平衡数据的流通与使用
韩国	以大数据等技术为核心应对第四次工业革命
日本	开放公共数据，夯实应用开发
中国	实施国家大数据战略，加快建设数字中国

1.4.1　美国

美国是率先将大数据从商业概念上升至国家战略的国家，通过稳步实施"三步走"战略，在大数据技术研发、商业应用以及保障国家安全等方面已全面构筑起全球领先优势。第一步是快速部署大数据核心技术研究，并在部分领域积极开发大数据应用。第二步是调整政策框架与法律规章，积极应对大数据发展带来的隐私保护等问题。第三步是强化数据驱动的体系和能力建设，为提升国家整体竞争力提供长远保障。

2012 年 3 月，美国联邦政府《大数据研究和发展倡议》中对于国家大数据战略的表述如下："通过收集、处理庞大而复杂的数据信息，从中获得知识和洞见，提升能力，加快科学、工程领域的创新步伐，强化美国国土安全，转变教育和学习模式"。2012 年 3 月 29 日，美国白宫科技政策办公室发布《大数据研究和发展计划》，成立"大数据高级指导小组"。该计划旨在通过对海量和复杂的数字资料进行收集、整理，以增强联邦政府收集海量数据、分析萃取信息的能力，提升对社会经济发展的预测能力。2013 年 11 月，美国信息技术与创新基金会发布了《支持数据驱动型创新的技术与政策》的报告，报告指出，"数据驱动型创新"是一个崭新的命题，其中最主要的包括"大数据""开放数据""数据科学"和"云计算"。2014 年 5 月，美国发布《大数据：把握机遇，守护价值》白皮书，对美国大数据应用与管理的现状、政策框架和改进建议进行了集中阐述。该白皮书表示，在大数据发挥正面价值的同时，应该警惕大数据应用对隐私、公平等长远价值带来的负面影响。从白皮书所代表的价值判断来看，美国政府更为看重大数据为经济社会发展所带来的创新动力，对于可能与隐私权产生的冲突，则以解决问题的态度来处理。

2019 年 12 月，美国发布国家级战略规划《联邦数据战略与 2020 年行动计划》，明确提出将数据作为战略资源，并以 2020 年为起点，勾勒联邦政府未来十年的数据愿景。2021 年 5 月，美国大西洋理事会成立新兴技术与数据地缘政治影响委员会，并发布《新兴技术与数据的地缘政治影响》报告，该报告明确指出，美国政府应当通过推行系统化的技术与数据战略的方式，确保美国在关键领域的全球领先地位。2021 年 10 月，美国管理和预算办公室发布 2021 年行动计划，鼓励各机构继续实施联邦数据战略，在吸收了 2020 年行动计划经验的基础上，2021 年行动计划进一步强化了在数据治理、规划和基础设施方面的活动。计划具体包括 40 项行动方案，主要分为三个方向：一是构建重视数据和促进公众使用数据的文化；二是强化数据的治理、管理和保护；三是促进高效恰当地使用数据资源。可以看出，美国在数据领域的政策，越来越强调发挥机构间的协调作用，促进数据的跨部门流通与再利用，充分发掘数据资产价值，从而巩固美国在数据领域的优势地位。

1.4.2　英国

大数据发展初期，英国在借鉴美国的经验和做法的基础上，充分结合本国特点和需求，加大大数据研发投入、强化顶层设计，聚焦部分应用领域进行重点突破。英国政府于 2010 上线政府数据网站，同美国的 Data. gov 平台功能类似，但主要侧重于大数据信息挖掘和获取能力的提升，以此作为基础，在 2012 年发布了新的政府数字化战略，具体由英国商业创新技能部牵头，成立数据战略委员会，通过大数据开放，为政府、私人部门、第三方组织和个体提供相关服务，吸纳更多技术力量和资金支持协助拓宽数据来源，以推动就业和新兴产业发展，实现大数据驱动的社会经济增长。2013 年英国政府加大了对大数据领域研究的资金支持，提出总额 1.89 亿英镑的资助计划，包括直接投资 1000 万英镑建立"开放数据研究所"。近期英国特别重视大数据对经济增长的拉动作用，密集发布《数字战略 2017》《工业战略：建设适应未来的英国》等，希望到 2025 年数字经济对本国经济总量的贡献值达到 2000 亿英镑，积极应对"脱欧"可能带来的经济增速放缓的挑战。

为促进数据在政府、社会和企业间的流动，英国政府于 2020 年 9 月发布了《国家数据战略》，明确指出了政府需要优先执行的 5 项任务以促进英国社会各界对数据的应用：一是充分释放数据价值；二是加强对可信数据体系的保护；三是改善政府的数据应用现状，提高公共服务效率；四是确保数据所依赖的基础架构的安全性和韧性；五是推动数据的国际流动。2021 年 5 月，英国政府在官方渠道发布《政府对于国家数据战略咨询的回应》，强调 2021 年的工作重心是"深入执行《国家数据战略》"，并表明将通过建立更细化的行动方案，全力确保战略的有效实施，由此可以看出英国政府利用数据资源激发经济新活力的决心。

1.4.3　欧盟

2020 年 2 月 19 日，欧盟委员会推出《欧盟数据战略》，该战略勾画出欧盟未来十年的数据战略行动纲要。区别于一般实体国家，欧盟作为一个经济政治共同体，其数据战略更加注重加强成员国之间的数据共享，平衡数据的流通与使用，以打造欧洲共同数据空间、构建单一数据市场。

为保障战略目标的顺利实现，欧盟实施了一系列重要举措。《欧盟数据治理法案》作为《欧盟数据战略》系列举措中的第一项，于 2021 年 10 月获得成员国表决通过。该法案旨在"为欧洲共同数据空间的管理提出立法框架"，其中主要对三个数据共享制度进行构建，分别为公共部门的数据再利用制度、数据中介及通知制度和数据利他主义制度，以此确保在符合欧洲公共利益和数据提供者合法权益的条件下，实现数据更广泛的国际共享。

为保证战略的可持续性以及加强公民和企业对政策的支持和信任，2021 年 9 月 15 日，欧盟委员会提交《通向数字十年之路》提案，该提案以《2030 年数字指南针为基础》，为欧盟数字化目标的落地提供具体治理框架，具体包括：建立监测系统以衡量各成员国目标进展；评估数字化发展年度报告并提供行动建议；各成员国提交跨年度的数字十年战略路线图等。

1.4.4 韩国

多年来，韩国的智能终端普及率以及移动互联网接入速度一直位居世界前列，这使得其数据产出量也达到了世界先进水平。为了充分利用这一天然优势，韩国很早就制定了大数据发展战略，并力促大数据担当经济增长的引擎。在朴槿惠政府倡导的"创意经济"国家发展方针指导下，韩国多个部门提出了具体的大数据发展计划，包括 2011 年韩国科学技术政策研究院以"构建英特尔综合数据库"为基础的"大数据中心战略"，以及 2012 年韩国国家科学技术委员会就大数据未来发展环境发布的战略规划，其中，2012 年由未来创造科学部牵头的"培养大数据、云计算系统相关企业 1000 个"的国家级大数据发展计划，已经通过《第五次国家信息化基本计划（2013—2017）》等多项具体发展战略落实到生产层面。2016 年年底，韩国发布以大数据等技术为基础的《智能信息社会中长期综合对策》，以积极应对第四次工业革命的挑战。

1.4.5 日本

2010 年 5 月，日本高度信息通信网络社会推进战略本部发布了以实现国民本位的电子政府、加强地区间的互助关系等为目标的《信息通信技术新战略》。2012 年 6 月，日本 IT 战略本部发布电子政务开放数据战略草案，迈出了政府数据公开的关键性一步。2012 年 7 月，日本政府推出了《面向 2020 年的 ICT 综合战略》，大数据成为发展的重点。2013 年 6 月，日本公布新 IT 战略——创新最尖端 IT 国家宣言，明确了 2013—2020 年期间以发展开放公共数据为核心的日本新 IT 国家战略。在应用当中，日本的大数据战略已经发挥了重要作用，ICT 技术与大数据信息能力的结合，为协助解决抗灾救灾和核电事故等公共问题贡献明显。2021 年 9 月，专门成立日本数字厅，旨在迅速且重点推进数字社会进程。2021 年 6 月发布《综合数据战略》，旨在建设打造世界顶级数字国家所需的数字基础，同时，明确了数据战略的基本思路，制定了社会愿景以及实现该愿景的基本行动指南。

1.4.6 中国

在我国，发展大数据也受到高度重视。2015 年以来，在国家和各级政府的大力推动下，大数据产业加速演进和迭代，政策环境持续优化，管理体制日益完善，产业融合加快发展，数据价值逐渐释放。我国的大数据发展历程如图 1-6 所示。

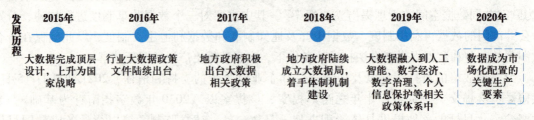

图 1-6 中国的大数据发展历程

2015 年 8 月，国务院印发了《促进大数据发展行动纲要》。党的十八届五中全会将大数据上升为国家战略。在党的十九大报告中，习近平总书记明确指出："推动互联网、大数据、人工智能和实体经济深度融合"。2017 年 12 月 8 日，在中共中央政治局第二次集体学习时，习近平总书记发表了"审时度势精心谋划超前布局力争主动，实施国家大数据战略，加快建设数字中国"的讲话，明确提出了"大数据是信息化发展的新阶段"这一重要论断，并指明了推动大数据技术产业创新发展、构建以数据为关键要素的数字经济、运用大数据提升国家治理现代化水平、运用大数据促进保障和改善民生、切实保障国家数据安全五项工作部署，为我国发展大数据开启了新的篇章。2018 年 4 月 21—25 日，首届"数字中国"建设峰会在福建省福州市举行，围绕"以信息化驱动现代化，加快建设数字中国"主题，来自各省区市网信部门负责人、行业组织负责人、产业界代表、专家学者以及智库代表等约 800 人出席峰会，就建设网络强国、数字中国、智慧社会等热点议题进行交流分享。图 1-7 所示为会议中举办的首届数字中国建设成果展览会。

图 1-7　首届数字中国建设成果展览会

2020 年 4 月，国务院发布了《关于构建更加完善的要素市场化配置体制机制的意见》，明确提出了"数据成为继土地、劳动力、资本、技术之后第五种市场化配置的关键生产要素"。2021 年 3 月 13 日，新华社公布了《中华人民共和国国民经济和社会发展第十四个五年规划和 2035 年远景目标纲要》，在"十四五"规划纲要中，"数据"和"大数据"成为高频词汇，并指出"大数据在打造数字经济新优势、加快数字社会建设步伐、提高数字政府建设水平、营造良好数字生态中具有重要地位"。结合大数据发展面临的问题和大数据产业发展的趋势，"十四五"规划纲要对未来大数据发展做出总体部署，将构建全国一体化大数据中心，发展第三方大数据服务产业，完善数据分类分级保护，加强涉及国家利益、商业秘密、个人隐私的数据保护，发展数据要素市场，加强数据产权制度建设，推动数据跨境安全有序流动，建设公安大数据平台，推进城市数据大脑建设，提高数字化政务服务效能十大领域作为"十四五"时期发展的重点。整体看，"十四五"期间国家强调数据治理和数据要素潜能释放。

2021 年 11 月底，工业和信息化部印发《"十四五"大数据产业发展规划》，在响应国家

"十四五"规划的基础上，围绕"价值引领、基础先行、系统推进、融合创新、安全发展、开放合作" 6 大基本原则，针对"十四五"期间大数据产业的发展制定了 5 个发展目标、6 大主要任务、6 项具体行动以及 6 个方面的保障措施，同时指出在当前我国迈入数字经济的关键时期，大数据产业将步入"集成创新、快速发展、深度应用、结构优化"的高质量发展阶段。

2022 年 12 月 19 日，《中共中央 国务院关于构建数据基础制度更好发挥数据要素作用的意见》对外发布，从数据产权、流通交易、收益分配、安全治理等方面构建数据基础制度，提出 20 条政策举措。

2023 年 3 月 10 日，第十四届全国人民代表大会第一次会议表决通过了关于国务院机构改革方案的决定，其中包括组建国家数据局。组建国家数据局有几个重要意义：第一，有利于统一领导和协调数据资源管理，提高数据资源整合共享和开发利用的效率和效果，为数字中国建设提供更加有力的支撑；第二，有利于加强数字技术创新体系的建设，推动数字技术和各领域千行百业的深度融合，为数字经济发展提供强大动力；第三，有利于完善数字安全屏障体系的建设，加强数据安全保护和监管，为数字社会治理提供坚实保障，通过完善相关立法和标准明确数据安全责任主体和义务要求，通过加强数据安全监测预警和应急处理能力来及时发现并处置各类数据安全事件，通过加强数据安全的宣传教育和培训活动来提高公众和企业相关数据安全意识和能力等；第四，有利于优化数字化发展的国际国内环境，加强国际交流合作，例如，通过参与制定国际数字规则和标准，维护我国在数字领域的正当权益。

过去几年，大数据产业政策体系日益完善，相关政策内容已经从宏观的总体规划方案逐渐向微观细分领域深入。工业和信息化部、交通运输部、公安部、农业农村部等均推出了关于大数据的发展意见、实施方案、计划等，推动各行业应用大数据。另外，大数据技术攻关政策、安全保障政策、产业关联政策等日益完善，为大数据产业发展提供保障。

与此同时，为了加快推进大数据战略的落地实施，我国构建了以国家大数据实验室为引领的战略科技力量。目前，全国与大数据相关的国家和省级实验室已有数百家，近年来这些实验室围绕国家大数据战略，汇集高端人才和创新要素，面向世界科技前沿、面向经济主战场、面向国家重大需求、面向人民生命健康，不断探索大数据的前沿领域，并在大数据关键核心技术创新方面不断突破，引领大数据产业创新发展。从分类来看，国家和省级大数据实验室主要包括大数据技术攻关、大数据关联技术攻关、大数据融合应用技术攻关、大数据底层技术攻关四大类。大数据应用方面，数据分析和数据认知分析技术受重视程度高；大数据关联技术方面，明显看到大数据不再作为纯粹独立的技术，其与虚拟现实、云计算、物联网、人工智能、工业互联网等技术交叉融合态势日趋增强，通过紧密相关的信息技术发展体现其价值；大数据融合应用方面，健康医疗、工业、交通等领域的大数据融合应用技术加快突破和创新，大数据融合应用重点从虚拟经济转变为实体经济，各细分实体产业应用场景的拓展和深入挖掘将成为这类国家实验室关注的焦点；大数据底层技术方面，信息安全、模式识别、语言工程、计算机辅助设计、高性能计算等加快突破，大数据技术领域逐渐补齐短板，并进一步强化长板，增强大数据产业质量和安全。

政府部门对于大数据的管理是我国大数据战略的重点，大数据管理局等政府职能部门应运而生，在各地挂牌并开始运转，如广东省大数据管理局、浙江省大数据发展管理局、江苏省大数据管理中心、福建省大数据管理局、山东省大数据局、广西大数据发展局、北京市大数据管理局、上海市大数据中心、江西省大数据中心、河南省大数据管理局等。这些职能部门的主要职责为：研究拟定并组织实施大数据发展战略、规划和政策措施，引导和推动大数据研究和应用工作；组织拟定大数据的标准体系和考核体系，拟定大数据收集、管理、开放、应用等标准规范；负责以大数据为引领的信息产业行业管理，统筹推进社会经济各领域大数据开发应用；组织并实施互联网行动计划，组织协调省市级互联网应用工程；促进政府数据资源的共享和开放；统筹协调信息安全保障体系建设等。

以大数据为核心的新一代信息技术革命，正加速推动我国各领域的数字化转型升级。大数据技术的广泛应用，加速了数据资源的汇集整合与开放共享，形成了以数据流为牵引的社会分工协作新体系，促进了传统产业的转型升级，催生了一批新业态和新模式，助力"数字中国"战略落地。"数字中国"内涵日益丰富，除了包含数字经济、数字社会、数字政府之外，新增了数字生态，这将是大数据产业发展的新动能。其中，数字经济建设以经济结构优化为目标，将大数据与数字技术融合以实现数字产业化、产业数字化；数字社会建设强调以大数据赋能公共服务，进行社会治理，提供便民服务，助力完善城市公共服务能力，提升城市的发展能级；数字政府建设涵盖公共数据开放、政府数据资源的信息化，以及数字政务服务，着重提升政府的执政效率；数字生态建设强调建立健全数据要素市场秩序、规范数据规则等，主要包括对数据安全、数据交易和跨境传输等的管理，营造良好的数字生态。

1.5　大数据的概念

随着大数据时代的到来，"大数据"已经成为互联网信息技术行业的流行词汇。关于"什么是大数据"这个问题，大家比较认可关于大数据的"4V"说法。大数据的 4 个"V"，或者说是大数据的四个特点，包含四个层面：数据量大（volume）、数据类型繁多（variety）、处理速度快（velocity）和价值密度低（value）。

1.5.1　数据量大

从数据量的角度而言，大数据泛指无法在可容忍的时间内用传统信息技术和软硬件工具对其进行获取、管理和处理的巨量数据集合，需要可伸缩的计算体系结构以支持其存储、处理和分析。按照这个标准来衡量，很显然，目前的很多应用场景中所涉及的数据量都已经具备了大数据的特征。例如：博客、微博、微信、抖音等应用平台每天由网民发布的海量信息，属于大数据；遍布人们工作和生活的各处的各种传感器和摄像头，每时每刻都在自动产生大量数据，也属于大数据。

据著名咨询机构国际数据公司（International Data Corporation，IDC）预测，2025 年全球数据量将高达 175 ZB（数据存储单位之间的换算关系见表 1-4），2030 年全球数据存储量将达到 2500 ZB。其中，中国数据量增速最为迅猛，预计 2025 年将增至 48.6 ZB，占全球数据圈的约 27.8%，平均每年的增长速度比全球平均速度快 3%，中国将成为全球最大的数据圈。

表 1-4　数据存储单位之间的换算关系

单　　位	换　算　关　系
B（Byte，字节）	1B = 8b（bit，位）
KB（Kilobyte，千字节）	1 KB = 1024B
MB（Megabyte，兆字节）	1 MB = 1024 KB
GB（Gigabyte，吉字节）	1 GB = 1024 MB
TB（Terabyte，太字节）	1 TB = 1024 GB
PB（Petabyte，拍字节）	1 PB = 1024 TB
EB（Exabyte，艾字节）	1 EB = 1024 PB
ZB（Zettabyte，泽字节）	1 ZB = 1024 EB

随着数据量的不断增加，数据所蕴含的价值会从量变发展到质变。举例来说，有一张照片，照片里的人在骑马。受到照相技术的制约，早期人们只能每一分钟拍一张，随着照相设备的不断改进，处理速度越来越快，发展到后来，就可以 1 秒钟拍 1 张，而当有一天发展到 1 秒钟可以拍 10 张以上后，就产生了电影。当数量的增长实现质变时，就由一张照片变成了一部电影。同样的量变到质变过程，也会发生在数据量的增加过程之中。

1.5.2　数据类型繁多

大数据的数据来源众多，科学研究、企业应用和 Web 应用等都在源源不断地生成新的类型繁多的数据。生物大数据、交通大数据、医疗大数据、电信大数据、电力大数据、金融大数据等，都呈现出井喷式增长，所涉及的数量巨大，已经从 TB 级别跃升到 PB 级别。各行各业，每时每刻，都在不断生成各种不同类型的数据。

（1）消费者大数据。中国移动拥有超过 8 亿的用户，每天获取的新数据达到 14 TB，累计存储量超过 300 PB；阿里巴巴的月活跃用户超过 5 亿，单日新增数据超过 50 TB，累计超过数百 PB；百度月活跃用户近 7 亿，每天数据处理能力达到 100 PB；腾讯月活跃用户超过 9 亿，数据每日新增数百 TB，总存储量达到数百 PB；京东每日新增数据 1.5 PB，2016 年累计数据已达 100 PB；今日头条日活跃用户 3000 万，日处理数据量 7.8 PB；30% 国人用外卖，周均 3 次，美团用户 6 亿，数据超过 4.2 PB；滴滴打车用户超过 4.4 亿，每日新增轨迹数据 70 TB，处理数据超过 4.5 PB；我国共享单车市场，拥有 2 亿用户，超过 700 万辆自行车，每天骑行超过 3000 万次，每天产生 30 TB 数据；携程网每天线上访问量上亿，每日新增数据量 400 TB，存量超过 50 PB；小米公司的联网激活用户超过 3 亿，小米云服务数据总量 200 PB。

（2）金融大数据。中国平安有 8.8 亿客户的脸谱和信用信息以及 5000 万个声纹库；中国工商银行拥有 5.5 亿个人客户，全行数据超过 60 PB；中国建设银行用户超过 5 亿，手机银行用户达到 1.8 亿，网银用户超过 2 亿，数据存储能力达 100 PB；中国农业银行拥有 5.5 亿个人客户，日梳理数据达到 1.5 TB，数据存储量超过 15 PB；中国银行拥有 5 亿个人客户，手机银行客户达到 1.15 亿，电子渠道业务替代率达到 94%。

（3）医疗大数据。一个人拥有 10^{14} 个细胞，10^9 个碱基，一次全面的基因测序产生的个人数据可达 100 GB 到 600 GB。华大基因公司 2017 年产出的数据达到 1 EB。在医学影像中，一次 3D 核磁共振检查可以产生 150 MB 数据，一张 CT 图像可产生 150 MB 数据。2015 年，美国平均每家医院需要管理 665 TB 数据量，个别医院年增数据达到 PB 级别。

（4）城市大数据。一个 8 Mbit/s 摄像头产生的数据量是 3.6 GB/h，1 个月产生数据量为 2.59 TB。很多城市的摄像头多达几十万个，一个月的数据量达到数百 PB，若需保存 3 个月，则存储的数据量会达到 EB 量级。北京市政府部门数据总量，2011 年为 63 PB，2012 年为 95 PB，2018 年达到数百 PB。全国各地政府大数据加起来为数百个甚至上千个阿里巴巴的体量。

（5）工业大数据。Rolls Royce 公司对飞机引擎做一次仿真，会产生数十 TB 的数据。一个汽轮机的扇叶在加工中就可以产生 0.5 TB 的数据，扇叶生产每年会收集 3 PB 的数据。叶片运行数据为 588 GB/天。美国通用电气公司在出厂飞机的每个引擎上装有 20 个传感器，每引擎每飞行小时能产生 20 TB 数据并通过卫星回传，每天收集的数据达 PB 级。清华大学与金风科技共建风电大数据平台，2 万台风机年运维数据为 120 PB。

综上所述，大数据的数据类型非常丰富，但是，总体而言可以分成两大类，即结构化数据和非结构化数据，前者占 10% 左右，主要是指存储在关系数据库中的数据，后者占 90% 左右，种类繁多，主要包括邮件、音频、视频、微信、微博、位置信息、超链接信息、手机呼叫信息、网络日志等。

如此类型繁多的异构数据，对数据处理和分析技术提出了新的挑战，也带来了新的机遇。传统数据主要存储在关系数据库中，但是，在类似 Web2.0 等应用领域中，越来越多的数据开始被存储在 NoSQL 数据库中，这就必然要求在集成的过程中进行数据转换，而这种转换的过程是非常复杂和难以管理的。传统的 OLAP（on-line analytical processing）分析和商务智能工具大多面向结构化数据，在大数据时代，用户友好的、支持非结构化数据分析的商业软件也将迎来广阔的市场空间。

1.5.3　处理速度快

大数据时代的数据产生速度非常快。在 Web2.0 应用领域，在 1 分钟内，新浪可以产生 2 万条微博，推特可以产生 10 万条推文，苹果可以下载 4.7 万次应用，淘宝可以卖出 6 万件商品，百度可以产生 90 万次搜索查询，脸书可以产生 600 万次浏览量。大名鼎鼎的大型强子对撞机（large hadron collider, LHC），大约每秒产生 6 亿次的碰撞，每秒生成约 700 MB 的数据，需要成千上万台计算机分析这些碰撞数据。

大数据时代的很多应用，都需要基于快速生成的数据给出实时分析结果，用于指导生产和生活实践，因此，数据处理和分析的速度通常要达到秒级甚至毫秒级响应，这一点和传统的数据挖掘技术有着本质的不同，后者通常不要求给出实时分析结果。

为了实现快速分析海量数据的目的，新兴的大数据分析技术通常采用集群处理和独特的内部设计。以谷歌公司的 Dremel 为例，它是一种可扩展的、交互式的实时查询系统，用于只读嵌套数据的分析，通过结合多级树状执行过程和列式数据结构，它能做到几秒内完成对万亿张表的聚合查询，系统可以扩展到成千上万的 CPU 上，满足谷歌上万用户操作 PB 级数据的需求，并且可以在 2~3 秒内完成 PB 级别数据的查询。

1.5.4　价值密度低

大数据虽然看起来很美，但是，价值密度却远远低于传统关系数据库中已有的那些数据。在大数据时代，很多有价值的信息都是分散在海量数据中的。以小区监控视频为例，如果没有意外事件发生，连续不断产生的数据都是没有任何价值的，当发生偷盗等意外情况时，也只有记录了事件过程的那一小段视频是有价值的。但是，为了能够获得发生偷盗等意外情况时的那一段宝贵的视频，人们不得不投入大量资金购买监控设备、网络设备、存储设备，耗费大量的电能和存储空间，来保存摄像头连续不断录制的监控数据。

如果这个实例还不够典型的话，那么可以想象另一个更大的场景。假设一个电子商务网站希望通过微博数据进行有针对性的营销，为了实现这个目的，就必须构建一个能存储和分析新浪微博数据的大数据平台，使之能够根据用户微博内容进行有针对性的商品需求趋势预测。愿景很美好，但是，现实代价很大，可能需要耗费几百万元构建整个大数据团队和平台，而最终带来的企业销售利润增加额可能会比投入低许多，从这点来说，大数据的价值密度是较低的。

1.6　大数据的影响

大数据对科学研究、思维方式和社会发展都具有重要而深远的影响。在科学研究方面，大数据使得人类科学研究在经历了实验、理论、计算 3 种范式之后，迎来了第四种范式——数据；在社会发展方面，大数据决策逐渐成为一种新的决策方式，大数据应用有力促进了信息技术与各行业的深度融合，大数据开发大大推动了新技术和新应用的不断涌现；在就业市场方面，大数据的兴起使得数据科学家成为热门职业；在人才培养方面，大数据的兴起将在很大程度上改变中国高校信息技术相关专业的现有教学和科研格局。

1.6.1　大数据对科学研究的影响

大数据最根本的价值在于为人类提供了认识复杂系统的新思维和新手段。图灵奖获得者、著名数据库专家吉姆·格雷（Jim Gray）认为，人类自古至今在科学研究上先后经历了实验、理论、计算和数据四种范式，如图 1-8 所示。

（1）第一种范式：实验科学

在最初的科学研究阶段，人类通过实验来解决一些科学问题，著名的比萨斜塔实验就是一个典型实例。1590 年，伽利略在比萨斜塔上做了“两个铁球同时落地”的实验，得出了重量不同的两个铁球同时落地的结论，从此推翻了亚里士多德“物体下落速度和重量成比例”的学说，纠正了这个持续了 1900 年之久的错误结论。

（2）第二种范式：理论科学

实验科学的研究会受到当时实验条件的限制，难以完成对自然现象更精确的理解。随着科学的进步，人类开始采用各种数学、物理等理论，构建问题模型和解决方案。例如，牛顿

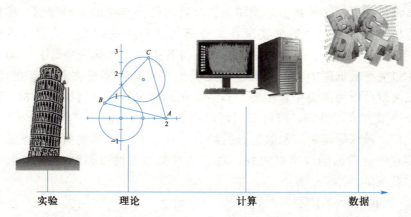

图 1-8 科学研究的 4 种范式

第一定律、牛顿第二定律、牛顿第三定律构成了牛顿力学的完整体系，奠定了经典力学的理论基础，它的广泛传播和运用对人们的生活和思想产生了重大影响，在很大程度上推动了人类社会的发展与进步。

（3）第三种范式：计算科学

随着 1946 年人类历史上第一台计算机 ENIAC 的诞生，人类社会开始步入计算机时代，科学研究也进入了一个以"计算"为中心的全新时期。在实际应用中，计算科学主要用于对各种科学问题进行计算机模拟和其他形式的计算。通过设计算法并编写相应程序输入计算机运行，人类可以借助计算机的高速运算能力去解决各种问题。计算机具有存储容量大、运算速度快、精度高、可重复执行等特点，是科学研究的利器，推动了人类社会的飞速发展。

（4）第四种范式：数据科学

随着数据的不断累积，其宝贵价值日益得到体现，物联网和云计算的出现，更是促成了事物发展从量变到质变的转变，使人类社会开启了全新的大数据时代。这时，计算机不仅仅能做模拟仿真，还能进行分析总结，得到理论。在大数据环境下，一切将以数据为中心，从数据中发现问题、解决问题，真正体现数据的价值。大数据将成为科学工作者的宝藏，从数据中可以挖掘未知模式和有价值的信息，服务于生产和生活，推动科技创新和社会进步。虽然第三种方式和第四种方式都是利用计算机来进行计算，但是，二者还是有本质的区别的。在第三种研究范式中，一般是先提出可能的理论，再收集数据，然后通过计算来验证。而对于第四种研究范式，则是先有了大量已知的数据，然后通过计算得出之前未知的理论。

1.6.2 大数据对社会发展的影响

大数据将会对社会发展产生深远的影响，具体表现在以下几个方面：大数据决策成为一种新的决策方式；大数据成为提升国家治理能力的新途径；大数据应用促进信息技术与各行业的深度融合；大数据开发推动新技术和新应用不断涌现。

1. 大数据决策成为一种新的决策方式

根据数据制定决策，并非大数据时代所特有。从 20 世纪 90 年代开始，数据仓库和商务智能工具就开始大量用于企业决策。发展到今天，数据仓库已经是一个集成的信息存储仓库，既具备批量和周期性的数据加载能力，也具备数据变化的实时探测、传播和加载能力，并能结合历史数据和实时数据实现查询分析和自动规则触发，从而提供对战略决策（如宏观决策和长远规划等）和战术决策（如实时营销和个性化服务等）的双重支持。但是，数据仓库以关系数据库为基础，无论是数据类型还是数据量方面都存在较大的限制。现在，大数据决策可以面向类型繁多的、非结构化的海量数据进行决策分析，已经成为受到青睐的全新决策方式。例如，政府部门可以把大数据技术融入"舆情分析"，通过对论坛、微博、微信、社区等多种来源数据进行综合分析，弄清或测验信息中本质性的事实和趋势，揭示信息中含有的隐性情报内容，对事物发展做出情报预测，协助实现政府决策，有效应对各种突发事件。

2. 大数据成为提升国家治理能力的新途径

大数据是提升国家治理能力的新途径，政府可以透过大数据揭示政治、经济、社会事务中传统技术难以展现的关联关系，并对事务的发展趋势做出准确预判，从而在复杂情况下做出合理、优化的决策；大数据是促进经济转型增长的新引擎，大数据与实体经济深度融合，将大幅度推动传统产业提质增效，促进经济转型、催生新业态，同时，对大数据的采集、管理、交易、分析等业务也正在成长为巨大的新兴市场；大数据是提升社会公共服务能力的新手段，通过打通政府、公共服务部门的数据，促进数据流转共享，将有效促进行政审批事务的简化，提高公共服务的效率，更好地服务民生，提升人民群众的获得感和幸福感。

3. 大数据应用促进信息技术与各行业的深度融合

有专家指出，大数据将会在未来 10 年改变几乎每一个行业的业务功能。在互联网、银行、保险、交通、材料、能源、服务等行业领域，不断累积的大数据将加速推进这些行业与信息技术的深度融合，开拓行业发展的新方向。例如，大数据可以帮助快递公司选择运费成本最低的最佳行车路径，协助投资者选择收益最大化的股票投资组合，辅助零售商有效定位目标客户群体，帮助互联网公司实现广告精准投放，还可以让电力公司做好配送电计划确保电网安全等。总之，大数据所触及的每个角落，人们的社会生产和生活都会因之而发生巨大而深刻的变化。

4. 大数据开发推动新技术和新应用不断涌现

大数据的应用需求，是大数据新技术开发的源泉。在各种应用需求的强烈驱动下，各种突破性的大数据技术将被不断被提出并得到广泛应用，数据的能量也将不断得到释放。在不远的将来，原来那些依靠人类自身判断力的领域应用，将逐渐被各种基于大数据的应用所取代。例如，今天的汽车保险公司，只能凭借少量的车主信息，对客户进行简单的类别划分，并根据客户的汽车出险次数给予相应的保费优惠方案，客户选择哪家保险公司都没有太大差别。随着车联网的出现，"汽车大数据"将会深刻改变汽车保险业的商业模式，如果某家商业保险公司能够获取客户车辆的相关细节信息，并利用事先构建的数学模型对客户等级进行更加细致的判定，给予更加个性化的"一对一"优惠方案，那么毫无疑问，这家保险公司将具备明显的市场竞争优势，获得更多客户的青睐。

1.6.3　大数据对就业市场的影响

大数据的兴起使得数据科学家成为热门职业。2010 年，在高科技劳动力市场上还很难见到数据科学家的头衔，但此后不久，数据科学家逐渐成为市场上最热门的职位之一，具有广阔发展前景，并代表着未来的发展方向。

互联网企业和零售、金融类企业都在积极争夺大数据人才，数据科学家成为大数据时代最紧缺的人才。国内有大数据专家估算过，目前国内的大数据人才缺口达到 130 万，以大数据应用较多的互联网金融为例，这一行业每年营业额增速达到 4 倍，仅互联网金融需要的大数据人才就在迅速增长。

目前，我国用户主要局限在结构化数据分析方面，尚未进入通过对半结构化和非结构化数据进行分析、捕捉新的市场空间的阶段。但是，大数据中包含了大量的非结构化数据，未来将会产生大量针对非结构化数据分析的市场需求，因此，未来中国市场对掌握大数据分析专业技能的数据科学家的需求会逐年递增。

尽管有少数人认为，未来有更多的数据会采用自动化处理，会逐步降低对数据科学家的需求，但是，仍然有更多的人认为，随着数据科学家给企业所带来的商业价值的日益体现，市场对数据科学家的需求会越发旺盛。

大数据产业是战略新兴产业和知识密集型产业，大数据企业对大数据高端人才和复合人才需求旺盛。各企业除了追求大数据人才数量之外，为提高自身技术壁垒和竞争实力，企业对大数据人才的质量提出了更高的期待，拥有数据架构、数据挖掘与分析、产品设计等专业技能的大数据人才备受企业关注，高层次大数据人才市场供不应求。企业调研结果显示，大数据人才需求岗位 TOP10 的需求度为 31.1%~68.9%，其中大数据架构师成为大数据相关企业需求最大的岗位，68.9% 的企业需要这类人才；大数据工程师、数据产品经理、系统研发人员的需求企业数均超过一半。大数据人才需求岗位 TOP10 中的其他岗位分别为数据分析师、应用开发人员、数据科学家、机器学习工程师、数据挖掘分析师、数据建模师。

1.6.4　大数据对人才培养的影响

大数据的兴起，将在很大程度上改变中国高校信息技术相关专业的现有教学和科研格局。一方面，数据科学家是一个需要掌握统计、数学、机器学习、可视化、编程等多方面知识的复合型人才，在中国高校现有的学科和专业设置中，上述专业知识分布在数学、统计和计算机等多个学科中，任何一个学科都只能培养某个方向的专业人才，无法培养全面掌握数据科学相关知识的复合型人才。另一方面，数据科学家需要大数据应用实战环境，在真正的大数据环境中不断学习、实践并融会贯通，将自身技术背景与所在行业业务需求进行深度融合，从数据中发现有价值的信息。但是，目前大多高校还不具备这种培养环境，不仅缺乏大规模基础数据，也缺乏对领域业务需求的理解。鉴于上述两个原因，目前国内的数据科学家人才并不是由高校培养的，而主要是在企业实际应用环境中通过边工作边学习的方式不断成长起来的，其中，互联网领域集中了大多数的数据科学家人才。

在未来 5~10 年，市场对数据科学家的需求会日益增加，不仅互联网企业需要数据科学家，类似金融、电信这样的传统企业在大数据项目中也需要数据科学家。由于高校目前尚未具备大量培养数据科学家的基础和能力，传统企业很可能会从互联网行业"挖墙脚"，来满足企业发展对数据分析人才的需求，继而造成用人成本高企，制约企业的成长壮大。因此，高校应该秉承"培养人才、服务社会"的理念，充分发挥科研和教学综合优势，培养一大批具备数据分析基础能力的数据科学家，有效缓解数据科学家的市场缺口，为促进经济社会发展做出更大贡献。目前，国内很多高校开始设立大数据专业或者开设大数据课程，加快推进大数据人才培养体系的建立。2014 年，中国科学院大学开设首个"大数据技术与应用"专业方向，面向科研发展及产业实践，培养信息技术与行业需求结合的复合型大数据人才；2014 年清华大学成立数据科学研究院，推出多学科交叉培养的大数据硕士项目；2015 年 10 月，复旦大学大数据学院成立，在数学、统计学、计算机、生命科学、医学、经济学、社会学、传播学等多学科交叉融合的基础上，聚焦大数据学科建设、研究应用和复合型人才培养；2016 年 9 月，华东师范大学数据科学与工程学院成立，新设置的本科专业"数据科学与工程"，是华东师范大学除"计算机科学与技术"和"软件工程"以外，第三个与计算机相关的本科专业，厦门大学于 2013 年开始在研究生层面开设大数据课程，并建设了国内高校首个大数据课程公共服务平台，为全国高校开展大数据教学提供一站式免费服务。

2016 年，北京大学、对外经济贸易大学、中南大学成为国内首批设立数据科学与大数据技术专业的高校。到 2023 年，全国累计有 1000 余所高校设立大数据相关专业。教育部《普通高等学校本科专业备案和审批结果》数据显示，数据科学与大数据技术是 2016—2020 年高校新增数量最多的专业。2017—2020 年，大数据相关专业新增数量在新增专业数量排行榜中均位居前列，数据科学、智能化应用等专业受到高校普遍重视。

高校培养数据科学人才需要采取"两条腿"走路的策略，即"引进来"和"走出去"。所谓"引进来"，是指高校要加强与企业的紧密合作，从企业引进相关数据，为学生搭建起接近企业应用实际的、仿真的大数据实战环境，让学生有机会理解企业业务需求和数据形式，为开展数据分析奠定基础，同时，从企业引进具有丰富实战经验的高级人才，承担起数据科学家相关课程教学任务，切实提高教学质量、水平和实用性。所谓"走出去"，是指积极鼓励和引导学生走出校园，进入互联网、金融、电信等具备大数据应用环境的企业去开展实践活动，同时，努力加强产、学、研合作，创造条件让高校教师参与到企业大数据项目中，实现理论知识与实际应用的深层次融合，锻炼高校教师的大数据实战能力，为更好培养数据科学家人才奠定基础。

在课程体系的设计上，高校应该打破学科界限，设置跨院系跨学科的"组合课程"，由来自计算机、数学、统计等不同院系的教师构建联合教学师资力量，多方合作，共同培养具备大数据分析基础能力的数据科学家，使其全面掌握包括数学、统计学、数据分析、商业分析和自然语言处理等在内的系统知识，具有独立获取知识的能力，并具有较强的实践能力和创新意识。

1.7　大数据的应用

微视频
1-11
大数据的应用

大数据价值创造的关键在于大数据的应用，随着大数据技术飞速发展，大数据应用已经融入各行各业，大数据应用的层次也在不断深化。

1.7.1　大数据在各个领域的应用

"数据，正在改变甚至颠覆我们所处的整个时代"，《大数据时代》一书作者维克托·舍恩伯格教授发出如此感慨。发展到今天，大数据已经无处不在，包括金融、汽车、零售、餐饮、电信、能源、政务、医疗、体育、娱乐等在内的社会各行各业都已经融入了大数据的印记，表 1-5 是大数据在各个领域的应用情况。

表 1-5　大数据在各个领域的应用一览

领　　域	大数据的应用
制造业	利用工业大数据提升制造业水平，包括产品故障诊断与预测、分析工艺流程、改进生产工艺、优化生产过程能耗、工业供应链分析与优化、生产计划与排程
金融行业	大数据在高频交易、社交情绪分析和信贷风险分析三大金融创新领域发挥重要作用
汽车行业	利用大数据和物联网技术的自动驾驶汽车，在不远的未来将走入人们的日常生活
互联网行业	借助大数据技术，可以分析客户行为，进行商品推荐和有针对性广告投放
餐饮行业	利用大数据实现餐饮 O2O 模式，彻底改变传统餐饮经营方式
电信行业	利用大数据技术实现客户离网分析，及时掌握客户离网倾向，出台客户挽留措施
能源行业	随着智能电网的发展，电力公司可以掌握海量的用户用电信息，能够利用大数据技术分析用户用电模式，改进电网运行，合理地设计电力需求响应系统，确保电网运行安全
物流行业	利用大数据优化物流网络，提高物流效率，降低物流成本
城市管理	可以利用大数据实现智能交通、环保监测、城市规划和智能安防
生物医学	大数据可以帮助人们实现流行病预测、智慧医疗、健康管理，同时还可以帮助人们解读 DNA，了解更多的生命奥秘
体育和娱乐	大数据可以帮助人们训练球队，决定投拍哪种题材的影视作品，以及预测比赛结果
安全领域	政府可以利用大数据技术构建起强大的国家安全保障体系，企业可以利用大数据抵御网络攻击，警察可以借助大数据来预防犯罪
个人生活	大数据还可以应用于个人生活，利用与每个人相关联的"个人大数据"，分析个人生活行为习惯，为其提供更加周到的个性化服务

就企业而言，对大数据的掌握可以成为经济价值的源泉。最为常见的是，一些公司已经把商业活动的每一个环节都建立在数据收集、分析和行动的能力之上，尤其是在营销方面。eBay 公司通过数据分析计算出广告中每一个关键字为公司带来的回报，进行精准的定位营销，优化广告投放，从 2007 年以来 eBay 产品的广告费缩减了 99%，而顶级卖家的销售额在总销售额中上升至 32%。淘宝通过挖掘处理顾客浏览页面和购买记录的数据，为客户提供个性化建议并推荐新的产品，以达到提高销售额的目的。还有的企业利用大数据分析研判市场形势，部署经营战略，开发新的技术和产品，以期迅速占领市场制高点。大数据宛如一股洪流注入世界经济，成为全球各个经济领域的重要组成部分。

就政府而言，大数据的发展将会提高政府科学决策水平，改变政府传统决策方式，变为用数据说话，利用大数据分析社会、经济、人文生活等规律，从而为国家宏观调控、战略决策、产业布局等夯实根基；通过大数据分析社会公众和企业的行为，可以增强政府的公共服务水平；采用大数据技术，还可实现城市管理由粗放式向精细化转变，提高政府的社会管理水平。在政治活动领域，大数据时代也悄然而至。曾经的美国大选期间，奥巴马团队创新性地将大数据应用到总统大选中，在锁定目标选民、筹集竞选经费、督促选民投票等各个环节，大数据都发挥了至关重要的作用，数据驱动的竞选决策帮助奥巴马成功当选美国总统。

在医疗领域，大数据也有不俗表现。医院通过分析监测器采集的数百万个新生儿重症监护病房的数据，可以从诸如体温升高、心率加快这样的因素中，研判新生儿是否存在感染潜在致命性传染性疾病的可能性，以便为下一步做好预防和应对措施奠定基础，而这些早期的感染信号，并不是经验丰富的医生通过巡视查房就可以发现的。华盛顿中心医院为减少患者感染率和再入院率，对病人多年来的匿名医疗记录，如检查、诊断、治疗资料等进行了统计分析，发现对病人出院后进行心理治疗方面的医学干预，可能会更有利于其身体健康。

此外，大数据还悄然地影响着绿茵场上强弱的较量。2014 年巴西"世界杯"比赛中，大数据成为德国队夺冠的秘密武器。美国媒体评论称，"大数据"堪称德国队的"第十二人"。德国队不仅通过大数据来分析自己球员的特色和优势，优化团队配置，提升球队作战能力，还通过分析对手的技术数据，确定相应的战略战术，寻找到在世界杯比赛中的制胜方式。总而言之，大数据的身影无处不在，时时刻刻地在影响和改变着人们的生活以及理解世界的方式。

1.7.2 大数据应用的三个层次

按照数据开发应用深入程度的不同，可将众多的大数据应用分为三个层次。

第一层，描述性分析应用：是指从大数据中总结、抽取相关的信息和知识，帮助人们分析发生了什么，并呈现事物的发展历程。例如，美国的 DOMO 公司从其企业客户的各个信息系统中抽取、整合数据，再以统计图表等可视化形式，将数据蕴含的信息推送给不同岗位的业务人员和管理者，帮助其更好地了解企业现状，进而做出判断和决策。

第二层，预测性分析应用：是指从大数据中分析事物之间的关联关系、发展模式等，并据此对事物发展的趋势进行预测。例如，微软公司纽约研究院研究员 David Rothschild 通过收集和分析赌博市场、证券交易所、社交媒体用户发布的帖子等大量公开数据，建立预测模型，对多届奥斯卡奖项的归属进行预测。2014 和 2015 年，均准确预测了奥斯卡共 24 个奖项中 21个奖项的归属。

第三层，指导性分析应用：是指在前两个层次的基础上，分析不同决策将导致的后果，并对决策进行指导和优化。例如，自动驾驶汽车分析高精度地图数据和海量的激光雷达、摄像头等传感器的实时感知数据，对车辆不同驾驶行为的后果进行预判，并据此指导车辆的自动驾驶。

当前，在大数据应用的实践中，描述性、预测性分析应用较多，决策性等更深层次分析应用偏少。

一般而言，人们做出决策的流程通常包括认知现状、预测未来和选择策略这三个基本步骤，这些步骤也对应了上述大数据分析应用的三个不同层次。不同层次的应用意味着人类和计算机在决策流程中不同的分工和协作。例如，第一层次的描述性分析中，计算机仅负责将与现状相关的信息和知识展现给人类专家，而对未来态势的判断及对最优策略的选择仍然由人类专家完成。应用层次越深，计算机承担的任务越多、越复杂，效率提升也越大，价值也越大。然而，随着研究应用的不断深入，人们逐渐意识到前期在大数据分析应用中大放异彩的深度神经网络尚存在基础理论不完善、模型不具可解释性、鲁棒性较差等问题。因此，虽然应用层次最深的指导性分析应用，当前已在人机博弈等非关键性领域取得较好应用效果，但是，在自动驾驶、政府决策、军事指挥、医疗健康等应用价值更高，且与人类生命、财产、发展和安全紧密关联的领域，要真正获得有效应用，仍面临一系列待解决的重大基础理论和核心技术挑战，大数据应用仍处于初级阶段。

　　未来，随着应用领域的拓展、技术的提升、数据共享开放机制的完善以及产业生态的成熟，具有更大潜在价值的预测性和指导性应用将是发展的重点。

1.8　大数据产业

　　大数据产业是指一切与支撑大数据组织管理和价值发现相关的企业经济活动的集合。大数据产业链包括 IT 基础设施层、数据源层、数据管理层、数据分析层、数据平台层和数据应用层，具体如表 1-6 所示。

表 1-6　大数据产业链的各个环节

产业链环节	包 含 内 容
IT 基础设施层	包括提供硬件、软件、网络等基础设施以及提供咨询、规划和系统集成服务的企业，例如，提供数据中心解决方案的 IBM、惠普和戴尔等，提供存储解决方案的 EMC，提供虚拟化管理软件的微软、思杰、Redhat 等
数据源层	大数据生态圈里的数据提供者，是生物（生物信息学领域的各类研究机构）大数据、交通（交通主管部门）大数据、医疗（各大医院、体检机构）大数据、政务（政府部门）大数据、电商（淘宝、天猫、苏宁云商、京东等）大数据、社交网络（微博、微信、人人网等）大数据、搜索引擎（百度、谷歌等）大数据等各种数据的来源
数据管理层	包括数据抽取、转换、存储和管理等服务的各类企业或产品，如分布式文件系统（如 Hadoop 的 HDFS 和谷歌的 GFS）、ETL 工具（Informatica、Datastage、Kettle 等）、数据库和数据仓库（Oracle、MySQL、SQL Server、HBase、GreenPlum 等）
数据分析层	包括提供分布式计算、数据挖掘、统计分析等服务的各类企业或产品，如分布式计算框架 MapReduce、统计分析软件 SPSS 和 SAS、数据挖掘工具 Weka、数据可视化工具 Tableau、BI 工具（MicroStrategy、Cognos、BO）等
数据平台层	包括提供数据分享平台、数据分析平台、数据租售平台等服务的企业或产品，如阿里巴巴、谷歌、中国电信、百度等
数据应用层	提供智能交通、智慧医疗、智能物流、智能电网等行业应用的企业、机构或政府部门，如交通主管部门、各大医疗机构、菜鸟网络、国家电网等

目前，我国已形成中西部地区、环渤海地区、珠三角地区、长三角地区、东北地区五个大数据产业区。在政府管理、工业升级转型、金融创新、医疗保健等领域，大数据行业应用已逐步深入。一些地方政府也在积极尝试以"大数据产业园"为依托，加快发展本地的大数据产业。大数据产业园是大数据产业的聚集区或大数据技术的产业化项目孵化区，是大数据企业的孵化平台以及大数据企业走向产业化道路的集中区域。2015 年，国家将大数据产业提升至重点战略地位，经过几年的迅猛发展，各地方积极建设了一批大数据产业园，这些大数据产业园是重要的大数据产业集聚区和区域创新中心，能够为新经济、新动能的培养提供优质土壤，支撑本地大数据产业高质量发展。从园区分布区域来看，中国大数据产业园发展水平与所在地区信息技术产业发展水平直接相关。华东、中南地区大数据产业园数量多、种类丰富，特别是湖南、河南均拥有十余个大数据产业园。华北、西南地区大数据产业园数量相对较少，内蒙古、重庆和贵州作为国家大数据综合试验区，积极布局大数据产业园区。西北、东北地区在大数据园区建设方面仍有较大的进步空间，其中西北地区的甘肃与宁夏作为"东数西算"工程的国家枢纽节点，有望以数据流引领物资流、人才流、技术流、资金流在甘肃和宁夏集聚，带动该区域大数据产业园区的建设和发展。从园区种类来看，一些地区立足错位发展，建设了一批特色突出的大数据产业园，健康医疗大数据产业园、地理空间大数据产业园、先进制造业大数据产业园等开始涌现，引领大数据产业园特色化创新发展，其中，江苏、山东、安徽、福建等省份均建设了健康医疗大数据产业园。

经过多年的建设与发展，国内涌现出了一批具有代表性的大数据产业园。陕西西咸新区沣西新城在信息产业园中规划了国内首家以大数据处理与服务为特色的产业园区。贵州贵安新区是南方数据中心核心区和全国大数据产业集聚区；贵安新区电子信息产业园是贵安新区发展大数据的重要载体，优先发展以大数据为重点的新一代电子信息产业技术；为解决人才难题，园区开设了华为大数据学院，实现企业化运营管理，为贵安新区培训、输送了大批大数据产业技能人才。中关村大数据产业园已经成为大数据产业的集聚区，构建了完善的大数据产业链，覆盖大数据产业的各个环节，在数据源、数据采集、数据处理、数据存储、数据分析、数据可视化、数据应用和数据安全等产业链的不同环节，均有相应的企业在从事数据研究与市场开发。位于重庆市的仙桃数据谷，主要布局大数据、人工智能、物联网等前沿产业，致力于打造具有国际影响力的中国大数据产业生态谷。盐城大数据产业园是江苏省唯一一个省市合作建设的国家级大数据产业基地，已被纳入江苏省互联网经济、云计算和大数据产业发展的总体规划，是中韩产业园的重要组成部分。佛山市南海区大数据产业园，以"互联网+大数据+特色园区"为发展模式，积极引入大数据产业项目，承接北上广深大数据产业转移，培育大数据孵化项目。位于福建省泉州市安溪县龙门镇的中国国际信息技术（福建）产业园（见图 1-9），于 2015 年 5 月建成投入运营，是福建省第一个大数据产业园区，致力于以国际最高等级第三方数据中心为核心，构建以信息技术服务外包为主的绿色生态产业链，打造集数据中心、安全管理、云服务、电子商务、数字金融、信息技术教育、国际交流、投融资环境等功能为一体，覆盖福建、辐射海西的国际一流高科技信息技术产业园区。

图 1-9　中国国际信息技术（福建）产业园实景

1.9　大数据与数字经济

在信息化发展历程中，数字化、网络化和智能化是三条并行不悖的主线。数字化奠定基础，实现数据资源的获取和积累；网络化构建平台，促进数据资源的流通和汇聚；智能化展现能力，通过多源数据的融合分析呈现信息应用的类人智能，帮助人类更好地认知复杂事物和解决问题。当前，我们正在进入以数据的深度挖掘和融合应用为主要特征的智能化阶段（信息化 3.0）。信息化新阶段开启的一个重要表征是信息技术开始从助力经济发展的辅助工具向引领经济发展的核心引擎转变，进而催生一种新的经济范式——"数字经济"。大数据是信息技术发展的必然产物，更是信息化进程的新阶段，其发展推动了数字经济的形成与繁荣。

1.9.1　数字经济的概念及其重要意义

"数字经济"一词最早出现于 20 世纪 90 年代，因美国学者唐·泰普斯科特（Don Tapscott）1996 年出版的《数字经济：网络智能时代的前景与风险》一书而开始受到关注，该书描述了互联网将如何改变世界各类事务的运行模式并引发若干新的经济形势和活动。2002年，美国学者金范秀（Beomsoo Kim）将数字经济定义为一种特殊的经济形态，其本质为"商品和服务以信息化形式进行交易"。可以看出，这个词早期主要用于描述互联网对商业行为所带来的影响。此外，当时的信息技术对经济的影响尚未具备颠覆性，只是提质增效的助手工具，数字经济一词还属于未来学家关注探讨的对象。

随着信息技术的不断发展与深度应用，社会经济数字化程度不断提升，特别是大数据时代的到来，数字经济一词的内涵和外延发生了重要变化。当前广泛认可的数字经济定义源自2016 年 9 月二十国集团领导人杭州峰会通过的《二十国集团数字经济发展与合作倡议》，即数字经济是指以使用数字化的知识和信息作为关键生产要素、以现代信息网络作为重要载体、以信息通信技术的有效使用作为效率提升和经济结构优化的重要推动力的一系列经济活动。

数字经济是继农业经济、工业经济之后的主要经济形态。从构成上看，农业经济属单层结构，以农业为主，配合以其他行业，以人力、畜力和自然力为动力，使用手工工具，以家庭为单位自给自足，社会分工不明显，行业间相对独立。工业经济是两层结构，即提供能源动力和行业制造设备的装备制造产业，以及工业化后的各行各业，并形成分工合作的工业体系。数字经济则可分为三个层次：提供核心动能的信息技术及其装备产业、深度信息化的各行各业以及跨行业数据融合应用的数据增值产业。

通常把数字经济分为数字产业化和产业数字化两方面。数字产业化指信息技术产业的发展，包括电子信息制造业、软件和信息服务业、信息通信业等数字相关产业；产业数字化指以新一代信息技术为支撑，传统产业及其产业链上下游全要素的数字化改造，通过与信息技术的深度融合，实现赋值、赋能。从外延看，经济发展离不开社会发展，社会的数字化无疑是数字经济发展的土壤，数字政府、数字社会、数字治理体系建设等构成了数字经济发展的环境，同时，数字基础设施建设以及传统物理基础设施的数字化奠定数字经济发展的基础。

数字经济呈现三个重要特征。一是信息化引领：信息技术深度渗入各个行业，促成其数字化并积累大量数据资源，进而通过网络平台实现共享和汇聚，通过挖掘数据、萃取知识和凝练智慧，又使行业变得更加智能；二是开放化融合：通过数据的开放、共享与流动，促进组织内各部门间、价值链上各企业间，甚至跨价值链跨行业的不同组织间开展大规模协作和跨界融合，实现价值链的优化与重组；三是泛在化普惠：无处不在的信息基础设施、按需服务的云模式和各种商贸、金融等服务平台降低了参与经济活动的门槛，使得数字经济出现"人人参与、共建共享"的普惠格局。

数字经济未来发展呈现如下趋势：

一是以互联网为核心的新一代信息技术正逐步演化为人类社会经济活动的基础设施，并将对原有的物理基础设施完成深度信息化改造和软件定义，在其支撑下，人类极大地突破了沟通和协作的时空约束，推动平台经济、共享经济等新经济模式快速发展。

二是各行业工业互联网的构建将促进各种业态围绕信息化主线深度协作、融合，在完成自身提升变革的同时，不断催生新的业态，并使一些传统业态走向消亡。

三是在信息化理念和政务大数据的支撑下，政府的综合管理服务能力和政务服务的便捷性持续提升，公众积极参与社会治理，形成共策共商共治的良好生态。

四是信息技术体系将完成蜕变升华式的重构，释放出远超当前的技术能力，从而使蕴含在大数据中的巨大价值得以充分释放，带来数字经济的爆发式增长。

近年来，互联网、大数据、云计算、物联网、人工智能、区块链等技术加速创新，日益融入经济社会发展的各领域、全过程，各国竞相制定数字经济发展战略、出台鼓励政策，数字经济发展速度之快、辐射范围之广、影响程度之深前所未有，正在成为重组全球要素资源、重塑全球经济结构、改变全球竞争格局的关键力量。

世界各国高度重视发展大数据和数字经济，纷纷出台相关政策。美国是最早布局数字经济的国家，1998 年，美国商务部就发布了《浮现中的数字经济》系列报告，近年来又先后发布了美国数字经济议程、美国全球数字经济大战略等，将发展大数据和数字经济作为实现繁荣和保持竞争力的关键。欧盟 2014 年提出数据价值链战略计划，推动围绕大数据的创新，培育数据生态系统；其后又推出欧洲工业数字化战略、欧盟人工智能战略等规划；2021 年 3 月欧盟发布了《2030 数字化指南：实现数字十年的欧洲路径》纲要文件，涵盖了欧盟到 2030 年实现数字化转型的愿景、目标和途径。日本自 2013 年开始，每年制定科学技术创新综合战略，从"智能化、系统化、全球化"视角推动科技创新。

全球数字经济发展迅猛。据中国信息通信研究院数据，2020 年，发达国家数字经济规模达到 24.4 万亿美元，占全球总量的 74.7%。发达国家数字经济占国内生产总值比重达54.3%，远超发展中国家 27.6% 的水平。从增速看，发展中国家数字经济同比名义增长3.1%，略高于发达国家数字经济 3.0% 的增速。2020 年，全球 47 个国家数字经济增加值达到32.6 万亿美元，产业数字化仍然是数字经济发展的主引擎，占数字经济比重为 84.4%。从规模看，美国数字经济继续蝉联世界第一，2020 年规模接近 13.6 万亿美元。从占比看，德国、英国、美国数字经济在国民经济中占据主导地位，占国内生产总值比重超过 60%。从增速看，中国数字经济同比增长 9.6%，位居全球第一。

我国高度重视发展数字经济，已经将其上升为国家战略。2017 年 3 月 5 日，时任国务院总理李克强在政府工作报告中指出，2017 年工作的重点任务之一是加快培育新兴产业，促进数字经济加快成长，让企业广泛受益、群众普遍受惠。这是"数字经济"首次被写入政府工作报告。党的十八届五中全会提出，实施网络强国战略和国家大数据战略，拓展网络经济空间，促进互联网和经济社会融合发展，支持基于互联网的各类创新。党的十九大提出，推动互联网、大数据、人工智能和实体经济深度融合，建设数字中国、智慧社会。党的十九届五中全会提出，发展数字经济，推进数字产业化和产业数字化，推动数字经济和实体经济深度融合，打造具有国际竞争力的数字产业集群。我国出台了《网络强国战略实施纲要》《数字经济发展战略纲要》，从国家层面部署推动数字经济发展。这些年来，我国数字经济发展较快、成就显著。根据 2021 全球数字经济大会的数据，我国数字经济规模已经连续多年位居世界第二。特别是新冠疫情暴发后，数字技术、数字经济在支持抗击新冠疫情、恢复生产生活方面发挥了重要作用。

发展数字经济意义重大，是把握新一轮科技革命和产业变革新机遇的战略选择，主要体现有以下几个方面。一是数字经济健康发展，有利于推动构建新发展格局。构建新发展格局的重要任务是增强经济发展动能、畅通经济循环。数字技术、数字经济可以推动各类资源要素快捷流动，各类市场主体加速融合，帮助市场主体重构组织模式，实现跨界发展，打破时空限制，延伸产业链条，畅通国内外经济循环。二是数字经济健康发展，有利于推动建设现代化经济体系。数据作为新型生产要素，对传统生产方式变革具有重大影响。数字经济具有高创新性、强渗透性、广覆盖性，不仅是新的经济增长点，而且是改造提升传统产业的支点，可以成为构建现代化经济体系的重要引擎。三是数字经济健康发展，有利于推动构筑国家竞争新优势。当今时代，数字技术、数字经济是世界科技革命和产业变革的先机，是新一轮国际竞争重点领域，我国一定要抓住先机、抢占未来发展制高点。

1.9.2　大数据与数字经济的紧密关系

当前，我国数字经济发展迅速，生态体系正加速形成，而大数据已成为数字经济这种全新经济形态的关键生产要素。通过数据资源的有效利用以及开放的数据生态体系，可以使得数字价值充分释放，从而驱动传统产业的数字化转型升级和新业态的培育发展，提高传统产业劳动生产率，培育新市场和产业新增长点，促进数字经济持续发展创新。

1. 大数据是数字经济的关键生产要素

随着信息通信技术的广泛运用，以及新模式、新业态的不断涌现，人类的社会生产生活方式正在发生深刻的变革，数字经济作为一种全新的社会经济形态，正逐渐成为全球经济增长重要的驱动力。历史证明，每一次人类社会重大的经济形态变革，必然产生新生产要素，形成先进生产力，如同农业时代以土地和劳动力、工业时代以资本为新的生产要素一样，数字经济作为继农业经济、工业经济之后的一种新兴经济社会发展形态，也将产生新的生产要素。

数字经济与农业经济、工业经济不同，它是以新一代信息技术为基础，以海量数据的互联和应用为核心，将数据资源融入产业创新和升级各个环节的新经济形态。一方面信息技术与经济社会的交汇融合，特别是物联网产业的发展引发数据迅猛增长，大数据已成为社会基础性战略资源，蕴藏着巨大的潜力和能量。另一方面数据资源与产业的交汇融合促使社会生产力发生新的飞跃，大数据成为驱动整个社会运行和经济发展的新兴生产要素，在生产过程中与劳动力、土地、资本等其他生产要素协同创造社会价值。相比其他生产要素，数据资源具有的可复制、可共享、无限增长和供给的禀赋，打破了自然资源有限供给对增长的制约，为持续增长和永续发展提供了基础与可能，成为数字经济发展的关键生产要素和重要资源。

2. 大数据是发挥数据价值的使能因素

市场经济要求生产要素商品化，以商品形式在市场上通过交易实现流动和配置，从而形成各种生产要素市场。大数据作为数字经济的关键生产要素，构建数据要素市场是发挥市场在资源配置中的决定性作用的必要条件，是发展数字经济的必然要求。2015 年，《促进大数据发展行动纲要》明确提出"要引导培育大数据交易市场，开展面向应用的数据交易市场试点，探索开展大数据衍生产品交易，鼓励产业链各环节的市场主体进行数据交换和交易"，大数据发展将重点推进数据流通标准和数据交易体系建设，促进数据交易、共享、转移等环节的规范有序，为构建数据要素市场，实现数据要素的市场化和自由流动提供了可能，成为优化数据要素配置、发挥数据要素价值的关键影响因素。

大数据资源更深层次的处理和应用仍然需要使用大数据，通过大数据分析将数据转化为可用信息，是数据作为关键生产要素实现价值创造的必经之路和必然结果。从构建要素市场、实现生产要素市场化流动到数据的清洗分析，数据要素的市场价值提升和自生价值创造无不需要大数据作为支撑，大数据成为发挥数据价值的使能因素。

3. 大数据是驱动数字经济创新发展的核心动能

推动大数据在社会经济各领域的广泛应用，加快传统产业数字化、智能化，催生数据驱动的新兴业态，能够为我国经济转型发展提供新动力。大数据是驱动数字经济创新发展的重要抓手和核心动能。

大数据驱动传统产业向数字化和智能化方向转型升级，是数字经济推动效率提升和经济结构优化的重要抓手。大数据加速渗透和应用到社会经济的各个领域，通过与传统产业进行深度融合，提升传统产业生产效率和自主创新能力，深刻变革传统产业的生产方式和管理、营销模式，驱动传统产业实现数字化转型。电信、金融、交通等服务行业利用大数据探索客户细分、风险防控、信用评价等应用，加快业务创新和产业升级步伐。工业大数据贯穿于工业的设计、工艺、生产、管理、服务等各个环节，使工业系统具备描述、诊断、预测、决策、控制等智能化功能，推动工业走向智能化。利用大数据为农作物栽培、气候分析等农业生产决策提供有力依据，提高农业生产效率，推动农业向数据驱动的智慧生产方式转型。大数据为传统产业的创新转型、优化升级提供重要支撑，引领和驱动传统产业实现数字化转型，推动传统经济模式向形态更高级、分工更优化、结构更合理的数字经济模式演进。

大数据推动不同产业之间的融合创新，催生新业态与新模式不断涌现，是数字经济创新驱动能力的重要体现。首先，大数据产业自身催生出如数据交易、数据租赁服务、分析预测服务、决策外包服务等新兴产业业态，同时推动可穿戴设备等智能终端产品的升级，促进电子信息产业提速发展。其次，大数据与行业应用领域深度融合和创新，使得传统产业在经营模式、盈利模式和服务模式等方面发生变革，涌现出如互联网金融、共享单车等新平台、新模式和新业态。再则，基于大数据的创新创业日趋活跃，大数据技术、产业与服务成为社会资本投入的热点。大数据的共享开放成为促进"大众创业、万众创新"的新动力。由技术创新和技术驱动的经济创新是数字经济实现经济包容性增长和发展的关键驱动力。随着大数据技术被广泛接受和应用，诞生出新产业、新消费、新组织形态，以及随之而来的创业创新浪潮、产业转型升级、就业结构改善、经济提质增效，正是数字经济的内在要求及创新驱动能力的重要体现。

1.10　本章小结

人类已经步入大数据时代，我们的生活被数据所"环绕"，并被数据深刻变革。作为大数据时代的公民，我们应该接近数据，了解数据，并利用好数据。因此，本章首先从数据入手，讲解了数据的概念、类型、组织形式、生命周期等内容，然后，把视角切入到大数据时代，介绍了大数据时代到来的背景及其发展历程，同时介绍了世界各国的大数据发展战略。接下来，讨论了大数据的"4V"特性以及大数据对科学研究、社会发展、就业市场和人才培养的影响。最后，简要介绍了大数据在不同领域的应用和大数据产业。

1.11　习题

1. 请阐述数据的基本类型。
2. 请阐述数商的概念以及数商的十大原则。
3. 请阐述数据生命周期管理工作包括哪些方面。
4. 请阐述把数据变得可用需要经过哪几个步骤。
5. 请阐述人类 IT 发展史上 3 次信息化浪潮的发生时间、标志及其解决的问题。

6. 请阐述信息科技是如何为大数据时代的到来提供技术支撑的。

7. 请阐述人类社会的数据产生方式大致经历了哪三个阶段。

8. 请阐述大数据发展的三个重要阶段。

9. 请阐述大数据的"4 V"特性。

10. 请阐述大数据对科学研究有什么影响。

11. 请举例说明大数据的应用。

12. 请阐述大数据应用的三个层次。

13. 请阐述数字经济的概念以及大数据与数字经济的关系。

第 2 章
大数据与其他新兴技术的关系

云计算、大数据和物联网被称为"第三次信息化浪潮"的"三朵浪花"。云计算彻底颠覆了人类社会获取 IT 资源的方式，大大减少了企业部署 IT 系统的成本，有效降低了企业的信息化门槛。大数据技术为企业提供了海量数据的存储和计算能力，帮助企业从大量数据中挖掘得到有价值的信息，服务于企业的生产决策。物联网以"万物互联"为终极目标，把传感器、控制器、机器、人员等通过新的方式连在一起，形成人与物、物与物相连，实现信息化和远程管理控制。与此同时，近些年，人工智能、区块链、元宇宙的发展热潮一浪高过一浪。人工智能作为 21 世纪科技发展的最新成就和智能革命，深刻揭示了科技发展为人类社会带来的巨大影响。区块链作为数字时代的底层技术，具有去中心化、开放性、自治性、匿名性、可编程和可追溯的六大特征，这六大技术特征使得区块链具备了革命性颠覆性技术的特质。元宇宙将促进信息科学、量子科学、数学和生命科学等学科的融合与互动，创新科学范式，推动传统的哲学、社会学甚至人文科学体系的突破。

大数据与云计算、物联网、人工智能、区块链、元宇宙之间，存在着"千丝万缕"的联系。为了更好地理解六者之间的紧密关系，下面将首先介绍云计算和物联网的概念，然后分析云计算、大数据和物联网的区别与联系，接下来介绍人工智能，并梳理大数据和人工智能的联系与区别，然后介绍区块链技术以及大数据与区块链的关系，最后介绍元宇宙及其与大数据的关系。

2.1 云计算

本节介绍云计算的概念、服务模式与类型、数据中心、云计算的应用和云计算产业。

2.1.1 云计算的概念

云计算实现了通过网络提供可伸缩的、廉价的分布式计算能力，用户只需要在具备网络接入条件的地方，就可以随时随地获得所需的各种 IT 资源。云计算代表了以虚拟化技术为核心、以低成本为目标的、动态可扩展的网络应用基础设施，目前已经得到广泛应用。

2006 年，亚马逊（Amazon）公司推出了早期的云计算产品 AWS（Amazon web service），尽管 AWS 的名字中并没有出现"云计算"三个字，但是，其产品形态本质上就是云计算。目前，云计算已经有十几年的发展历史，但是，对于云计算的准确含义，在社会公众层面仍然存在很多误解。

云计算是一种全新的技术，里面包含了虚拟化、分布式存储、分布式计算、多租户等关键技术，但是，如果从技术角度去理解，我们往往无法抓住云计算的本质。要想准确理解云计算，就需要从商业模式的角度去切入。本质上，云计算代表了一种全新的获取 IT 资源的商业模式，这种模式的出现，完全颠覆了人类社会获取 IT 资源的方式。因此，我们可以从商业模式角度给云计算下一个定义，所谓的"云计算"，是指通过网络、以服务的方式为千家万户提供非常廉价的 IT 资源。这里的"千家万户"包含了政府、企业和个人用户。

为了更好地理解云计算的内涵，这里给出一个形象的类比。实际上，IT 资源获取方式的变革所走过的道路，和水资源获取方式的变革所走过的道路，是基本类似的。如果我们能够理解水资源的获取方式是如何变革的，我们就能够很容易理解什么是云计算。

以水资源为例，人类历史上，人们为了获得水资源，经历了两种典型的商业模式，即挖井取水和自来水。下面分析一下这两种商业模式的优缺点。

挖井取水（如图 2-1 所示）主要有以下几个缺点：

（1）初期成本高，周期长。为了喝到一口水，就需要挖一口井，不仅需要投入几万元的成本，还需要等待半个月到 1 个月才能喝到井水。

（2）后期需要自己维护。在水井的使用过程中，可能出现井壁坍塌、水质变坏、打水的水桶损坏等各种问题，这些都要靠用户自己去维护，成本较高。

（3）供水量有限。一口井每天的来水量是有限的，可以满足少量家庭的用水需求，但是，倘若要让一口井供应整个城市，显然是不可能的。

后来自来水出现了（见图 2-2），它彻底颠覆了人类社会获取水资源的方式。自来水包含很多技术，例如水库建造技术、水质净化技术和高压供水技术等，但是，从技术的角度，是无法抓住自来水的本质。要想准确把握自来水的本质，必须从商业模式的角度去切入。从商业模式角度而言，自来水就代表了一种全新的获取水资源的商业模式，有了自来水，不再需要家家户户去挖井，只需要购买自来水公司的水资源服务，也就是说，人们是通过购买服务的方式来获得水资源的。

图 2-1 挖井取水

图 2-2 自来水是一种水资源获取方式

对于用户来说，自来水这种模式具有很多优点，主要包括：

（1）初期零成本，瞬时可获得。当我们要喝一口水时，再也不需要去挖一口井，只要拧开自来水龙头，水马上就来了。

（2）后期免维护，使用成本低。用户只需要使用自来水，根本不需要负责自来水设施的维护，例如水库淤积、自来水管道爆裂、水质变差等问题，都是自来水公司负责维护，和用户无关。而且，与投入几万元挖井相比，自来水的使用价格极其低廉，采用"按量计费"的方式收取水费，例如，1 吨水 5 元，2 吨水 10 元。

（3）在供水量方面"予取予求"。只要用户交得起水费，想要使用多少水资源，都可以获得持续的供给。

在对挖井取水和自来水做了上述的优缺点比较以后，我们就很容易理解云计算的内涵了。从商业模式角度看，本质上，云计算就是和自来水一样的新的商业模式，云计算的出现，就彻底颠覆了人类社会获得 IT 资源的方式。这里的 IT 资源包括 CPU 的计算能力、磁盘的存储空间、网络带宽、系统、软件等。如图 2-3 所示，在传统的方式下，企业是通过自己建机房的方式来获得 IT 资源；在云计算的方式下，企业不需要自建机房，只要接入网络，就可以从"云端"获得各种 IT 资源。

（a）传统方式：自建机房　　　　（b）云计算方式：企业不需要自建
　　　　　　　　　　　　　　　IT基础设施，而是租用云端资源

图 2-3　获得 IT 资源的两种方式

传统的 IT 资源获取方式的主要缺点，和挖井取水的缺点基本一样，具体如下：

（1）初期成本高，周期长。以 100 MB 磁盘空间为例，以前，在云计算诞生之前，当一个企业需要获得 100 MB 磁盘空间时，就需要建机房、买设备、聘请 IT 员工维护，这种做法本质上和"为了喝一口水而去挖一口井"是一样的，不仅需要投入较高的成本，还需要经过一段时间的购买、安装和调试以后才能使用。

（2）后期需要自己维护，使用成本高。机房的服务器发生故障、软件发生错误等问题，都需要企业自己去维护和解决。为此，企业还需要为维护机房的员工支付费用。

（3）IT 资源供应量有限。企业的机房建设完成后，配置的 IT 资源是固定的，例如，配置了 1000 MB 的磁盘空间，那么，每天就只能最高使用 1000 MB，如果要使用更多的磁盘空间，就需要额外购买、安装和调试。

云计算的主要优点，和自来水的优点基本一样，具体如下：

（1）初期零成本，瞬时可获得。当用户需要 100 MB 磁盘空间时，再也不需要去建机房、买设备，只要连接到"云端"，就可以瞬时获得 100 MB 磁盘空间。

（2）后期免维护，使用成本低。用户只需要使用云计算服务商提供的 IT 资源服务，根本不需要负责云计算设施的维护，例如数据中心设施更换、系统维护升级、软件更新等问题，都是云计算服务商负责的工作，和用户无关。而且，与投入十几万元建设机房相比，云计算的使用价格极其低廉，采用"按量计费"的方式收取费用，例如，1 GB 磁盘空间每年 2 元钱，2 GB 磁盘空间每年 4 元钱。

（3）在供应 IT 资源量方面"予取予求"。只要用户交得起租金，想要使用多少 IT 资源，阿里巴巴、百度、腾讯、华为等云计算服务商都可以为用户持续提供相应的 IT 资源供给。

2.1.2　云计算的服务模式和类型

云计算包括 3 种典型的服务模式，即 IaaS（基础设施即服务）、PaaS（平台即服务）和 SaaS（软件即服务），如图 2-4 所示。IaaS 将基础设施（存储和计算资源）作为服务出租，PaaS 把平台作为服务出租，SaaS 把软件作为服务出租。

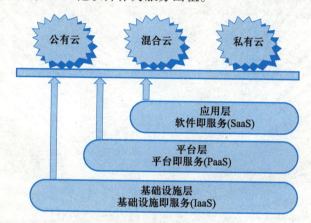

图 2-4　云计算的服务模式和类型

云计算包括公有云、私有云和混合云 3 种类型（见图 2-4）。公有云面向所有用户提供服务，只要是注册付费的用户都可以使用，例如 Amazon AWS；私有云只为特定用户提供服务，例如大型企业出于安全考虑自建的云环境，只为企业内部提供服务；混合云综合了公有云和私有云的特点，因为，对于一些企业而言，一方面出于安全考虑需要把数据放在私有云中，另一方面又希望可以获得公有云的计算资源，为了获得最佳的效果，就可以把公有云和私有云混合搭配使用。

2.1.3　云计算数据中心

当人们使用云计算服务商提供的云存储服务，把数据保存在"云端"时，最终数据会被存放在哪里呢？"云端"只是一个形象的说法，实际上数据并不会在"天上的云朵"里，而是

必须要"落地"。所谓"落地"就是说，这些云端的数据实际上是被保存在全国各地修建的大大小小的数据中心。

如图 2-5 所示，云计算数据中心是一整套复杂的设施，包括刀片服务器、宽带网络连接、环境控制设备、监控设备以及各种安全装置等。数据中心是云计算的重要载体，为云计算提供计算、存储、带宽等各种硬件资源，为各种平台和应用提供运行支撑环境。数据中心

里的 CPU、内存、磁盘、带宽等 IT 资源汇集成一个庞大的 IT 资源池，然后再通过计算机网络分配给千家万户。前面说过，云计算与自来水在商业模式方面是等价的，实际上，云计算数据中心的功能就相当于自来水厂的功能，数据中心内庞大的 IT 资源池就相当于自来水系统的水库，自来水是通过水库把大量水资源汇聚在一起，再通过自来水管道网络分发给千家万户，而云计算是通过数据中心把庞大的 IT 资源汇聚在一起，再通过计算机网络分配给千家万户。

图 2-5　云计算数据中心

　　谷歌、微软、IBM、惠普、戴尔等大型国际 IT 企业，纷纷投入巨资在全球范围内大量修建数据中心，旨在掌握云计算发展的主导权。我国政府和企业也都在加大力度建设云计算数据中心。内蒙古提出了"西数东输"发展战略，即把本地的数据中心通过网络提供给其他省份用户使用。福建省泉州市安溪县的中国国际信息技术（福建）产业园的数据中心，是福建省重点建设的两大数据中心之一，拥有 5000 台刀片服务器，是亚洲规模最大的云渲染平台。阿里巴巴集团公司在中国甘肃玉门建设的数据中心，是中国第一个绿色环保的数据中心，电力全部来自风力发电，用祁连山融化的雪水冷却数据中心产生的热量。贵州被公认为中国南方最适合建设数据中心的地方，目前，中国移动、联通、电信三大运营商都将南方数据中心建在贵州。

2022 年 2 月，我国"东数西算"战略正式启动，将在京津冀、长三角、粤港澳大湾区、成渝、内蒙古、贵州、甘肃、宁夏 8 地启动建设国家算力枢纽节点，并规划了 10 个国家数据中心集群。"东数西算"中的"数"是指数据，"算"是算力，即对数据的处理能力。"东数西算"是通过构建数据中心、云计算、大数据一体化的新型算力网络体系，将东部算力需求有序引导到西部，优化数据中心建设布局，促进东西部协同联动。为什么要实施"东数西算"呢？这是因为，目前我国数据中心大多分布在东部地区，由于土地、能源等资源日趋紧张，在东部大规模发展数据中心难以为继。而我国西部地区资源充裕，特别是可再生资源丰富，具备发展数据中心、承接东部算力需求的潜力。实施"东数西算"以后，西部数据中心主要用于处理后台加工、离线分析、存储备份等对网络要求不高的业务，东部枢纽则主要处理工业互联网、金融证券、灾害预警、远程医疗、视频通话、人工智能推理等对网络要求较高的业务。东数西算项目是促进算力、数据流通，激活数字经济活力的重要手段。

2.1.4　云计算的应用

云计算在电子政务、医疗、卫生、教育、企业等领域的应用不断深化，对提高政府服务水平、促进产业转型升级和培育发展新兴产业等都起到了关键的作用。政务云上可以部署公共安全管理、容灾备份、城市管理、应急管理、智能交通、社会保障等应用，通过集约化建设、管理和运行，可以实现信息资源整合和政务资源共享，推动政务管理创新，加快向服务型政府转型。教育云可以有效整合幼儿教育、中小学教育、高等教育以及继续教育等优质教育资源，逐步实现教育信息共享、教育资源共享及教育资源深度挖掘等目标。中小企业云能够让企业以低廉的成本建立财务、供应链、客户关系等管理应用系统，大大降低企业信息化门槛，迅速提升企业信息化水平，增强企业市场竞争力。医疗云可以推动医院与医院、医院与社区、医院与急救中心、医院与家庭之间的服务共享，并形成一套全新的医疗健康服务系统，从而有效地提高医疗保健的质量。

2.1.5　云计算产业

云计算产业作为战略性新兴产业，近些年得到了迅速发展，形成了成熟的产业链结构，产业涵盖硬件与设备制造、基础设施运营、软件与解决方案供应商、基础设施即服务（IaaS）、平台即服务（PaaS）、软件即服务（SaaS）、终端设备、云安全、云计算交付/咨询/认证等环节，如图 2-6 所示。

硬件与设备制造环节包括了绝大部分传统硬件制造商，这些厂商都已经在某种形式上支持虚拟化和云计算，主要包括 Intel、AMD、Cisco 等。基础设施运营环节包括数据中心运营

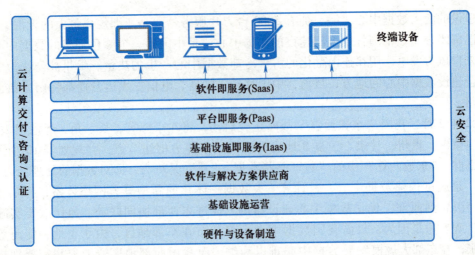

图 2-6　云计算产业链

商、网络运营商、移动通信运营商等。软件与解决方案供应商主要以虚拟化管理软件为主，包括 IBM、微软、思杰、Redhat 等。IaaS 将基础设施（计算和存储等资源）作为服务出租，向客户出售服务器、存储和网络设备、带宽等基础设施资源，厂商主要包括 Amazon、Rackspace、Gogrid、Gridplayer 等。PaaS 把平台（包括应用设计、应用开发、应用测试、应用托管等）作为服务出租，厂商主要包括谷歌、微软、新浪、阿里巴巴等。SaaS 则把软件作为服务出租，向用户提供各种应用，厂商主要包括 Salesforce、谷歌等。云安全旨在为各类云用户提供高可信的安全保障，厂商主要包括 IBM、OpenStack 等。云计算交付/咨询/认证环节包括了三大交付以及咨询认证服务商，这些服务商已经支持绝大多数形式的云计算咨询及认证服务，主要包括 IBM、微软、Oracle、思杰等。

2.2　物联网

物联网是新一代信息技术的重要组成部分，具有广泛的用途，同时和云计算、大数据有着千丝万缕的联系。下面介绍物联网的概念、关键技术、应用以及物联网产业。

2.2.1　物联网的概念

物联网是物物相连的互联网，是互联网的延伸，它利用局部网络或互联网等通信技术把传感器、控制器、机器、人员等通过新的方式连在一起，形成人与物、物与物相连，实现信息化和远程管理控制。

从技术架构上来看，物联网可分为四层：感知层、网络层、处理层和应用层，如图 2-7 所示。每层的具体功能如表 2-1 所示。

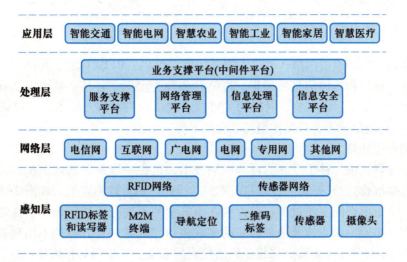

图 2-7　物联网体系架构

表 2-1　物联网各个层次的功能

层次	功　能
感知层	如果把物联网系统比喻为一个人体，那么，感知层就好比人体的神经末梢，用来感知物理世界，采集来自物理世界的各种信息。感知层包含了大量的传感器，如温度传感器、湿度传感器、应力传感器、加速度传感器、重力传感器、气体浓度传感器、土壤盐分传感器，以及二维码标签、RFID（radio frequency identification）标签和读写器、摄像头、GPS 设备等
网络层	相当于人体的神经中枢，起到信息传输的作用。网络层包含各种类型的网络，如互联网、移动通信网络、卫星通信网络等
处理层	相当于人体的大脑，起到存储和处理的作用，包括数据存储、管理和分析平台
应用层	直接面向用户，满足各种应用需求，如智能交通、智慧农业、智慧医疗、智能工业等

　　这里给出一个简单的智能公交实例来加深对物联网概念的理解。目前，很多城市居民的智能手机中都安装了"掌上公交"App，可以用手机随时随地查询每辆公交车的当前位置信息，这就是一种非常典型的物联网应用。在智能公交应用中，每辆公交车都安装了 GPS 定位系统和 3G/4G 网络传输模块，在车辆行驶过程中，GPS 定位系统会实时采集公交车当前到达位置信息，并通过车上的 3G/4G 网络传输模块发送给车辆附近的移动通信基站，经由电信运营商的 3G/4G 移动通信网络传送到智能公交指挥调度中心的数据处理平台，平台再把公交车位置数据发送给智能手机用户，用户的"掌上公交"软件就会显示出公交车的当前位置信息。这个应用实现了"物与物的相连"，即把公交车和手机这两个物体连接在一起，让手机可以实时获得公交车的位置信息，进一步讲，实际上也实现了"物和人的连接"，让手机用户可以实时获得公交车的位置信息。在这个应用中，安装在公交车上的 GPS 定位设备就属于物联网的感知层；安装在公交车上的 3G/4G 网络传输模块以及电信运营商的 3G/4G 移动通信网络，属于物联网的网络层；智能公交指挥调度中心的数据处理平台属于物联网的处理层；智能手机上安装的"掌上公交"App，属于物联网的应用层。

2.2.2　物联网的关键技术

物联网是物与物相连的网络，通过为物体加装二维码、RFID 标签、传感器等，就可以实现物体身份唯一标识和各种信息的采集，再结合各种类型网络连接，就可以实现人和物、物和物之间的信息交换。因此，物联网中的关键技术包括识别和感知技术（二维码、RFID、传感器等）、网络与通信技术、数据挖掘与融合技术等。

（1）识别和感知技术

二维码是物联网中一种很重要的自动识别技术，是在一维条码基础上扩展出来的条码技术。二维码包括堆叠式/行排式二维码和矩阵式二维码，后者较为常见。如图 2-8 所示，矩阵式二维码在一个矩形空间中通过黑、白像素在矩阵中的不同分布进行编码。在矩阵相应元素位置上，用点（方点、圆点或其他形状）的出现表示二进制"1"，点的不出现表示二进制的"0"，点的排列组合确定了矩阵式二维条码所代表的意义。二维码具有信息容量大、编码范围广、容错能力强、译码可靠性高、成本低易制作等良好特性，已经得到了广泛的应用。

图 2-8　矩阵式二维码

RFID 技术用于静止或移动物体的无接触自动识别，具有全天候、无接触、可同时实现多个物体自动识别等特点。RFID 技术在生产和生活中得到了广泛的应用，大大推动了物联网的发展，人们平时使用的公交卡、门禁卡、校园卡等都嵌入了 RFID 芯片，可以实现迅速、便捷的数据交换。从结构上讲，RFID 是一种简单的无线通信系统，由 RFID 读写器和 RFID 标签两个部分组成。RFID 标签是由天线、耦合元件、芯片组成的，是一个能够传输信息、回复信息的电子模块。RFID 读写器也是由天线、耦合元件、芯片组成的，用来读取（有时也可以写入）RFID 标签中的信息。RFID 使用 RFID 读写器及可附着于目标物的 RFID 标签，利用频率信号将信息由 RFID 标签传送至 RFID 读写器。以公交卡为例，市民持有的公交卡就是一个 RFID 标签，如图 2-9 所示，公交车上安装的刷卡设备就是 RFID 读写器，当人们执行刷卡动作时，就完成了一次 RFID 标签和 RFID 读写器之间的非接触式通信和数据交换。

传感器是一种能感受规定的被测量件并按照一定的规律（数学函数法则）转换成可用信号的器件或装置，具有微型化、数字化、智能化、网络化等特点。人类需要借助于耳朵、鼻子、眼睛等感觉器官感受外部物理世界，类似地，物联网也需要借助于传感器实现对物理世界的感知。物联网中常见的传感器类型有光敏传感器、声敏传感器、气敏传感器、化学传感器、压敏传感器、温敏传感器、流体传感器等，可以用来模仿人类的视觉、听觉、嗅觉、味觉和触觉。不同类型的传感器示例如图 2-10 所示。

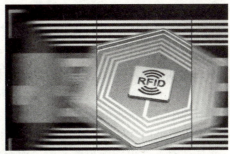

图 2-9　采用 RFID 芯片的公交卡

图 2-10　不同类型的传感器

（2）网络与通信技术

物联网中的网络与通信技术包括短距离无线通信技术和远程通信技术。短距离无线通信技术包括 ZigBee、NFC、蓝牙、Wi-Fi、RFID 等。远程通信技术包括互联网、2G/3G/4G/5G 移动通信网络、卫星通信网络等。

（3）数据挖掘与融合技术

物联网中存在大量数据来源、各种异构网络和不同类型的系统，大量不同类型的数据，如何实现有效整合、处理和挖掘，是物联网处理层需要解决的关键技术问题。今天，云计算和大数据技术的出现，为物联网数据存储、处理和分析提供了强大的技术支撑，海量物联网数据可以借助庞大的云计算基础设施实现廉价存储，利用大数据技术实现快速处理和分析，满足各种实际应用需求。

2.2.3　物联网的应用

物联网已经广泛应用于智能交通、智慧医疗、智能家居、环保监测、智能安防、智能物流、智能电网、智慧农业、智能工业等领域，对国民经济与社会发展起到了重要的推动作用，具体如下。

微视频
2-6
物联网的应用与产业

• 智能交通。利用 RFID、摄像头、导航设备等物联网技术构建的智能交通系统，可以让人们随时随地通过智能手机、大屏幕、电子站牌等方式，了解城市各条道路的交通状况、所有停车场的车位情况、每辆公交车的当前位置等信息，合理安排行程，提高出行效率。

• 智慧医疗。医生利用平板电脑、智能手机等手持设备，通过无线网络，可以随时连接访问各种诊疗仪器，实时掌握每个病人的各项生理指标数据，科学、合理地制定诊疗方案，甚至可以支持远程诊疗。

●智能家居。利用物联网技术提升家居安全性、便利性、舒适性、艺术性，并实现环保节能的居住环境。例如，可以在工作单位通过智能手机远程开启家里的电饭煲、空调、门锁、监控、窗帘和电灯等，家里的窗帘和电灯也可以根据时间和光线变化自动开启和关闭。

●环保监测。可以在重点区域放置监控摄像头或水质土壤成分检测仪器，相关数据可以实时传输到监控中心，出现问题时实时发出警报。

●智能安防。采用红外线、监控摄像头、RFID等物联网设备，实现小区出入口智能识别和控制、意外情况自动识别和报警、安保巡逻智能化管理等功能。

●智能物流。利用集成智能化技术，使物流系统能模仿人的智能，具有思维、感知、学习、推理判断和自行解决物流中某些问题的能力（如选择最佳行车路线，选择最佳包裹装车方案），从而实现物流资源优化调度和有效配置，提升物流系统效率。

●智能电网。通过智能电表，不仅可以免去抄表的大量工作，还可以实时获得用户用电信息，提前预测用电高峰和低谷，为合理设计电力需求响应系统提供依据。

●智慧农业。利用温度传感器、湿度传感器和光线传感器，实时获得种植大棚内的农作物生长环境信息，远程控制大棚遮光板、通风口、喷水口的开启和关闭，让农作物始终处于最优生长环境，提高农作物产量和品质。

●智能工业。将具有环境感知能力的各类终端、基于泛在技术的计算模式、移动通信技术等不断融入工业生产的各个环节，大幅提高制造效率，提高产品质量，降低产品成本和资源消耗，将传统工业提升到智能化的新阶段。

2.2.4 物联网产业

完整的物联网产业链主要包括核心感应器件提供商、感知层末端设备提供商、网络提供商、软件与行业解决方案提供商、系统集成商、运营及服务提供商等环节，如图2-11所示。

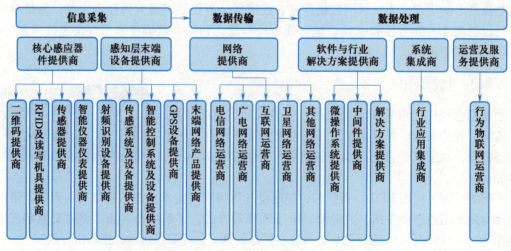

图2-11 物联网产业链

● 核心感应器件提供商：提供二维码识别器、RFID 读写机具、传感器、智能仪器仪表等物联网核心感应器件。

● 感知层末端设备提供商：提供射频识别设备、传感系统及设备、智能控制系统及设备、GPS 设备、末端网络产品等。

● 网络提供商：包括电信网络运营商、广电网络运营商、互联网运营商、卫星网络运营商和其他网络运营商等。

● 软件与行业解决方案提供商：提供微操作系统、中间件、解决方案等。

● 系统集成商：提供行业应用集成服务。

● 运营及服务提供商：开展行业物联网运营及服务。

2.3　大数据与云计算、物联网的关系

云计算、大数据和物联网代表了 IT 领域最新的技术发展趋势，三者既有区别又有联系。云计算最初主要包含了两类含义：一类是以谷歌的 GFS 和 MapReduce 为代表的大规模分布式并行计算技术；另一类是以亚马逊的虚拟机和对象存储为代表的"按需租用"的商业模式。但是，随着大数据概念的提出，云计算中的分布式计算技术开始更多地被列入大数据技术，而人们提到云计算时，更多指的是底层基础 IT 资源的整合优化以及以服务的方式提供 IT 资源的商业模式（如 IaaS、PaaS、SaaS）。从云计算和大数据概念的诞生到现在，二者之间的关系非常微妙，既密不可分，又千差万别。因此，不能把云计算和大数据割裂开来作为截然不同的两类技术来看待。此外，物联网也是和云计算、大数据相伴相生的技术。下面总结一下三者的联系与区别（见图 2-12）。

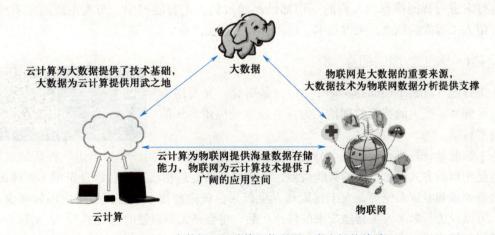

云计算为大数据提供了技术基础，大数据为云计算提供用武之地

物联网是大数据的重要来源，大数据技术为物联网数据分析提供支撑

云计算为物联网提供海量数据存储能力，物联网为云计算技术提供了广阔的应用空间

大数据　云计算　物联网

图 2-12　大数据、云计算和物联网三者之间的关系

（1）大数据、云计算和物联网的区别

大数据侧重于对海量数据的存储、处理与分析，从海量数据中发现价值，服务于生产和

生活；云计算本质上旨在整合和优化各种 IT 资源并通过网络以服务的方式，廉价地提供给用户；物联网的发展目标是实现物物相连，应用创新是物联网发展的核心。

（2）大数据、云计算和物联网的联系

从整体上看，大数据、云计算和物联网这三者是相辅相成的。大数据根植于云计算，大数据分析的很多技术都来自云计算，云计算的分布式数据存储和管理系统（包括分布式文件系统和分布式数据库系统）提供了海量数据的存储和管理能力，分布式并行处理框架 MapReduce 提供了海量数据的分析能力，没有这些云计算技术作为支撑，大数据分析就无从谈起。反之，大数据为云计算提供了"用武之地"，没有大数据这个"练兵场"，云计算技术再先进，也无法发挥它的应用价值。物联网的传感器源源不断产生的大量数据，构成了大数据的重要数据来源，没有物联网的飞速发展，就不会带来数据产生方式的变革，即由人工产生阶段转向自动产生阶段，大数据时代也不会这么快就到来。同时，物联网需要借助于云计算和大数据技术，实现物联网大数据的存储、分析和处理。

可以说，云计算、大数据和物联网三者已经彼此渗透、相互融合，在很多应用场合都可以同时看到三者的身影。在未来，三者会继续相互促进、相互影响，更好地服务于社会生产和生活的各个领域。

2.4 人工智能

这些年来科技发展非常迅速，由原先的信息时代迅速进入了智能时代，人工智能技术成为未来时代的主题。今天，人工智能技术已经进入到了人们的生活当中，无论是吃饭、睡觉还是使用计算机、手机，全都有人工智能在支撑，哪怕是一个简单的搜索引擎，都会根据人们的喜好来进行智能推荐，人们的一切都已经融入到人工智能当中，与人工智能密不可分。本节介绍人工智能的概念、关键技术、应用和人工智能产业。

2.4.1 人工智能的概念

人工智能（artificial intelligence，AI），是研究、开发用于模拟、延伸和扩展人的智能的理论、方法、技术及应用系统的一门技术科学。

人工智能是计算机科学的一个分支，它试图了解智能的实质，并生产出一种新的能以与人类智能相似的方式做出反应的智能机器，该领域的研究包括机器人、语言识别、图像识别、自然语言处理和专家系统等。人工智能从诞生以来，理论和技术日益成熟，应用领域也不断扩大，可以设想，未来人工智能带来的科技产品，将会是人类智慧的"容器"。人工智能不是人的智能，但能像人那样思考，也可能超过人的智能。

人工智能是一门极富挑战性的科学，属于自然科学和社会科学的交叉学科，涉及哲学和认知科学、数学、神经生理学、心理学、计算机科学、信息论、控制论、不定性论等。从事这项工作的人，必须懂得计算机科学、心理学和哲学等。总的说来，人工智能研究的一个主要目标是使机器能够胜任一些通常需要人类智能才能完成的复杂工作。

2.4.2 人工智能的关键技术

人工智能包含了机器学习、知识图谱、自然语言处理、人机交互、计算机视觉、生物特征识别、VR/AR 7 个关键技术。

1. 机器学习

机器学习（machine learning）是一门涉及统计学、系统辨识、逼近理论、神经网络、优化理论、计算机科学、脑科学等诸多领域的交叉学科，研究计算机怎样模拟或实现人类的学习行为，以获取新的知识或技能。重新组织已有的知识结构使之不断改善自身的性能，是人工智能技术的核心。基于数据的机器学习是现代智能技术中的重要方法之一，研究从观测数据（样本）出发寻找规律，利用这些规律对未来数据或无法观测的数据进行预测。

机器学习强调三个关键词：算法、经验、性能，其处理过程如图 2-13 所示。在数据的基础上，通过算法构建出模型并对模型进行评估。评估的性能如果达到要求，就用该模型来测试其他的数据；如果达不到要求，就要调整算法来重新建立模型，再次进行评估。如此循环往复，最终获得满意的模型来处理其他数据。机器学习技术和方法已经被成功应用到多个领域，例如个性化推荐系统、金融反欺诈、语音识别、自然语言处理和机器翻译、模式识别、智能控制等。

图 2-13 机器学习处理过程

机器学习模型的发展经历了传统机器学习模型、深度学习模型、超大规模深度学习模型三个阶段。

（1）传统机器学习模型阶段。20 世纪 90 年代初，机器学习模型主要以逻辑回归、神经网络、决策树和贝叶斯方法等为代表。传统的机器学习模型最大的特点是模型规模较小，只能处理较小的数据集。

（2）深度学习模型阶段。深度学习模型的兴起可以追溯至 20 世纪 80 年代，但是受制于硬件和软件的限制，深度学习模型的应用一直受到限制。直到近年来，随着计算机硬件和软件的发展，深度学习模型得到了广泛应用。深度学习模型的代表包括卷积神经网络、循环神经网络、深度信念网络等。

（3）超大规模深度学习模型阶段（即"大模型"阶段）。随着深度学习模型在各个领域的成功应用，人们开始关注如何将深度学习模型扩大到更大的规模。学者们开始尝试训练更大的深度学习模型，超大规模深度学习模型应运而生，其规模可以达到百亿级别的参数。这样的模型需要在超级计算机上进行训练，需要消耗大量的时间和能源。但是，超大规模深度学习模型的出现，为机器学习应用带来了更多的可能性。

"大模型"是目前机器学习领域的热门技术。大模型具有以下优点：

（1）处理大规模数据的能力强。大模型可以处理海量数据，从而提高机器学习模型的准确性和泛化能力。

（2）处理复杂问题的能力强。大模型具有更高的复杂度和更强的灵活性，可以处理更加复杂的问题。

（3）具有更高的准确率和性能。大模型具有更多的参数和更为复杂的结构，能够更加准确地表达数据分布和学习到更复杂的特征，从而提高模型的准确率和性能。

大模型的主要应用场景包括：

（1）自然语言处理。大模型在机器翻译、文本生成、情感分析等任务中取得了显著的突破。它可以理解上下文、抓取语义，并生成准确、流畅的文字内容。

（2）计算机视觉。大模型在图像识别、目标检测、图像生成等领域表现出色。它能够识别复杂的图像内容，提取关键特征，并生成逼真的图像。

典型的"大模型"产品包括 ChatGPT、文心一言、通义千问、讯飞星火认知大模型等。

ChatGPT 是由 OpenAI 公司开发的一个自然语言处理模型，它使用了最先进的技术和算法，包括深度学习、神经网络和自然语言处理等，被广泛用于智能对话和文本生成等领域。它的用户设计界面简单，人们只需要注册登录便可以与之对话，它的回复内容与人类的语言风格十分相似。ChatGPT 在智能客服、智能助手、虚拟人物等领域都有广泛的应用前景，可以大大提升用户体验和交互效率。除了上述应用领域，ChatGPT 还可以在其他方面发挥重要作用。例如，在自然语言生成领域，ChatGPT 可以用于自动生成各种文本，如新闻报道、小说、诗歌等；在语言翻译领域，ChatGPT 可以根据源语言自动生成目标语言，具有很大的潜力；在语音合成领域，ChatGPT 也可以结合语音合成技术，实现更加自然流畅的语音交互。

文心一言（英文名为 ERNIE Bot）是百度公司研发的类似 ChatGPT 功能的产品，能够与人对话互动、回答问题、协助创作，高效便捷地帮助人们获取信息、知识和灵感。

通义千问是阿里云推出的一个超大规模的语言模型，功能包括多轮对话、文案创作、逻辑推理、多模态理解、多语言支持等，能够跟人类进行多轮的交互，也融入了多模态的知识理解，且有文案创作能力，能够续写小说、撰写邮件等。

讯飞星火认知大模型是新一代认知智能大模型，拥有跨领域知识和语言理解能力，能够基于自然对话方式理解与执行任务，它具备以下功能：

（1）多模理解：上传图片素材，大模型完成识别理解，返回关于图片的准确描述。

（2）视觉问答：围绕上传图片素材，响应用户的问题，大模型完成回答。

（3）多模生成：根据用户的描述，生成符合期望的合成音频和视频。

（4）虚拟人视频：描述期望的视频内容，整合 AI 虚拟人，快速生成匹配视频。

2. 知识图谱

知识图谱（knowledge graph）又称为科学知识图谱，在图书情报界称为知识域可视化或知识领域映射地图，是显示知识发展进程与结构关系的一系列各种不同的图形，其用可视化技术描述知识资源及其载体，挖掘、分析、构建、绘制和显示知识及它们之间的相互联系。

现实世界中的很多场景非常适合用知识图谱来表达。例如，如图 2-14 所示，一个社交网络图谱里，既可以有"人"的实体，也可以包含"公司"实体。人和人之间的关系可以是"朋友"，也可以是"同事"。人和公司之间的关系可以是"现任职"或者"曾任职"。类似地，一个风控知识图谱可以包含"电话""公司"的实体，电话和电话之间的关系可以是"通话"，而且每个公司也会有固定的电话。

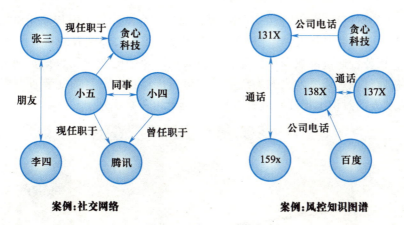

图 2-14　知识图谱案例

知识图谱可用于反欺诈、不一致性验证、反组团欺诈等公共安全保障领域，需要用到异常分析、静态分析、动态分析等数据挖掘方法。特别地，知识图谱在搜索引擎、可视化展示和精准营销方面有很大的优势，已成为业界的热门工具。但是，知识图谱的发展还有很大的挑战，如数据的噪声问题，即数据本身有错误或者数据存在冗余。随着知识图谱应用的不断深入，还有一系列关键技术需要突破。

3. 自然语言处理

自然语言处理是计算机科学领域与人工智能领域中的一个重要方向。它研究能实现人与计算机之间用自然语言进行有效通信的各种理论和方法。自然语言处理是一门融语言学、计算机科学、数学于一体的科学。因此，这一领域的研究会涉及自然语言，即人们日常使用的语言，所以它与语言学的研究有着密切的联系，但又有重要的区别。自然语言处理并不是一般地研究自然语言，而在于研制能有效地实现自然语言通信的计算机系统，特别是其中的软件系统。

自然语言处理的应用包罗万象，例如机器翻译、手写体和印刷体字符识别、语音识别、信息检索、信息抽取与过滤、文本分类与聚类、舆情分析和观点挖掘等，它涉及与语言处理相关的数据挖掘、机器学习、知识获取、知识工程、人工智能研究和与语言计算相关的语言学研究等。

4. 人机交互

人机交互是一门研究系统与用户之间的交互关系的学科。系统可以是各种各样的机器，也可以是计算机化的系统和软件。人机交互界面通常是指用户可见的部分。用户通过人机交互界面与系统交流，并进行操作。人机交互是与认知心理学、人机工程学、多媒体技术、虚拟现实技术等密切相关的综合学科。传统的人与计算机之间的信息交换主要依靠交互设备进行，主要包括键盘、鼠标、操纵杆、数据服装、眼动跟踪器、位置跟踪器、数据手套、压力笔等输入设备，以及打印机、绘图仪、显示器、头盔式显示器、音箱等输出设备。人机交互技术除了传统的基本交互和图形交互外，还包括语音交互、情感交互、体感交互及脑机交互等技术。

人机交互具有广泛的应用场景，例如，日本建成了一栋可应用"人机交互"技术的住宅

（见图2-15），人们可以通过该装置，不用手而是通过意念就能自由操控家用电器。该住宅主要是为帮助残障人士以及老年人创造便捷的生活环境。用户头部戴着的含有"人机交互"技术的特殊装置，该装置通过读取用户脑部血流的变化以及脑电波变动数据实现无线通信。连接网络的计算机通过识别装置发来的无线信号向机器传输指令。目前此装置判断的准确率达70%～80%，且从人的意识出现开始最短6.5秒机器就可进行识别。

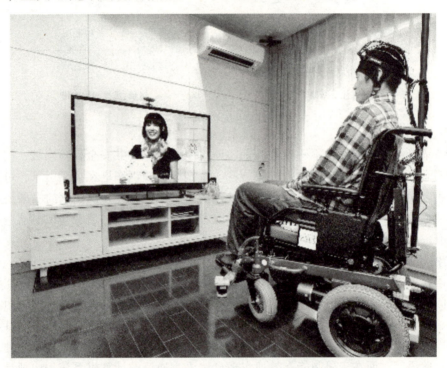

图2-15　日本推出可通过意念操控家电的"人机交互"住宅

5. 计算机视觉

计算机视觉是一门研究如何使机器"看"的科学，进一步说，是指用摄影机和计算机代替人眼对目标进行识别、跟踪和测量的机器视觉，并进一步做图形处理，成为更适合人眼观察或传送给仪器检测的图像，如图2-16所示为一个计算机视觉的应用示例。计算机视觉既是工程领域也是科学领域中的一个富有挑战性的重要研究领域。计算机视觉是一门综合性学科，它已经吸引了来自各个学科的研究者参加到对它的研究之中，其中包括计算机科学和工程、信号处理、物理学、应用数学和统计学、神经生理学和认知科学等。根据解决的问题，计算机视觉可分为计算成像学、图像理解、三维视觉、动态视觉和视频编解码五大类。

计算机视觉研究领域已经衍生出了一大批快速成长的、有实际作用的应用，例如：

- 人脸识别：Snapchat 和 Facebook 使用人脸检测算法来识别人脸。
- 图像检索：Google Images 使用基于内容的查询来搜索相关图片，利用算法分析查询图像中的内容并根据最佳匹配内容返回结果。
- 游戏和控制：使用立体视觉较为成功的游戏应用产品是微软公司的 Kinect。
- 监测：用于监测可疑行为的监视摄像头遍布于各大公共场所中。

图 2-16　依靠计算机视觉技术自动识别室内物体和人

● 智能汽车：计算机视觉是检测交通标志、灯光和其他视觉特征的主要信息来源。

6. 生物特征识别

在当今信息化时代，如何准确鉴定一个人的身份、保护信息安全，已成为一个必须解决的关键社会问题。传统的身份认证由于极易伪造和丢失，越来越难以满足社会的需求，目前最为便捷与安全的解决方案无疑就是生物特征识别技术，它不但简洁快速，而且利用它进行身份的认定更加安全、可靠、准确，同时更易于配合计算机和安全、监控、管理系统整合，实现自动化管理。生物特征识别技术由于其广阔的应用前景、巨大的社会效益和经济效益，已引起各国的广泛关注和高度重视。生物特征识别技术涉及的内容十分广泛，包括指纹、掌纹、人脸（见图 2-17）、虹膜、指静脉、声纹、步态等多种生物特征，其识别过程涉及图像处理、计算机视觉、语音识别、机器学习等多项技术。目前生物特征识别作为重要的智能化身份认证技术，在金融、公共安全、教育、交通等领域得到了广泛的应用。

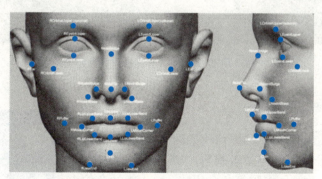

图 2-17　人脸识别技术

7. VR/AR

虚拟现实（virtual reality，VR）/增强现实（augment reality，AR）是以计算机为核心的新型视听技术，其结合相关科学技术，在一定范围内生成与真实环境在视觉、听觉、触感等方面高度近似的数字化环境。用户可借助必要的装备与数字化环境中的对象进行交互，相互影响，获得近似真实环境的感受和体验，如图 2-18 所示，这其中会综合运用显示设备、跟踪定位设备、触力觉交互设备、数据获取设备、专用芯片等。

图 2-18　采用虚拟现实技术的虚拟弓箭

例如，谷歌公司推出了一款被内嵌在 VR 头显 HTC Vive 中的画图应用——Tilt Brush，用户通过 Tilt Brush 就可利用虚拟现实技术在三维空间里绘画，如图 2-19 所示。

图 2-19　利用 Tilt Brush 在虚拟三维空间里绘画

2.4.3　人工智能的应用

人工智能与行业领域的深度融合将改变甚至重新塑造传统行业。人工智能已经被广泛应用于制造、家居、金融、零售、交通、医疗、教育、物流、安防等各个领域，对人类社会的生产和生活产生了深远的影响。

1. 智能制造

智能制造（intelligent manufacturing，IM）是一种由智能机器和人类专家共同组成的人机一体化智能系统，它在制造过程中能进行智能活动，诸如分析、推理、判断、构思和决策等，如图 2-20 所示为一个智能制造车间示例。其通过人与智能机器的合作共事，去扩大、延伸和部分地取代人类专家在制造过程中的脑力劳动。它把制造自动化的概念更新扩展到柔性化、智能化和高度集成化。

图 2-20　智能制造车间

智能制造对人工智能的需求主要表现在以下三个方面：一是智能装备，包括自动识别设备、人机交互系统、工业机器人以及数控机床等具体设备，涉及跨媒体分析推理、自然语言处理、虚拟现实智能建模及自主无人系统等关键技术。二是智能工厂，包括智能设计、智能生产、智能管理以及集成优化等具体内容，涉及跨媒体分析推理、大数据智能、机器学习等关键技术。三是智能服务，包括大规模个性化定制、远程运维以及预测性维护等具体服务模式，涉及跨媒体分析推理、自然语言处理、大数据智能、高级机器学习等关键技术。

2. 智能家居

智能家居通过物联网技术将家中的各种设备（如音视频设备、照明系统、窗帘控制、空调控制、安防系统、数字影院系统、影音服务器、影柜系统、网络家电等）连接到一起，提供家电控制、照明控制、电话远程控制、室内外遥控、防盗报警、环境监测、暖通控制、红外转发以及可编程定时控制等多种功能和手段，如图 2-21 所示。与普通家居相比，智能家居不仅具有传统的居住功能，兼备建筑、网络通信、信息家电、设备自动化，提供全方位的信息交互功能，甚至为各种能源费用节约资金。例如，借助智能语音技术，用户应用自然语言实现对家居系统各设备的操控，如开关窗帘（窗户）、操控家用电器和照明系统、打扫卫生等操作；借助机器学习技术，智能电视可以从用户看电视的历史数据中分析其兴趣和爱好，并将相关的节目推荐给用户。通过应用声纹识别、脸部识别、指纹识别等技术进行开锁等；通过大数据技术可以使智能家电实现对自身状态及环境的自我感知，具有故障诊断能力。通过收集产品运行数据，发现产品异常，主动提供服务，降低故障率。此外，还可以通过大数据分析、远程监控和诊断，快速发现问题、解决问题及提高效率。

3. 智能金融

智能金融即人工智能与金融的全面融合，以人工智能、大数据、云计算、区块链等高新科技为核心要素，全面赋能金融机构，提升金融机构的服务效率，拓展金融服务的广度和

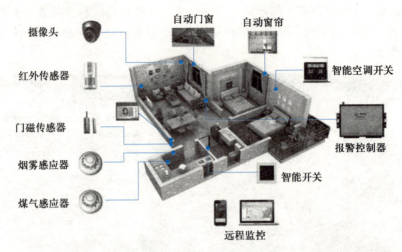

图 2-21　智能家居示意图

深度，使得全社会都能获得平等、高效、专业的金融服务，实现金融服务的智能化、个性化、定制化。人工智能技术在金融业中可以用于服务客户，支持授信、各类金融交易和金融分析中的决策，并用于风险防控和监督，将大幅改变金融现有格局，金融服务将会更加个性化与智能化。智能金融对于金融机构的业务部门来说，可以帮助获客，精准服务客户，提高效率；对于金融机构的风控部门来说，可以提高风险控制，增加安全性；对于用户来说，可以实现资产优化配置，体验到金融机构更加完美的服务。人工智能在金融领域的应用主要包括：

（1）智能获客。依托大数据，对金融用户进行画像，通过需求响应模型，极大地提升获客效率。

（2）身份识别。以人工智能为内核，通过人脸识别、声纹识别、指静脉识别等生物识别手段，再加上各类票据、身份证、银行卡等证件票据的 OCR 识别等技术手段，对用户身份进行验证，大幅降低核验成本，有助于提高安全性。

（3）大数据风控。通过大数据、算力、算法的结合，搭建反欺诈、信用风险等模型，多维度控制金融机构的信用风险和操作风险，同时避免资产损失。

（4）智能投资顾问。基于大数据和算法能力，对用户与资产信息进行标签化，精准匹配用户与资产。

（5）智能客服。基于自然语言处理能力和语音识别能力，拓展客服领域的深度和广度，大幅降低服务成本，提升服务体验。

（6）金融云。依托云计算能力的金融科技，为金融机构提供更安全高效的全套金融解决方案。

4. 智能交通

智能交通系统（intelligent transportation system，ITS）是未来交通系统的发展方向，它是将先进的信息技术、数据通信传输技术、电子传感技术、控制技术及计算机技术等有效地集成运用于整个地面交通管理系统而建立的一种在大范围内、全方位发挥作用的，实时、准确、高效的综合交通运输管理系统。

例如通过交通信息采集系统采集道路中的车辆流量、行车速度等信息（如图 2-22 所示），信息分析处理系统处理后形成实时路况，决策系统据此调整道路红绿灯时长，调整可变车道或潮汐车道的通行方向，通过信息发布系统将路况推送到导航软件和广播中，让人们合理规划行驶路线。通过不停车电子收费系统（ETC），实现对通过 ETC 入口站的车辆身份及信息自动采集、处理、收费和放行，有效提高通行能力、简化收费管理、降低环境污染。

图 2-22 智能采集道路上的车辆信息

5. 智能安防

智能安防技术随着科学技术的发展与进步和 21 世纪信息技术的腾飞，已迈入了一个全新的领域，智能安防技术与计算机之间的界限正在逐步消失，没有安防技术，社会就会显得不安宁，世界科学技术的前进和发展就会受到影响。

物联网技术的普及应用，使得城市的安防从过去简单的安全防护系统向城市综合化体系演变，城市的安防项目涵盖众多的领域，有街道社区、楼宇建筑、银行邮局、道路监控、机动车辆、警务人员、移动物体、船只等。特别是针对重要场所，如机场、码头、水电气厂、桥梁大坝、河道、地铁等，引入物联网技术后，可以通过无线移动、跟踪定位等手段建立全方位的立体防护。智能安防是兼顾了整体城市管理系统、环保监测系统、交通管理系统、应急指挥系统等应用的综合体系。特别是车联网的兴起，在公共交通管理、车辆事故处理、车辆偷盗防范上可以更加快捷准确地跟踪定位处理。还可以随时随地通过车辆获取更加精准的灾难事故、道路流量、车辆位置、公共设施安全、气象等信息。

6. 智能医疗

智能医疗是通过打造健康档案区域医疗信息平台，利用最先进的物联网技术，实现患者与医务人员、医疗机构、医疗设备之间的互动，逐步达到信息化。近几年，智能医疗在辅助诊疗、疾病预测、医疗影像辅助诊断、药物开发等方面发挥了重要作用。在不久的将来，医疗行业将融入更多人工智能、传感技术等高科技，使医疗服务走向真正意义的智能化，推动医疗事业的繁荣发展。在中国新医改的大背景下，智能医疗正在走进寻常百姓的生活。

随着人均寿命的延长、出生率的下降和人们对健康的关注，现代社会人们需要更好的医疗系统。这样，远程医疗（见图2-23）、电子医疗（E-health）日趋重要。借助于物联网、云计算技术、人工智能的专家系统、嵌入式系统的智能化设备，可以构建起完善的物联网医疗体系，使全民平等地享受顶级的医疗服务，解决或减少由于医疗资源缺乏导致的看病难、医患关系紧张、事故频发等现象。

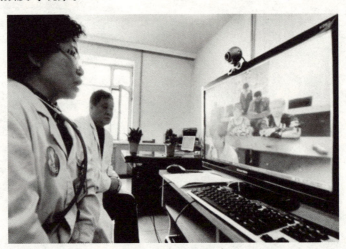

图 2-23　远程医疗

7. 智能物流

传统物流企业在利用条形码、射频识别技术、传感器、全球定位系统等方面优化改善运输、仓储、配送装卸等物流业基本活动，同时也在尝试使用智能搜索、推理规划、计算机视觉以及智能机器人等技术，实现货物运输过程的自动化运作和高效率优化管理，提高物流效率。例如，在仓储环节，利用大数据通过分析大量历史库存数据，建立相关预测模型，实现物流库存商品的动态调整。大数据智能也可以支撑商品配送规划，进而实现物流供给与需求匹配、物流资源优化与配置等。京东自主研发的无人仓，采用大量智能物流机器人进行协同与配合，通过人工智能、深度学习、图像智能识别、大数据应用等技术，让工业机器人可以进行自主的判断和行为，完成各种复杂的任务，在商品分拣、运输、出库等环节实现自动化，大大减少了订单出库时间，使物流仓库的存储密度、搬运的速度、拣选的精度均有大幅度提升，如图2-24所示。

8. 智能零售

人工智能在零售领域的应用已经十分广泛，无人超市（如图2-25所示）、智慧供应链、客流统计等都是的热门方向。例如，将人工智能技术应用于客流统计，通过人脸识别客流统计功能，门店可以从性别、年龄、表情、新老顾客、滞留时长等维度，建立到店客流用户画像，为调整运营策略提供数据基础，帮助门店运营从匹配真实到店客流的角度提升转换率。

图 2-24　京东智能分拣

图 2-25　无人超市

2.4.4　人工智能产业

人工智能的核心业态包括智能基础设施建设、智能信息及数据、智能技术服务和智能产品四个方面。

1. 智能基础设施建设

智能基础设施为人工智能产业提供计算能力支撑，其范围包括智能传感器、智能芯片、分布式计算框架等，是人工智能产业发展的重要保障。

（1）智能芯片。在大数据时代，数据规模急剧膨胀，人工智能发展对计算性能的要求与日俱增。同时，受限于技术原因，传统处理器性能的提升也遭遇了"天花板"，无法继续按照摩尔定律保持增长，因此，发展下一代智能芯片势在必行。未来的智能芯片主要是朝两个方向发展：一是模仿人类大脑结构的芯片，二是量子芯片。

（2）智能传感器。智能传感器是具有信息处理功能的传感器。智能传感器带有微处理机，具有采集、处理、交换信息的能力，是传感器集成化与微处理机相结合的产物。与一般传感器相比，智能传感器具有以下三个优点：通过软件技术可实现高精度的信息采集，而且成本低；具有一定的编程自动化能力；功能多样化。随着人工智能应用领域的不断拓展，市场对传感器的需求将不断增多，未来，高敏度、高精度、高可靠性、微型化、集成化将成为智能传感器发展的重要趋势。

（3）分布式计算框架。面对海量的数据处理、复杂的知识推理，常规的单机计算模式已经不能支撑，分布式计算的兴起成为必然的结果。目前流行的分布式计算框架包括 Hadoop、Spark、Storm、Flink 等。

2. 智能信息及数据

信息、数据是人工智能创造价值的关键要素之一。得益于庞大的人口和产业基数，我国在数据方面具有天然的优势，并且在数据的采集、存储、处理和分析等领域产生了众多的企业。目前，在人工智能数据采集、存储、处理和分析方面的企业主要有两类：一类是数据集提供商，其主要业务是为不同领域的需求方提供机器学习等技术所需要的数据集；另一类是数据采集、存储、处理和分析综合性厂商，这类企业自身拥有获取数据的途径，可以对采集到的数据进行存储、处理和分析，并把分析结果提供给需求方使用。

3. 智能技术服务

智能技术服务主要关注如何构建人工智能的技术平台，并对外提供人工智能相关的服务。此类厂商在人工智能产业链中处于关键位置，依托基础设施和大量的数据，为各类人工智能的应用提供关键性的技术平台、解决方案和服务。目前，从提供服务的类型来看，提供技术服务厂商包括以下几类：

（1）提供人工智能的技术平台和算法模型，用户可以在平台之上通过一系列的算法模型来进行应用开发。

（2）提供人工智能的整体解决方案。把多种人工智能算法模型以及软、硬件环境集成到解决方案中，从而帮助用户解决特定的行业问题。

（3）提供人工智能在线服务。依托其已有的云计算和大数据应用的用户资源，聚集用户的需求和行业属性，为客户提供多类型的人工智能服务。

4. 智能产品

智能产品是指将人工智能领域的技术成果集成化、产品化，具体的分类如表 2-2 所示。

随着制造强国、网络强国、数字中国建设进程的加快，在制造、家居、金融、教育、交通、安防、医疗、物流等领域对人工智能技术和产品的需求将进一步释放，相关智能产品的种类和形态也将越来越丰富。

表 2-2 人工智能典型产品示例

分 类		典型产品示例
智能机器人	工业机器人	焊接机器人、喷涂机器人、搬运机器人、加工机器人、装配机器人、清洁机器人以及其他工业机器人
	个人/家用服务机器人	家政服务机器人、教育娱乐服务机器人、养老助残服务机器人、个人运输服务机器人、安防监控服务机器人
	公共服务机器人	酒店服务机器人、银行服务机器人、场馆服务机器人、餐饮服务机器人
	特种机器人	特种极限机器人、康复辅助机器人、农业（包括农林牧副渔）机器人、水下机器人、军用和警用机器人、电力机器人、石油化工机器人、矿业机器人、建筑机器人、物流机器人、安防机器人、清洁机器人、医疗服务机器人及其他非结构和非家用机器人
智能运载工具		自动驾驶汽车
		轨道交通系统
	无人机	无人直升机、固定翼机、多旋翼飞行器、无人飞艇、无人伞翼机
		无人船
智能终端		智能手机
		车载智能终端
	可穿戴终端	智能手表、智能耳机、智能眼镜
自然语言处理		机器翻译
		机器阅读理解
		问答系统
		智能搜索
计算机视觉		图像分析仪、视频监控系统
生物特征识别		指纹识别系统
		人脸识别系统
		虹膜识别系统
		指静脉识别系统
		DNA、步态、掌纹、声纹等其他生物特征识别系统
VR/AR		PC 端 VR、一体机 VR、移动端头显
人机交互	语音交互	个人助理
		语音助手
		智能客服
		情感交互
		体感交互
		脑机交互

2.4.5　大数据与人工智能的关系

人工智能和大数据都是当前的热门技术，人工智能的发展要早于大数据，在 20 世纪 50 年代就已经开始发展，而大数据的概念直到 2010 年左右才形成。人工智能受到国人关注的时间要远早于大数据，且受到了长期、广泛的关注，2016 年 AlphaGo 的发布和 2022 年 ChatGPT 的发布，一次又一次把人工智能推向新的高峰。

人工智能和大数据是紧密相关的两种技术，二者既有联系，又有区别。

1. 人工智能与大数据的联系

一方面，人工智能需要数据来建立其智能，特别是机器学习。例如，机器学习图像识别应用程序可以查看数以万计的飞机图像，以了解飞机的构成，以便将来能够识别出它们。人工智能应用的数据越多，其获得的结果就越准确。在过去，人工智能由于处理器速度慢、数据量小而不能很好地工作。今天，大数据为人工智能提供了海量的数据，使得人工智能技术有了长足的发展，甚至可以说，没有大数据就没有人工智能。

另一方面，大数据技术为人工智能提供了强大的存储能力和计算能力。在过去，人工智能算法都是依赖于单机的存储和单机的算法，而在大数据时代，面对海量的数据，传统的单机存储和单机算法都已经无能为力，建立在集群技术之上的大数据技术（主要是分布式存储和分布式计算），可以为人工智能提供强大的存储能力和计算能力。

2. 人工智能与大数据的区别

人工智能与大数据也存在着明显的区别，人工智能是一种计算形式，它允许机器执行认知功能，例如对输入起作用或做出反应，类似于人类的做法，而大数据是一种传统计算，它不会根据结果采取行动，只是寻找结果。

另外，二者要达成的目标和实现目标的手段不同。大数据的主要目的是通过对数据的对比分析来掌握和推演出更优的方案。就拿视频推送为例，人们之所以会接收到不同的推送内容，便是因为大数据根据人们日常观看的内容，综合考虑了人们的观看习惯和日常的观看内容，推断出哪些内容更可能让观众会有同样的感觉，并将其推送给观众。而人工智能的开发，则是为了辅助和代替人们更快、更好地完成某些任务或进行某些决定。不管是汽车自动驾驶、自我软件调整抑或是医学样本检查工作，人工智能都是在人类之前完成相同的任务，但区别就在于其速度更快、错误更少，它能通过机器学习的方法，掌握人们日常进行的重复性的事项，并以其计算机的处理优势来高效地达成目标。

2.5　区块链

技术发展日新月异，行业创新层出不穷。继大数据、云计算、物联网、人工智能等新兴技术之后，区块链技术在全球范围内也掀起了新一轮的研究与应用热潮。区块链的出现，实现了从传递信息的"信息互联网"向传递价值的"价值互联网"的进化，提供了一种新的信用创造机制。区块链开创了一种在不可信的竞争环境中低成本建立信任的新型计算范式和协作模式，凭借其独有的信任建立机制，实现了穿透式监管和信任逐级传递。区块链源于加密数字货币，目前正在向垂直领域延伸，蕴含着巨大的变革潜力，有望成为数字经济信息基础设施的重要组件，正在改变诸多行业的发展图景。

本节内容从区块链的起源"比特币"说起，然后，介绍区块链的原理、定义和应用，最后，介绍大数据与区块链的关系。

2.5.1　从比特币说起

区块链的诞生与受到广泛关注，与比特币的风靡密切相关。事实上，区块链技术仅仅是比特币的底层技术，在比特币运行很久之后，才把它从比特币中抽象地提炼出来。从某种角度来看，可以把比特币认为是区块链最早的应用。

关于区块链的故事，要追溯到比特币的诞生。2008 年 10 月 31 日，至今匿名的神秘技术极客、比特币的创造者——中本聪，向一个密码学邮件列表的所有成员发送了一封电子邮件，标题为"比特币：点对点电子现金论文"。在邮件中，他附上了比特币白皮书的链接，论文为《比特币：一个点对点电子现金系统》。中本聪在 2008 年发表的这篇论文可能是互联网发展史上最重要的论文之一，其他重要论文包括：利克里德写的开启互联网前身"阿帕网"的《计算机作为一种通信设备》（1968 年）、蒂姆·伯纳斯·李写的万维网（WWW）协议建议书《信息管理：一个建议》（1989 年）、谷歌联合创始人谢尔盖·布林与拉里·佩奇写的搜索引擎论文（1998 年）等。2009 年 1 月 3 日，在位于芬兰赫尔辛基的服务器上，中本聪生成了第一个比特币区块，即所谓的比特币"创世区块"，由此，比特币正式诞生。

比特币与传统的货币是完全不同的。传统货币的发行权掌握在国家手中，存在着货币滥发的风险。比特币这个电子现金系统是同时去中介化和去中心化的。所谓的"去中介化"是指，个人与个人之间的电子现金无须可信第三方中介的介入。所谓的"去中心化"是指，这个电子现金的货币发行也不需要一个中心化机构，而是由代码与社区共识来完成。有了比特币以后，就不需中心化平台作为信任的桥梁，区块链通过全网的参与者作为交易的监督者，交易双方可以在不需建立信任关系的前提下完成交易，实现价值的转移。如果说互联网 TCP/IP 协议是信息的高速公路，那么区块链的诞生则意味着货币的高速公路的第一次建设初步形成。

2.5.2　区块链的原理

1. 从记账开始讲起

区块链是比特币背后的技术，比特币和区块链是同时诞生的。比特币背后的技术被单独剥离出来，称为"区块链"。那么，区块链是如何运作的呢？这里以比特币区块链为例，介绍区块链的运作原理，首先需要从记账开始讲起。

货币最重要的行为就是交易，交易会产生记录，就需要记账。例如，如表 2-3 所示，这个账本就记录了很多条交易。例如：编号为 501 的记录，表示王小明给陈云转账了 20 元钱，编号为 502 的记录，表示张一山给刘大虎转了 80 元钱；编号为 505 的记录，表示央行发行了 1000 元货币。

表 2-3　一份交易记录

编号	转账人	收款人	金额/元
……	……	……	……
501	王小明	陈云	20
502	张一山	刘大虎	80
503	林彤文	司马鹰松	500
504	李文全	赵明亮	180
505		央行	1000
506	央行	某某	1000
……	……	……	……

从数据的结构来说，每次转账其实就是一条数据记录，我们把这种方式称为记账方式，就是记了一笔某人转给另一个人钱的账，这个记账叫"中心式记账"。法币是由人们信任的中心化机构（政府、银行）记账。几乎所有的银行都是用中心化记账的方式维护巨大的数据库，这个数据库保留人们所有钱的记录。

中心化记账有很多的好处，例如，数据是唯一的，不容易出错。你如果足够信任它的话，转账效率特别高，在同一个数据库中，瞬间就可以完成转账。但是，人们的信任往往会被辜负，可能会存在中介系统瘫痪、中介违约、中介欺瞒甚至是中介耍赖等风险。

2. 比特币要解决的第一个问题：防篡改

为了避免以上问题，是否有一种货币可以不用中心化机构来记账呢？这也是比特币发行的初衷。不由传统的"可信"的中介机构记账，那么由谁来记账呢？怎样保证新的记账者不会篡改交易记录呢？黑客攻击篡改交易记录怎么办？这就是比特币要解决的第一个问题：防篡改。

为了实现"防篡改"，就需要引入哈希函数。哈希函数的作用是将任意长度的字符串，转变成固定长度的输出（如 256 位），输出的值就被称为"哈希值"。哈希函数有很多，比特币使用的是 SHA256。哈希函数必须满足一个要求，就是计算过程不能太复杂，用现代计算机去计算，应该可以很快得到结果。

例如，图 2-26 中，输入字符串是"把厦门大学建设成高水平研究型大学"，经过哈希函数转换以后，输出是"EFC15…8FBF5"。当输入字符串是"把厦门大学建设成高水平研究型大学！"，经过哈希函数转换以后，输出是"17846…6DC3A"。可以看出，只要输入字符串发生微小变化，哈希函数的输出就会完全不同。

哈希函数有两个非常重要的特性：

（1）很难找到两个不同的 x 和 y，使得 $h(x)=h(y)$，也就是说，两个不同的输入，会有不同的输出；

（2）根据已知的输出，很难找到对应的输入。

这里重点看一下第一个特性。输入字符串是一个任意长度的字符串，是一个无限空间。而哈希函数的输出是固定长度的字符串，是一个有限空间。从无限空间映射到有限空间，肯定存在多对一的情况，所以，肯定会存在两个不同输入对应同一个输出值的情况。也就是说，

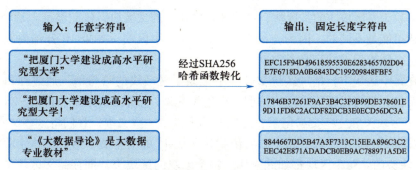

图 2-26　使用哈希函数转换的效果

肯定存在两个不同的 x 和 y，使得 $h(x) = h(y)$。虽然这种情况在理论上是存在的，但是，实际上不知道用什么方法可以找到。因为，这里没有任何规律可言，需要用计算机把所有可能的字符串都遍历一遍，但是，即使用目前最强大的超级计算机去尝试，也要花费无穷无尽的时间，才能找到这样一个字符串。现在计算机找不到，那么，将来计算机发展了，是不是可以很容易找到呢？一样找不到，因为，如果计算机变得更强大了，那么只需把哈希函数输出值的长度值变得更大即可。

　　了解了哈希函数以后，现在来看一下什么是区块链。

　　上面已经介绍过，所有的交易记录都被记录在一个账本中。这个账本非常大，于是，我们可以把这个大账本进行切分，切分成很多个区块进行存储，每个区块记录了一段时间内（如 10 分钟）的交易，区块与区块之间就会形成继承关系。以图 2-27 为例，区块 1 是区块 2

总账本

编号	转账人	收款人	金额
……	……	……	……
501	王小明	陈云	20
502	张一山	刘大虎	80
503	林彤文	司马鹰松	500
504	李文全	赵明亮	180
505		央行	1 000
506	央行	某某	1 000
……	……	……	……

将总账本拆分成区块 →

区块1

编号	转账人	收款人	金额
……	……	……	……
501	王小明	陈云	20
502	张一山	刘大虎	80
503	林彤文	司马鹰松	500
504	李文全	赵明亮	180
505		央行	1 000
506	央行	某某	1 000
……	……	……	……

区块2

编号	转账人	收款人	金额
……	……	……	……
1001	章一飞	刘猛	20
1002	王飞虎	马良	80
1003	肖战	胡歌	500
1004	孟小龙	赵四	180
1005	赵云	张飞	1 000
1006	诸葛瑾	庞龙	1 000
……	……	……	……

区块3

编号	转账人	收款人	金额
……	……	……	……
2015	张子仪	刘敞亮	20
2016	王一员	郝龙成	80
2017	李子龙	胡一梦	500
2018	张晓飞	庞飞	180
2019	胡可佳	肖一飞	1 000
2020	谢杰	常浩宇	1 000
……	……	……	……

区块4

编号	转账人	收款人	金额
……	……	……	……
3378	常诗诗	张晓华	20
3379	马文龙	邱云	80
3380	韩国艺	谢智力	500
3381	马明	林语	180
3382	翁雪	张三	1 000
3383	谭思龙	林秋菡	1 000
……	……	……	……

……

图 2-27　把一个大账本拆分成很多个区块

的父区块，区块 2 是区块 3 的父区块，区块 3 是区块 4 的父区块，依此类推。每个区块内记录的交易的条数可能是不同的，因为，每 10 分钟生成一个区块，如果 10 分钟内发生的交易次数较多，则这个区块记录的交易条数就较多。

然后，在每个区块上，增加区块头，其中记录了父区块的哈希值。通过在每个区块存储父区块的哈希值，就可以把所有区块按照顺序组织起来，形成区块链。如图 2-28 所示，区块 45 包含了一个区块头和一些交易记录，这些实际上都是一些文本，我们将这些文本内容打包，打包之后计算得到一个哈希值，这个哈希值就是区块 45 的哈希值，然后把这个哈希值记录在区块 46 的区块头内。每个区块都如此操作。每个区块的区块头，都存储父区块的哈希值。这样就将所有区块按照顺序连接了起来，最终形成了一个链条，就叫"区块链"。

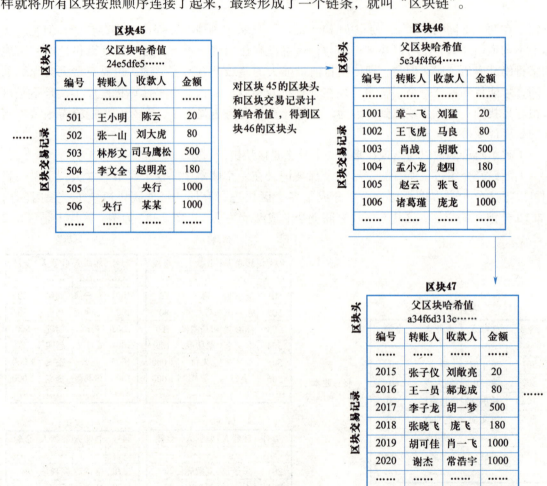

图 2-28　区块链示意图

那么，区块链是如何防止交易记录被篡改的呢？

假设我们修改了区块 45 的一点内容，这时，当有其他人来检查的时候，他很容易就可以发现，区块 46 中已经记录的关于区块 45 的哈希值，和最新计算得到的区块 45 的哈希值，二者不一样了。由此，他就知道，区块 45 已经被修改过。假设修改区块 45 的人的权限很大，他不仅把区块 45 的内容修改了，还同时把区块 46 中的区块头的内容也修改了，那么我们也能够发现篡改信息的行为。因为区块 46 的头部被修改了以后，重新计算得到的区块 46 的哈希值，就和保存在区块 47 中的头部的哈希值不同了。假设这个篡改的人很厉害，他把信息一直篡改下去，不仅改 45 区块，也改了区块 46 的头部，也改了区块 47 的头部，一直改下去，一直改到最后一个区块，也就是最新的一个区块，那么也没有什么问题。因为，他只有获得最新区块的写入权，才可以做到。而要想获得最新区块的写入权（也就是记账权），他就必须控制网络中至少 51% 的算力。但是通过硬件和电力控制算力的成本十分高昂。例如，以 2017 年 11 月 16 日的价格计算，在比特币网络进行 51% 攻击，每天的成本包含大约 31.4 亿美元的硬件成本和 560 万美元的电力成本。

因此，我们可以说，区块链能够保证里面记录的信息和当时发生的时候一模一样，中间没有发生篡改，这就是区块链可以防篡改的原理。

3. 在比特币的世界中如何进行交易

现在介绍一下在比特币的世界中如何进行交易。

进行交易，需要账号和密码，分别对应公钥和私钥。在比特币中，私钥是一串 256 位二进制数字。获取私钥不需要申请，甚至不需要计算机，可以自己抛硬币 256 次来生成。地址由私钥转化而成，但是，根据地址不能反推出私钥。地址即身份，代表了比特币世界的 ID。一个地址（私钥）产生以后，只有进入区块链账本，才会被大家知道。

为了方便理解，可以做个比喻（如图 2-29 所示），比特币世界中的地址，就相当于现实世界中的银行卡号，比特币世界中的私钥就相当于现实世界中的银行卡密码。但是，它们之间还是有一些区别的，具体如下：

（1）银行卡密码可以修改，但是，私钥一旦生成，就无法修改；

（2）银行卡需要申请，而地址和私钥自己就可以生成；

（3）银行卡实名制，地址和私钥是匿名的；

（4）个人申请银行卡有限制，但是地址和私钥可以无限生成。

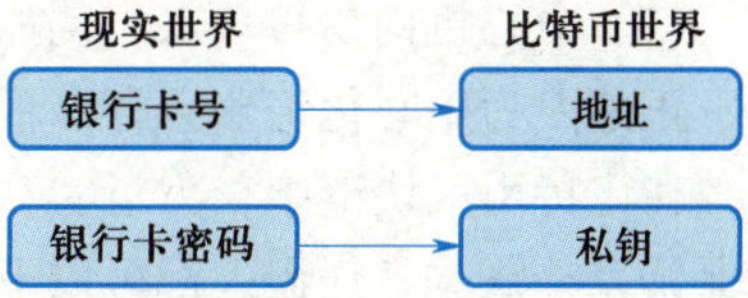

图 2-29　银行卡和比特币的对比

这里需要重点强调的是，在比特币世界中，私钥就是一切。首先你的地址是由私钥产生的，你的地址上有多少钱，别人都是知道的，因为这些账本都是公开的。只要他知道你的私钥，那么，他就可以发动一笔交易，把你的钱转到他自己的账户上面去。所以，一旦丢失了私钥，就丢失了一切。它不像银行卡一样，对于银行卡而言，如果别人只是知道了你银行卡的密码是没有用的，还要知道你的卡号，而且你还可以挂失银行卡。但是，在比特币的世界中，一旦你丢失了私钥，你就什么都没有了。所以，如何保管私钥，是一个很有讲究的问题，很多人都因为丢失了私钥，而造成了很大的损失。

现在假设张三已经有了地址和私钥，想要转账给李四 10 元钱，如何将这条交易记录添加到区块链中呢？

在把一条交易记录添加到区块链之前，首先需要确认交易记录的真实性，这时就需要用到数字签名技术。如图 2-30 所示，张三调用签名函数 Sign( ) 对本次转账进行签名，然后，其他人通过验证函数 Verify( ) 来验证签名的真实与否。也就是说，张三通过签名函数 Sign( )，使用自己的私钥对本次交易进行签名，任何人都可以通过验证函数 Verify( )，来验证此次签名是否是由持有张三私钥的张三本人发出的（而不是其他人冒用张三的名义），是就返回 True，反之返回 False。Sign( ) 和 Verify( ) 由密码学保证不被破解。

签名函数Sign(张三的私钥，转账信息：张三转10元给李四) = 本次转账签名

验证函数Verify(张三的地址，转账信息：张三转10元给李四，本次转账签名) = True

图 2-30 签名函数和验证函数

签名函数的执行都是自动的，并不需要我们手工去处理这些事情。例如我们安装了比特币钱包 App，它就会帮我们去做这样的事情，因为钱包 App 是知道我们的私钥的，所以，我们只要告诉这个 App，我想转账 10 元给李四，那么这个钱包 App 会帮我们自动生成这次转账的信息以及签名，然后向全网发布，等待其他人使用 Verify( ) 函数来验证。

4. 比特币要解决的第二个问题：去中心化记账

一条交易记录的真实性得到确认以后，接下来的问题是，由谁负责记账呢？也就是说，由谁负责把这条交易添加到区块链中呢？

首先，我们就会想到，由银行、政府或支付宝这些权威机构负责记账，也就是采用"中心化方式"来记账。然而，历史上所有由中心化机构记账的加密数字货币尝试都失败了。因为中心化记账的缺点很多，主要如下：

（1）拒绝服务攻击。对于一些特定的地址，记账机构拒绝为之提供记录服务。

（2）厌倦后停止服务。如果记账机构没有从记账中获得收益，时间长了，就会停止服务。

（3）中心机构易被攻击。例如破坏服务器和网络、监守自盗、法律终止、外部干预等。

正是因为中心化记账会存在很多问题，因此，比特币需要解决第二个问题：去中心化。

在比特币区块链中，为了实现去中心化，采用的方式是：人人都可以记账，每个人都可以保留完整账本。任何人都可以下载开源程序，参与 P2P 网络，监听全世界发送的交易，成为记账节点参与记账。当 P2P 网络中的某个节点接收到一条交易记录时，它会传播给相邻的节点，然后相邻的节点再传播给与它相邻的节点，通过这样一个 P2P 的网络，这个数据会瞬间传遍全球。

采用去中心化记账以后，具体的分布式记账流程如下：

（1）某人发起一笔交易以后，他向全网广播。

（2）每个记账节点，持续监听、传播全网的交易。收到一笔新交易，验证准确性以后，将其放入交易池，并继续向其他节点传播。

（3）因为网络传播，同一时间，不同记账节点的交易池不一定相同。

（4）每隔 10 分钟，从所有记账节点当中，按照某种方式抽取 1 个，将其交易池作为下一个区块，并向全网广播。

（5）其他节点根据最新的区块中的交易，删除自己交易池中已经记录的交易，继续记账，等待下一次被选中。

在上面的这个分布式记账的步骤中，还有一个很重要的问题就是，如何分配记账权。在比特币区块链中，采用的是 POW 机制，也就是"工作量证明机制"。记账节点通过计算数学

题（如图 2-31 所示），来争夺记账权。

> **找到某随机数，使得以下不等式成立**
> **SHA256哈希函数(随机数，父区块哈希值，交易池中的交易)<某一指定值**

图 2-31　POW 机制的数学原理

上面这个数学公式的计算，除了从零开始遍历随机数碰运气以外，没有其他办法。解题的过程，又叫"挖矿"，记账节点被称为矿工。谁先解对，谁就获得记账权。某记账节点率先找到解，就向全网公布，其他节点验证无误之后，在新区块之后，重新开始下一轮计算，这种方式被称为"POW"。

总而言之，比特币的全貌就是，采用区块链（数据结构+哈希函数），保证账本不能被篡改；采用数字签名技术，保证只有自己才能够动自己的账户；采用 P2P 网络和 POW 共识，保证去中心化的运作方式。

2.5.3　区块链的定义

前面以比特币为例对区块链原理做了基本介绍，现在就可以给区块链下一个定义。区块链是利用块链式数据结构来验证与存储数据、利用分布式节点共识算法来生成和更新数据、利用密码学的方式保证数据传输和访问安全的一种全新的分布式基础架构与计算范式。

区块链的三要素是交易、区块和链，具体如下：

（1）交易：是一次操作，它会导致账本状态的一次改变，如添加一条记录。

（2）区块：一个区块记录了一段时间内发生的交易和状态结果，是对当前账本状态的一次共识。

（3）链：由一个个区块按照发生顺序串联而成，是整个状态变化的日志记录。

可以看出，区块链的本质就是分布式账本技术，是一种数据库。区块链用哈希算法实现信息的不可篡改，用公钥、私钥来标识身份，以去中心化和去信任化的方式，来集体维护一个可靠数据库。

2.5.4　区块链的应用

从科技层面来看，区块链涉及数学、密码学、互联网和计算机编程等很多科学技术问题。从应用视角来看，简单来说，区块链是一个分布式的共享账本和数据库，具有去中心化、不可篡改、全程留痕、可以追溯、集体维护、公开透明等特点。这些特点保证了区块链的"诚实"与"透明"，为区块链创造信任奠定了坚实的基础。而区块链丰富的应用场景，基本上都基于区块链能够解决信息不对称问题，实现多个主体之间的协作信任与一致行动。

总体而言，区块链在各个领域的主要应用如下：

（1）金融领域。区块链在国际汇兑、信用证、股权登记和证券交易所等金融领域有着潜在的巨大应用价值。将区块链技术应用在金融行业中，能够省去第三方中介环节，实现点对点的直接对接，从而在大大降低成本的同时，快速完成交易支付。以跨境支付为例，跨境支付涉及多种币种，存在汇率问题，流程烦琐，结算周期长；传统跨境支付基本都是非实时的，银行日终进行交易的批量处理，通常一笔交易需要 24 小时以上才能完成；某些银行的跨境支付看起来是实时的，但是实际上，是收款银行基于汇款银行的信用做了一定额度的垫付，在日终再进行资金清算和对账，业务处理速度慢。接入区块链技术后，通过公私钥技术，保证数据的可靠性，再通过加密技术和去中心，达到数据不可篡改的目的，最后，通过 P2P 技术，实现点对点的结算，去除了传统中心转发，提高了效率，降低了成本。

（2）物流领域。区块链可以和物流领域实现天然的结合。通过区块链可以降低物流成本，追溯物品的生产和运送过程，并且提高供应链管理的效率。区块链没有中心化节点，各节点是平等的，掌握单个节点无法修改数据；区块链天生的开放、透明，使得任何人都可以公开查询，伪造数据被发现的概率大增。区块链的数据不可篡改性，也保证了已销售出去的产品信息已永久记录，无法通过简单复制防伪信息蒙混过关，实现二次销售。物流链的所有节点上区块链后，商品从生产商到消费者手里都有迹可循，形成完整链条；商品缺失的环节越多，将暴露出其是伪劣产品概率越大。

（3）物联网领域。当区块链技术被应用于物联网时，智能设备将以开放的方式接入到物联网中，设备与设备之间以分布形式的网络相连接。在这个组织中，不再需要一个集中的服务器充当消息中介的角色。具体来说，以区块链技术为基础的物联网组织架构的意义在于，物联网中数以亿计的智能设备之间可以建立低成本、点对点的直接沟通桥梁，整个沟通过程不需建立在设备之间相互信任的基础上。

（4）版权保护。传统的版权保护方式存在两个缺点：第一，流程复杂，登记时间长，且费用高；第二，个人或中心化的机构存在篡改数据的可能，公信力难以得到保证。采用区块链技术以后，可以大大简化流程，无论是登记还是查询都非常方便，无须再奔走于各个部门之间，而且，区块链的去中心化存储，可以保证没有一家机构可以随意篡改数据。

（5）教育行业。在教育行业，学生身份认证、学历认证、个人档案、学术经历和教育资源等都能够与区块链紧密契合。例如，可以将学生的个人档案、成绩、学历等重要信息放在区块链上，防止信息丢失和恶意篡改，这样一来，招聘企业就能够真实可靠地得到学生的个人档案，有效避免了学历造假等问题。

（6）数字政务。区块链可以让数据跑起来，大大精简办事流程。区块链的分布式技术可以让政府部门集中到一个链上，所有办事流程交付智能合约，办事人只要在一个部门通过身份认证以及电子签章，智能合约就可以自动处理并流转，顺序完成后续所有审批和签章。

（7）公益和慈善。区块链上分布存储的数据的不可篡改性，天然适合用在社会公益场景。公益流程中的相关信息，如捐赠项目、募集明细、资金流向、受助人反馈等信息，均可以存放在一个特定的区块链上，透明、公开，并通过公示达成社会监督的目的。

（8）实体资产。实体资产往往难以分割，不便于流通，实体资产的流通难以监控，存在"洗钱"等风险。用区块链技术实现资产数字化后，所有资产交易记录公开、透明、永久存储、可追溯，完全符合监管需求。

（9）社交。区块链应用于社交领域的核心价值是：让用户自己控制数据，杜绝隐私泄露。想想为什么我们刚刚浏览完某个购物网站，就会在其他社交平台上收到类似的广告弹窗？这可能就是因为数据隐私被某些垄断的大数据平台进行了贩卖。区块链技术在社交领域应用的目的，就是让社交网络的控制权从中心化的公司转向个人，实现"中心化"向"去中心化"的改变，让数据的控制权牢牢掌握在用户自己手里。

2.5.5　大数据与区块链的关系

区块链和大数据都属于新一代信息技术，二者既有区别，又存在着紧密的联系。

1. 大数据与区块链的区别

大数据与区块链的区别主要表现在以下几个方面：

（1）数据量。区块链技术是分布式数据存储、点对点传输、共识机制、加密算法等计算机技术的新型应用模式，区块链处理的数据量更小，是细致的处理方式。而大数据管理的是海量数据，要求广度和数量，处理方式上也会更粗糙。

（2）结构化和非结构化。区块链是结构定义严谨的块，是通过指针组成的链，属于典型的结构化数据，而大数据需要处理的更多的是非结构化数据。

（3）独立和整合。区块链系统为保证安全性，信息是相对独立的，而大数据的重点是信息的整合分析。

（4）直接和间接。区块链是一个分布式账本，本质上就是一个数据库，而大数据指的是对数据的深度分析和挖掘，是一种间接的数据。

（5）CAP 理论。C（consistency）是一致性，它是指任何一个读操作总是能够读到之前完成的写操作的结果，也就是在分布式环境中，多点的数据是一致的。A（availability）是可用性，它是指快速获取数据，可以在确定的时间内返回操作结果。P（tolerance of network partition）是分区容忍性，它是指当出现网络分区的情况时（即系统中的一部分节点无法和其他节点进行通信），分离的系统也能够正常运行。CAP 理论告诉我们，一个分布式系统不可能同时满足一致性、可用性和分区容忍性这 3 个需求，最多只能同时满足其中两个，正所谓"鱼和熊掌不可兼得"。大数据通常选择实现 AP，而区块链则选择实现 CP。

（6）基础网络。大数据底层的基础设施通常是计算机集群，而区块链则是基于 P2P 网络。

（7）价值来源。对于大数据而言，数据是信息，需要从数据中提炼得到价值。而对于区块链而言，数据是资产，是价值的传承。

（8）计算模式。在大数据的应用场景中，是把一件事情分给多个人做，例如，在 MapRe-duce 计算框架中，一个大型任务会被分解成很多个子任务，分配给很多个节点同时去计算。而在区块链的场景中，是让多个人重复做一件事情，例如，P2P 网络中的很多个节点同时记录一笔交易。

2. 大数据与区块链的联系

区块链的可信任性、安全性和不可篡改性，正在让更多数据被释放出来，区块链会对大数据产生深远的影响。

（1）区块链使大数据极大降低信用成本。人类社会未来的信用资源从何而来？其实中国正迅速发展的互联网金融行业已经告诉了我们，信用资源会很大程度上来自大数据。通过大数据挖掘建立每个人的信用资源是很容易的事，但是现实并没有如此乐观。关键问题就在于，现在的大数据并没有基于区块链存在，大的互联网公司几乎都是各自把持自己的数据，导致了"数据孤岛"现象。在经济全球化、数据全球化的时代，如果大数据仅仅掌握在互联网公司，全球的市场信用体系建立是并不能去中心化的，如果使用区块链技术让数据文件加密，直接在区块链上做交易，那么我们的交易数据将来可以完全存储在区块链上，成为我们个人的"信用之云"，所有的大数据将成为每个人产权清晰的信用资源，这也是未来全球信用体系构建的基础。

（2）区块链是构建大数据时代的信任基石。区块链因其"去信任化、不可篡改"的特性，可以极大地降低信用成本，实现大数据的安全存储。将数据放在区块链上，可以解放出更多数据，使数据可以真正"流通"起来。基于区块链技术的数据库应用平台，不仅可以保障数据的真实、安全、可信，而且，如果数据遭到破坏，也可以通过区块链技术的数据库应用平台灾备中间件进行迅速恢复。

（3）区块链是促进大数据价值流通的管道。"流通"使得大数据发挥出更大的价值，类似资产交易管理系统的区块链应用，可以将大数据作为数字资产进行流通，实现大数据在更加广泛领域的应用及变现，充分发挥大数据的经济价值。我们看到，数据的"看过、复制即被拥有"等特征，曾经严重阻碍数据流通。但是，基于去中心化的区块链，却能够破除数据被任意复制的威胁，从而保障数据拥有者的合法权益。区块链还提供了可追溯路径，能有效破解数据确权难题。有了区块链提供安全保障，大数据将更加活跃。

2.6　元宇宙

元宇宙（Metaverse）是人类运用数字技术构建的、由现实世界映射或超越现实世界、可与现实世界交互的虚拟世界，是一种具备新型社会体系的数字生活空间。近几年，元宇宙成为互联网界炙手可热的概念。本节介绍元宇宙的概念、基本特征、核心技术以及大数据与元宇宙的关系。

2.6.1　元宇宙的概念

2021 年被称为"元宇宙元年"。这一年 3 月，首个将"元宇宙"概念写进招股书的企业 Roblox 登陆美国纽约交易所，上市首日市值突破 400 亿美元。10 月，美国社交媒体公司 Facebook 更名为 Meta，将业务发展对准元宇宙。随后，国内各大互联网公司如腾讯、字节跳动也争相布局元宇宙业务，元宇宙概念一片火热。

元宇宙这个概念最早出自美国科幻小说家尼尔·斯蒂芬森在 1992 年出版的科幻小说《雪崩》。在这个科幻小说中，尼尔·斯蒂芬森创造了一个和社会紧密联系的三维数字空间，这个空间和现实世界平行。后来的电影《黑客帝国》《头号玩家》也都是基于元宇宙的概念。

元宇宙是一个映射现实世界的虚拟平行世界，通过具象化的 3D 表现方式，给人们提供一种沉浸式、真实感的数字虚拟世界体验。元宇宙通过传感器、VR、5G 等革命性技术将网络的价值利用到最优，并将虚拟平行世界和物理真实世界实现交叉与相互赋能，从而形成交叉世界，以此从不同层面提升人们的生活、商业、娱乐的质量和体验。

在元宇宙这个虚拟的世界中，用户可以感受不一样的人生，体验和现实世界完全不同的生活，做自己想做的任何事情；元宇宙能够带给用户更加真实的感受，就好像置身于虚拟的世界中，甚至于无法区分什么是真实的世界，什么是虚拟的世界。元宇宙以增强现实（augmented reality，AR）为驱动力，每位用户控制一个角色或虚拟化身。例如，用户可以在虚拟办公室中使用 Oculus VR 耳机参加混合现实会议。完成工作后，畅玩基于区块链的游戏放松身心，然后在元宇宙中全面管理加密货币投资组合和财务状况。

元宇宙不同于虚拟空间和虚拟经济。在元宇宙里将有一个始终在线的实时世界，无限量的人们可以同时参与其中。它将有完整运行的经济，跨越实体和数字世界。元宇宙将创造一个虚拟的平行世界，就像我们手机的延伸，所有的内容都可以虚拟 3D 化，买衣服（皮肤）、建房子、旅游……艺术家更是可以解放大脑，随心所欲地创造。

元宇宙是数字社会发展的必然。从数字世界发展的维度看，元宇宙不会一蹴而就，过去智能终端的普及，电商、短视频、游戏等应用的兴起，5G 基础设施的完善，共享经济的萌芽，都是元宇宙到来的前奏。严格来说，"元宇宙"这个词更多只是一个商业符号，它本身并没有什么新的技术，而是集成了一大批现有技术，其中包括 5G、云计算、大数据、人工智能、虚拟现实、区块链、数字货币、物联网、人机交互等。元宇宙已经崭露头角，正在推进数字世界的演进。虽然元宇宙的发展还有许多问题，但也因此形成颠覆性创新的机遇。无论企业、高校、科研机构，都应当共同努力、协同创新，数字世界的演进将由三者共同创造。

2.6.2　元宇宙的基本特征

元宇宙至少需要具有以下 7 个基本特征：

（1）自主管理身份。身份是交互中识别不同个体差异的标志和象征，可以体现社会秩序和结构。一个个体的身份决定了他可以与其他对象完成什么样的交互，同时也决定了他不能完成哪些交互。物理世界中如此，数字世界也是如此。在物理世界中，如果一个人的身份可以被随意更改甚至删除，那么他的生活可能会遇到很多困难。而在数字世界中，一个个体的数字身份一旦被删除，那么这个个体在数字世界中就不再存在了。

（2）数字资产产权。一个个体一旦在数字世界有了可以自己掌控的数字身份，那么一个随之而来的需求就是对自己所拥有的数字资产进行保护。随着数字资产产权的明确，每个人基于自己的数字身份拥有自己的数字资产，数字经济的活力会被进一步激发，实现跨越式发展。但是，由于数据本身的特性，数字世界中产权的实现相较物理世界更为困难。

（3）元宇宙管控权。元宇宙的管控权对于元宇宙建设也至关重要，它在一定程度上决定着数字资产的产权能否被有效保护。元宇宙不应该被少部分人的意愿左右，更应该代表广大参与者的集体利益，元宇宙的管控权应是元宇宙所有参与者所共有的。建设者、创作者、投资者、使用者等都是元宇宙的主人翁，所有参与者的合理权益都应该被尊重。理想状态是采用全过程人民民主形态，逐渐形成完整的元宇宙制度程序和参与实践，保证人们在元宇宙中广泛深入参与的权利。

（4）去中心化。上述三个元宇宙的基本特征有一个共同的逻辑基础——去中心化，即不由单个实体拥有或运营。根据 Web 2.0 的经验，中心化的平台往往一开始通过开放、友好、包容的态度吸引使用者、创作者，但随着其持续发展，平台往往会逐渐在用户的信任和既得利益中迷失，逐渐展现出封闭、狭隘、苛刻。中心化的平台也更有可能被小部分人为个人利益所挟持，逐渐成为巨型的中间商，主动构建数据孤岛，形成数据寡头。去中心化的系统可以在元宇宙参与者之间形成更公平、更多样化的交互场景。

（5）开放和开源。元宇宙中的开放性应当体现为所有组件灵活的相互适配性。每个特定功能的组件只需要被编写一次，之后就可以像积木一样，可以被简单地重复使用，用于组合搭建作品或开发更复杂的功能模块。这种相互之间的适配性可以充分利用数据要素的可复制性，减少重复劳动，解放生产力。为了互联互通相互适配，元宇宙必须具备体系化、高质量的开放技术架构和完备的交互标准作为基础。开源就是让代码可以被自由地开放和修改，无论开放程度和种类如何，开源对于元宇宙而言都是至关重要的。

（6）社会沉浸。元宇宙真正需要的是更广泛意义上的沉浸感，即让参与者享受到基于元宇宙构筑的虚拟空间的独特魅力。这种沉浸感我们在新冠疫情期间已有所体验：孩子线上学习、在线沟通；知识工作者线上办公、音视频开会、远程协作……虽然目前这些交互普遍是物理世界在数字世界的映射，但它们也仍将是我们在元宇宙中交互的有效手段。同时，随着自主管理身份、数字资产产权、元宇宙管控权等特征的发展，元宇宙中将会出现其所特有的行为与活动，形成创新的相互关系与业务逻辑，丰富数字世界的内涵。人们将以更新鲜的方式在元宇宙中学习、工作、休闲，如同今天人们逐渐适应上网课、开网络会议、网购买菜一样。

（7）与现实世界同步互通。元宇宙本身不但要有完善的社会经济系统，还要能够与现实世界互通才行。例如我们在虚拟世界当中通过劳动或者投资挣到的钱，要能在现实世界中花费才行，或者说我们在虚拟世界当中挣到的钱就是现实世界当中的钱，反之亦然，我们在现实世界当中的支付手段，例如微信、支付宝、数字人民币等都可以在元宇宙当中直接使用。同样在虚拟世界中，参加了一个视频会议，上级布置了任务，你回到现实世界来，也必须认真去完成。因为元宇宙的目标是给人类一个平行于现有世界的数字化生存空间，而不是一个完全虚幻的世界，虚拟并不等于虚幻，否则它就真成游戏了。

2.6.3　元宇宙的核心技术

元宇宙包括以下 7 大核心技术：

（1）区块链技术。对于元宇宙，区块链技术极其重要，是元宇宙的重要底层技术和元宇宙的最基础保障。同样两个文件很难区分谁是复制品，区块链技术完美地解决了这个问题，区块链具有防篡改和可追溯的特性，天生具备了"防复制"的特点。区块链还为元宇宙带来去中心化的支撑，为元宇宙提供数据去中心化、存储—计算—网络传输去中心化、规则公开等支持。

（2）人机交互技术。人机交互技术为元宇宙提供了沉浸式虚拟现实验阶梯，例如 VR、AR、MR（mixed reality）、全息影像技术、脑机交互技术及传感技术等。在这个世界里，内容可以由用户自己输入，带来了无限可能。

（3）网络通信及算力技术（5G、云计算、边缘计算）。元宇宙会产生巨大的数据吞吐量，为了同时满足高吞吐和低延时的要求，就必须使用高性能通信技术。5G 具有"高网速、低延迟、高可靠、低功率、海量连接"等特性。5G 时代的到来，将为元宇宙提供通信技术支撑。

此外，正处于起步阶段的元宇宙，若想实现沉浸式、低延迟、高分辨率等功能，提供用户易于访问、零宕机的良好的用户体验，离不开现实世界中算力基础设施的支撑，因此，云计算是元宇宙的重要支撑技术之一。元宇宙的发展需要大规模的计算和存储资源，需要大量的数据交互。真实世界的计算、存储能力直接决定了元宇宙的规模和完整性。

（4）物联网技术。物联网是新一代信息技术的重要组成部分，是物物相连的互联网。物联网是真实世界与虚拟元宇宙的连接，是元宇宙提升沉浸感体验的关键所在。物联网的首要条件是设备能够接入互联网实现信息的交互，无线模组是实现设备联网的关键环节。

（5）数字孪生技术（游戏引擎、3D 建模、实时渲染）。数字孪生是充分利用物理模型、传感器更新、运行历史等数据，集成多学科、多物理量、多尺度、多概率的仿真过程，在虚拟空间中完成映射，从而反映相对应的实体装备的全生命周期过程。数字孪生是一种超越现实的概念，可以被视为一个或多个重要的、彼此依赖的装备系统的数字映射系统。

（6）人工智能技术。人工智能技术的作用是使计算机来模拟人的某些思维过程和智能行为（如学习、推理、思考、规划等）。元宇宙中主要用到人工智能中的计算机视觉、机器学习、自然语音学习、自然语音处理、智能语音等技术。

（7）大数据技术。元宇宙一旦开发应用，将产生海量数据，给现实世界带来巨大的数据处理压力。因此，大数据处理技术是顺利实现元宇宙的关键技术之一。

总体而言，元宇宙与各种技术之间的关系是：元宇宙基于区块链技术构建经济体系，基于人机交互技术实现沉浸式体验，基于网络和云计算技术构建"智能连接""深度连接""全息连接""泛在连接""计算力即服务"等基础设施，基于物联网建立起真实世界与虚拟元宇宙的连接，基于数字孪生技术生成真实世界镜像，基于人工智能技术进行多场景深度学习，基于大数据技术完成海量数据处理。

2.6.4　大数据与元宇宙的关系

大数据与元宇宙具有紧密的关系，主要体现在以下几个方面：

（1）元宇宙实质上是以数据方式存在的。在元宇宙中，数据一定必不可少。元宇宙作为一个虚拟世界，其数字化程度远远高于现实世界，经由数字化技术勾勒出来的空间结构、场景、主体等，实质上是以数据方式存在的。在技术层面上，元宇宙可以被视为大数据和信息技术的集成机制或融合载体，不同技术与硬件在元宇宙的"境界"中组合、自循环、不断迭代。

（2）大数据技术为元宇宙提供数据存储支撑。元宇宙是一个需要大量数据和服务器容量的虚拟 3D 环境。但是，通过中央服务器进行控制会产生昂贵的成本，目前最适合元宇宙的数据存储技术无疑是分布式存储。所有数据由各个节点维护和管理，可以降低集中存储带来的数据丢失、篡改或泄露的风险，且可以满足元宇宙对海量数据存储的高要求。

（3）大数据技术为元宇宙提供算力支撑。元宇宙的"沉浸感""随时随地"特性对算力提出很高的要求，从而支撑逼真的感官体验和大规模用户同时在线需求，提升元宇宙的可进入性和沉浸感。大数据技术中的分布式计算技术，可以为元宇宙提供实时计算的强力支撑。

总之，大数据和元宇宙之间的关系是相互促进的。大数据技术的发展为元宇宙提供了更加精准、个性化、智能化的服务和体验，而元宇宙的发展也为大数据技术的发展提供了新的机遇和挑战。

2.7　本章小结

　　云计算、物联网、大数据、人工智能、区块链和元宇宙，代表了人类 IT 技术的最新发展趋势，六大技术深刻变革着人们的生产和生活。六种技术中，人工智能具有较长的发展历史，在 20 世纪五六十年代就已经被提出，并在 2016 年左右迎来了又一次发展高潮。云计算、物联网和大数据在 2010 年左右迎来一次大发展，目前正在各大领域不断深化应用。区块链在 2019 年以后步入高速发展期，元宇宙在 2021 年迅速升温。本章对云计算、物联网、人工智能、区块链和元宇宙做了简要的介绍，并且梳理了大数据与这五种技术的密切关系。相信六种技术的融合发展、相互助力，一定会给人类社会的未来发展带来更多的新变化。

2.8　习题

1. 请阐述云计算的概念。
2. 请阐述云计算有哪几种服务模式以及有哪几种类型。
3. 请阐述什么是数据中心以及数据中心在云计算中的作用。
4. 请举例说明云计算有哪些典型的应用。
5. 请阐述物联网的概念以及物联网各个层次的功能。
6. 请阐述物联网有哪些关键技术。
7. 请阐述大数据与云计算、物联网的相互关系。
8. 请阐述人工智能的概念。
9. 请阐述人工智能有哪些关键技术。
10. 请阐述人工智能与大数据的关系。
11. 请阐述区块链的基本原理。
12. 请阐述大数据与区块链的关系。
13. 请阐述元宇宙的基本概念。
14. 请阐述大数据与元宇宙的关系。

第3章
大数据技术

当人们谈到大数据时，往往并非仅指数据本身，而是数据和大数据技术这二者的综合。所谓大数据技术，是指伴随着大数据的采集、存储、分析和应用的相关技术，是一系列使用非传统的工具来对大量的结构化、半结构化和非结构化数据进行处理，从而获得分析和预测结果的一系列数据处理和分析技术。同时需要指出的是，在广义的层面，大数据技术既包括近些年发展起来的分布式存储和计算技术（如 Hadoop、Spark 等），也包括在大数据时代到来之前已经具有较长发展历史的其他技术，例如数据采集和数据清洗、数据可视化、数据隐私和安全等。

本章重点介绍大数据分析全流程所涉及的各种技术，包括数据采集与预处理、数据存储和管理、数据处理与分析、数据可视化、数据安全和隐私保护等。

3.1 概述

讨论大数据技术时，需要首先了解大数据的基本处理流程，主要包括数据采集、存储、分析和结果呈现等环节。数据无处不在，互联网网站、政务系统、零售系统、办公系统、自动化生产系统、监控摄像头、传感器等，每时每刻都在不断产生数据。这些分散在各处的数据，需要采用相应的设备或软件进行采集。采集到的数据通常无法直接用于后续的数据分析，因为对于来源众多、类型多样的数据而言，数据缺失和语义模糊等问题是不可避免的，因此必须采取相应措施有效解决这些问题，这就需要一个被称为"数据预处理"的过程，把数据变成一个可用的状态。数据经过预处理以后，会被存放到文件系统或数据库系统中进行存储与管理，然后采用数据挖掘工具对数据进行处理分析，最后采用可视化工具为用户呈现结果。在整个数据处理过程中，还必须注意隐私保护和数据安全问题。

因此，从数据分析全流程的角度，大数据技术主要包括数据采集与预处理、数据存储和管理、数据处理与分析、数据可视化、数据安全和隐私保护等几个层面的内容，具体如表 3-1 所示。

表 3-1 大数据技术的不同层面及其功能

技 术 层 面	功 能
数据采集与预处理	利用 ETL 工具将分布的、异构数据源中的数据，如关系数据、平面数据文件等，抽取到临时中间层后进行清洗、转换、集成，最后加载到数据仓库或数据集市中，成为联机分析处理、数据挖掘的基础；利用日志采集工具（如 Flume、Kafka 等）把实时采集的数据作为流计算系统的输入，进行实时处理分析；利用网页爬虫程序到互联网网站中爬取数据
数据存储和管理	利用分布式文件系统、数据仓库、关系数据库、NoSQL 数据库、云数据库等，实现对结构化、半结构化和非结构化海量数据的存储和管理
数据处理与分析	利用分布式并行编程模型和计算框架，结合机器学习和数据挖掘算法，实现对海量数据的处理和分析
数据可视化	对分析结果进行可视化呈现，帮助人们更好地理解数据、分析数据
数据安全和隐私保护	在从大数据中挖掘潜在的巨大商业价值和学术价值的同时，构建隐私数据保护体系和数据安全体系，有效保护个人隐私和数据安全

3.2 数据采集与预处理

近年来，以大数据、物联网、人工智能、5G 为核心特征的数字化浪潮正席卷全球。随着网络和信息技术的不断普及，人类产生的数据量正在呈指数级增长，大约每两年翻一番，这意味着人类在最近两年产生的数据量相当于之前产生的全部数据量。世界上每时每刻都在产生大量的数据，包括物联网传感器数据、社交网络数据、商品交易数据等。面对如此巨大的数据量，与之相关的采集、存储、分析等环节产生了一系列的问题。如何收集这些数据并进行转换、存储以及有效率的分析成为巨大的挑战。因此就需要有一个系统用来收集数据，并对数据进提取、转换、加载。

3.2.1　数据采集的概念

数据采集也是大数据产业的基石，大数据具有很高的商业价值，但是，如果没有数据，价值就无从谈起，就好比没有石油开采，就不会有汽油。数据采集，又称"数据获取"，是数据分析的入口，也是数据分析过程中相当重要的一个环节，它通过各种技术手段把外部各种数据源产生的数据实时或非实时地采集并加以利用。在数据大爆炸的互联网时代，被采集的数据的类型也是复杂多样的，包括结构化数据、半结构化数据、非结构化数据。结构化数据最常见，就是保存在关系数据库中的数据。非结构化数据是数据结构不规则或不完整，没有预定义的数据模型，包括所有格式的传感器数据、办公文档、文本、图片、XML、HTML、各类报表、图像和音频/视频信息等。

大数据采集与传统的数据采集既有联系又有区别，大数据采集是在传统的数据采集基础之上发展起来的，一些经过多年发展的数据采集架构、技术和工具都被继承下来，同时，由于大数据本身具有数据量大、数据类型丰富、处理速度快等特性，使得大数据采集又表现出不同于传统数据采集的一些特点，如表 3-2 所示。

表 3-2　传统的数据采集与大数据采集区别

对比项	传统的数据采集	大数据采集
数据源	来源单一，数据量相对较少	来源广泛，数据量巨大
数据类型	结构单一	数据类型丰富，包括结构化、半结构化和非结构化
数据存储	关系数据库和并行数据仓库	分布式数据库，分布式文件系统

3.2.2　数据采集的三大要点

数据采集的三大要点包括：

（1）全面性。数据量足够具有分析价值、数据面足够支撑分析需求。例如对于"查看商品详情"这一行为，需要采集用户触发时的环境信息、会话以及背后的用户 ID，最后需要统计这一行为在某一时段触发的人数、次数、人均次数、活跃比等。

（2）多维性。数据更重要的是能满足分析需求，必须能够灵活、快速自定义数据的多种属性和不同类型，从而满足不同的分析目标。例如"查看商品详情"这一行为，通过"埋点"，我们才能知道用户查看的商品是什么，以及其价格、类型、商品 ID 等多个属性，从而知道用户看过哪些商品、什么类型的商品被查看得多、某一个商品被查看了多少次，而不仅仅是知道用户进入了商品详情页。

（3）高效性。高效性包含技术执行的高效性、团队内部成员协同的高效性以及数据分析需求和目标实现的高效性。也就是说采集数据一定要明确采集目的，带着问题搜集信息，使信息采集更高效、更有针对性。此外，还要考虑数据的及时性。

3.2.3　数据采集的数据源

数据采集的主要数据源包括传感器数据、互联网数据、日志文件、企业业务系统数据。

1. 传感器数据

传感器是一种检测装置，能感受到被测量的信息，并能将感受到的信息，按一定规律变换成为电信号或其他所需形式的信息输出，以满足信息的传输、处理、存储、显示、记录和控制等要求。在工作现场，会安装很多各种类型的传感器，如压力传感器、温度传感器、流量传感器、声音传感器、电参数传感器等。传感器对环境的适应能力很强，可以应对各种恶劣的工作环境。在日常生活中，如温度计、麦克风、DV 录像、手机拍照功能等都属于传感器数据采集的一部分，支持图片、音频、视频等文件或附件的采集工作。

2. 互联网数据

互联网数据的采集通常是借助于网络爬虫来完成的。所谓"网络爬虫"，就是一个在网上到处或定向抓取网页数据的程序。抓取网页的一般方法是，定义一个入口页面，一般一个页面中会包含指向其他页面的 URL，于是从当前页面获取到这些网址加入到爬虫的抓取队列中，再进入到新页面后递归地进行上述的操作。爬虫数据采集方法可以将非结构化数据从网页中抽取出来，将其存储为统一的本地数据文件，并以结构化的方式存储。它支持图片、音频、视频等文件或附件的采集，附件与正文可以自动关联。

3. 日志文件

许多公司的业务平台每天都会产生大量的日志文件。日志文件数据一般由数据源系统产生，用于记录数据源执行的各种操作活动，例如网络监控的流量管理、金融应用的股票记账和 Web 服务器记录的用户访问行为。对于这些日志信息，人们可以得到出很多有价值的数据。通过对这些日志信息进行采集，然后进行数据分析，就可以从公司业务平台日志数据中挖掘得到具有潜在价值的信息，为公司决策和公司后台服务器平台性能评估提供可靠的数据保证。系统日志采集系统做的事情就是收集日志数据，供离线和在线的实时分析使用。很多互联网企业都有自己的海量数据采集工具，多用于系统日志采集，如 Hadoop 的 Chukwa、Cloudera 的 Flume、Facebook 的 Scribe 等，这些工具均采用分布式架构，能满足每秒数百兆字节的日志数据采集和传输需求。

4. 企业业务系统数据

一些企业会使用传统的关系型数据库如 MySQL 和 Oracle 等来存储业务系统数据，除此之外，Redis 和 MongoDB 这样的 NoSQL 数据库也常用于数据的存储。企业每时每刻产生的业务数据，以数据库中一行行记录的形式被直接写入到数据库中。企业可以借助于 ETL 工具，把分散在企业不同位置的业务系统的数据抽取、转换、加载到企业数据仓库中，以供后续的商务智能分析使用（见图 1-2）。通过采集不同业务系统的数据并统一保存到一个数据仓库中，就可以为分散在企业不同地方的商务数据提供一个统一的视图，满足企业的各种商务决策分析需求。

在采集企业业务系统数据时，由于采集的数据种类错综复杂，对于不同种类型的数据，在进行数据分析之前，必须通过数据抽取技术将复杂格式的数据进行数据抽取，从数据原始格式中抽取出人们需要的数据，这里可以丢弃一些不重要的字段。对于数据抽取得到的数据，由于数据源头的采集可能存在不准确的情况，所以，必须进行数据清洗（预处理），对于那些不正确的数据进行过滤、剔除。针对不同的应用场景，对数据进行分析的工具或者系统不同，还需要对数据进行数据转换操作，将数据转换成不同的数据格式，最终按照预先定义好的数据仓库模型，将数据加载到数据仓库中去。

3.2.4　数据采集方法

数据采集是数据系统必不可少的关键操作，也是数据平台的根基。根据不同的应用环境及采集对象，有多种不同的数据采集方法，包括系统日志采集、分布式消息订阅分发、ETL、网络数据采集等。

1. 系统日志采集

Flume 是 Cloudera 公司提供的一个高可用的、高可靠的、分布式的海量日志采集、聚合和传输工具，Flume 支持在日志系统中定制各类数据发送方，用于收集数据；同时，Flume 提供对数据进行简单处理，并写到各种数据接收方（可定制）的能力。

Flume 运行的核心是 Agent。Flume 以 Agent 为最小的独立运行单位，一个 Agent 就是一个 Java 虚拟机。Agent 是一个完整的数据采集工具，包含三个核心组件，分别是数据源（source）、数据通道（channel）和数据槽（sink），如图 3-1 所示。通过这些组件，"事件"（event）可以从一个地方流向另一个地方。每个组件的具体功能如下：

（1）数据源是数据的收集端，负责将数据捕获后进行特殊的格式化处理，将数据封装到事件中，然后将事件推入数据通道。

（2）数据通道是连接数据源和数据槽的组件，可以将它视为一个数据的缓冲区（数据队列）。它可以将事件暂存到内存，也可以持久化保存到本地磁盘上，直到数据槽处理完该事件。

（3）数据槽取出数据通道中的数据，存储到文件系统和数据库，或者提交到远程服务器。

图 3-1　Flume 的核心组件

2. 分布式消息订阅分发

分布式消息订阅分发也是一种常见的数据采集方式，其中，Kafka 就是一种具有代表性的产品。Kafka 是由 LinkedIn 公司开发的一种高吞吐量的分布式发布/订阅消息系统。用户通过

Kafka 系统可以发布大量的消息，同时也能实时订阅消费消息。Kafka 设计的初衷是构建一个可以处理海量日志、用户行为和网站运营统计等的数据处理框架。为了满足上述应用需求，数据处理框架就需要同时提供实时在线处理的低延迟和批量离线处理的高吞吐量等功能。现有的一些数据处理框架，通常设计了完备的机制来保证消息传输的可靠性，但是由此会带来较大的系统负担，在批量处理海量数据时无法满足高吞吐量的要求。另外有一些数据处理框架则被设计成实时消息处理系统，虽然可以带来很高的实时处理性能，但是在批量离线场合时无法提供足够的持久性，即可能发生消息丢失。同时，在大数据时代涌现的新的日志收集处理系统（如 Flume、Scribe 等）往往更擅长批量离线处理，而不能较好地支持实时在线处理。相对而言，Kafka 可以同时满足在线实时处理和批量离线处理的要求。

Kafka 的架构包括以下组件（见图 3-2）：

（1）话题（topic）：特定类型的消息流。

（2）生产者（producer）：能够发布消息到话题的任何对象。

（3）服务代理（broker）：保存已发布的消息的服务器，被称为代理或 Kafka 集群。

（4）消费者（consumer）：可以订阅一个或多个话题，并从服务代理拉数据，从而"消费"这些已发布的消息。

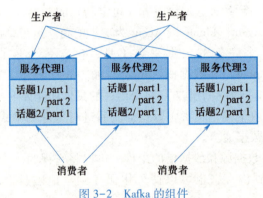

图 3-2　Kafka 的组件

从图 3-2 中可以看出，生产者将数据发送到服务代理，服务代理有多个话题，消费者从服务代理获取数据。

3. ETL

ETL 常用于数据仓库中的数据采集和预处理环节。ETL 从原系统中抽取数据，并根据实际商务需求对数据进行转换，把转换结果加载到目标数据存储中。可以看出，ETL 既可用于数据采集环节，也可用于数据预处理环节。ETL 的源和目标通常都是数据库和文件，但也可以是其他类型的数据，例如消息队列。ETL 是实现大规模数据初步加载的理想解决方案，它提供了高级的转换能力。ETL 任务通常在"维护时间窗口"进行，在 ETL 任务执行期间，数据源默认不会发生变化，这就使得用户不必担忧 ETL 任务开销对数据源的影响，但同时意味着，对于商务用户而言，数据和应用并非任何时候都是可用的。目前，市场上主流的 ETL 工具包括 DataPipeline、Kettle、Talend、Informatica、Datax、Oracle Goldengate 等。其中，Kettle 是一款开源的 ETL 工具，使用 Java 编写，可以在 Windows、Linux、UNIX 上运行，数据抽取高效、稳定。Kettle 是 "Kettle E. T. T. L. Environment" 首字母的缩写，它可以实现抽取、转换和加载数据。Kettle 的中文含义是 "水壶"，顾名思义，开发者希望把各种数据放到一个 "壶" 里，然后以一种指定的格式流出。Kettle 包含 Spoon、Pan、Chef、Encr 和 Kitchen 等组件。

4. 网络数据采集

网络数据采集是指通过网络爬虫或网站公开应用程序编程接口等方式从网站上获取数据信息。该方法可以将非结构化数据从网页中抽取出来，将其存储为统一的本地数据文件，并以结构化的方式存储。它支持图片、音频、视频等文件的采集，文件与正文可以自动关联。网络数据采集的应用领域十分广泛，包括搜索引擎与垂直搜索平台的搭建与运营，综合门户与行业门户、地方门户、专业门户网站数据支撑与流量运营，电子政务与电子商务平台的运营，知识管理与知识共享领域，企业竞争情报系统的运营，商业智能系统，信息咨询与信息增值，信息安全和信息监控，等等。

3.2.5　数据清洗

数据清洗对于获得高质量分析结果而言，其重要性是不言而喻的，正所谓 "垃圾数据进，垃圾数据出"，没有高质量的输入数据，那么输出的分析结果，其价值也会大打折扣，甚至没有任何价值。数据清洗是指将大量原始数据中的 "脏" 数据 "洗掉"，它是发现并纠正数据文件中可识别的错误的最后一道程序，包括检查数据一致性，处理无效值和缺失值等。例如，在构建数据仓库时，由于数据仓库中的数据是面向某一主题的数据的集合，这些数据从多个业务系统中抽取而来，而且包含历史数据，这样就避免不了有的数据是错误数据，有的数据相互之间有冲突，这些错误的或有冲突的数据显然是我们不想要的，称为 "脏数据"。需要按照一定的规则把 "脏数据" 给 "洗掉"，这就是 "数据清洗"。

1. 数据清洗的应用领域

数据清洗的主要应用领域包括数据仓库与数据挖掘、数据质量管理。

（1）数据仓库与数据挖掘。数据清洗对于数据仓库与数据挖掘应用来说，是核心和基础，它是获取可靠、有效数据的一个基本步骤。数据仓库是为了支持决策分析的数据集合，在数据仓库领域，数据清洗一般是应用在几个数据库合并时或者多个数据源进行集成时。例如，指代同一个实体的记录，在合并后的数据库中就会出现重复的记录。数据清洗就是要把这些重复的记录识别出来并消除。数据挖掘是建立在数据仓库基础上的增值技术，在数据挖掘领域，经常会遇到挖掘出来的特征数据存在各种异常情况，如数据缺失、数据值异常等。对于这些情况，如果不加以处理，就会直接影响到最终挖掘模型的使用效果，甚至会使得创建模型任务失败。因此，在数据挖掘过程中，数据清洗是第一步。

（2）数据质量管理。数据质量管理贯穿数据生命周期的全过程。在数据生命周期中，可以通过数据质量管理的方法和手段，在数据生成、使用、消亡的过程中，及时发现有缺陷的数据，然后借助数据管理手段，将数据正确化和规范化，从而达到符合要求的数据质量标准。总体而言，数据质量管理覆盖质量评估、数据去噪、数据监控、数据探查、数据清洗、数据诊断等方面，而在这个过程中，数据清洗是决定数据质量好坏的重要因素。

2. 数据清洗的实现方式

数据清洗按照实现方式，可以分为手工清洗和自动清洗。

（1）手工清洗是通过人工方式对数据进行检查，发现数据中的错误。这种方式比较简单，只要投入足够的人力、物力、财力，也能发现所有错误，但效率低下。在大数据量的情况下，手工清洗数据几乎是不可能的。

（2）自动清洗是通过专门编写的计算机应用程序来进行数据清洗。这种方法能解决某个特定的问题，但不够灵活，特别是在清洗过程需要反复进行时（一般来说，数据清洗一遍就能达到要求的很少），程序复杂，清洗过程变化时工作量大。而且，这种方法也没有充分利用目前数据库提供的强大的数据处理能力。

3. 数据清洗的内容

数据清洗主要是对缺失值、重复值、异常值和数据类型有误的数据进行处理，数据清洗的内容主要包括：

（1）缺失值处理。由于调查、编码和录入错误，数据中可能存在一些缺失值，需要给予适当的处理。常用的处理方法有估算、整例删除、变量删除和成对删除。

① 估算：最简单的办法就是用某个变量的样本均值、中位数或众数代替缺失值。这种办法简单，但没有充分考虑数据中已有的信息，误差可能较大。另一种办法就是根据调查对象对其他问题的答案，通过变量之间的相关分析或逻辑推论进行估计。例如，某一产品的拥有情况可能与家庭收入有关，可以根据调查对象的家庭收入推算拥有这一产品的可能性。

② 整例删除：剔除含有缺失值的样本。由于很多问卷都可能存在缺失值，这种做法的结果可能导致有效样本量大大减少，无法充分利用已经收集到的数据。因此，只适合关键变量缺失，或者含有异常值或缺失值的样本比重很小的情况。

③ 变量删除：如果某一变量的缺失值很多，而且该变量对于所研究的问题不是特别重要，则可以考虑将该变量删除。这种做法减少了供分析用的变量数目，但没有改变样本量。

④ 成对删除：是用一个特殊码（通常是 9、99、999 等）代表缺失值，同时保留数据集中的全部变量和样本。但是，在具体计算时只采用有完整答案的样本，因而不同的分析因涉及的变量不同，其有效样本量也会有所不同。这是一种保守的处理方法，最大限度地保留了数据集中的可用信息。

（2）异常值处理。根据每个变量的合理取值范围和相互关系，检查数据是否合乎要求，发现超出正常范围、逻辑上不合理或者相互矛盾的数据。例如，用 1~7 级量表测量的变量出现了 0 值，体重出现了负数，都应视为超出正常值域范围。SPSS、SAS 和 Excel 等计算机软件都能够根据定义的取值范围，自动识别每个超出范围的变量值。具有逻辑上不一致性的答案可能以多种形式出现。例如，许多调查对象说自己开车上班，又报告没有汽车；或者调查对象报告自己是某品牌的重度购买者和使用者，但同时又在熟悉程度量表上给了很低的分值。发现不一致时，要列出问卷序号、记录序号、变量名称、错误类别等，以便于进一步核对和纠正。

（3）数据类型转换。数据类型往往会影响到后续的数据处理分析环节，因此，需要明确每个字段的数据类型，例如，来自 A 表的"学号"是字符型，而来自 B 表的相应字段是日期型，在数据清洗的时候就需要对二者的数据类型进行统一处理。

（4）重复值处理。重复值的存在会影响数据分析和挖掘结果的准确性，所以，在数据分析和建模之前需要进行数据重复性检验，如果存在重复值，还需要进行重复值的删除。

4. 数据清洗的基本流程

数据清洗的基本流程一共分为 5 个步骤，分别是数据分析、定义数据清洗的策略和规则、搜寻并确定错误实例、纠正发现的错误以及干净数据回流。

（1）数据分析。对于原始数据源中存在的数据质量问题，需要通过人工检测或者计算机程序分析的方式对原始数据源的数据进行检测分析。可以说，数据分析是数据清洗的前提和基础。

（2）定义数据清洗的策略和规则。根据数据分析环节得到的数据源中的"脏数据"的具体情况，制定相应的数据清洗策略和规则，并选择合适的数据清洗算法。

（3）搜寻并确定错误实例。包括自动检测属性错误和检测重复记录的算法。手工检测数据集中的属性错误，需要花费大量的时间和精力，而且检测过程容易出错，所以需要使用高效的方法自动检测数据集中的属性错误，主要检测方法有基于统计的方法、聚类方法和关联规则方法等。检测重复记录的算法可以对两个数据集或者一个合并后的数据集进行检测，从而确定同一个现实实体的重复记录。检测重复记录的算法有基本的字段匹配算法、递归字段匹配算法等。

（4）纠正发现的错误。该步骤根据不同的"脏数据"存在形式，执行相应的数据清洗和转换步骤，解决原始数据源中存在的质量问题。某些特定领域能够根据发现的错误模式，编制程序或者借助外部标准数据源文件、数据字典等，在一定程度上修正错误。有时候也可以根据数理统计知识进行自动修正，但是很多情况下都需要编制复杂的程序或者借助人工干预来完成。需要注意的是，对原始数据源进行数据清洗时，应该将原始数据源进行备份，以防需要撤销清洗操作。

（5）干净数据回流。当数据被清洗后，干净的数据替代原始数据源中的"脏数据"，这样可以提高信息系统的数据质量，还可以避免将来再次抽取数据后进行重复的清洗工作。

5. 数据清洗的行业发展

在大数据时代，数据正在成为一种生产资料，成为一种稀有资产。大数据产业已经被提升到国家战略的高度，随着创新驱动发展战略的实施，逐步带动产业链上下游形成万众创新的大数据产业生态环境。数据清洗属于大数据产业链中关键的一环，可以从文本、语音、视频和地理信息等多个领域对数据清洗产业进行细分。

（1）文本清洗领域。该领域主要基于自然语言处理技术，通过分词、语料标注、字典构建等技术，从结构化和非结构化数据中提取有效信息，提高数据加工的效率。除传统的搜索引擎公司，如百度、搜狗、360 等，该领域国内的代表公司有拓尔思、中科点击、任子行、海量等。

（2）语音数据加工领域。该领域主要基于语音信号的特征提取，利用隐马尔科夫模型等算法进行模式匹配，对音频进行加工处理。该领域国内的代表公司有科大讯飞、中科信利、云知声、捷通华声等。

（3）视频图像处理领域。该领域主要基于图像获取、边缘识别、图像分割、特征提取等技术，实现人脸识别、车牌标注、医学分析等实际应用。该领域国内的代表公司有 Face++、五谷图像、亮风台等。

（4）地理信息处理领域。该领域主要是基于栅格图像和矢量图像，对地理信息数据进行加工，实现可视化展现、区域识别、地点标注等应用。该领域国内的代表公司有高德、四维图新、天下图等。

此外，为了切实保证数据清洗过程中的数据安全，2015年6月，中央网络安全和信息化领导小组办公室在《关于加强党政部门云计算服务网络安全管理的意见》中，对云计算的数据归属、管理标准和跨境数据流动给出了明确的权责定义。数据清洗加工的相关企业应该着重在数据访问、脱密、传输、处理和销毁等过程中加强对数据资源的安全保护，确保数据所有者的责任，以及数据在处理前后的完整性、机密性和可用性，防止数据被第三方攫取并通过非法渠道进行数据跨境交易。

3.2.6 数据集成

数据处理常常涉及数据集成操作，即将来自多个数据源的数据结合在一起，形成一个统一的数据集合，以便为数据处理工作的顺利完成提供完整的数据基础。

在数据集成过程中，需要考虑解决以下几个问题。

（1）模式集成问题。就是如何使来自多个数据源的现实世界的实体相互匹配，这就涉及实体识别问题。例如，如何确定一个数据库中的"user_id"与另一个数据库中的"user_number"是否表示同一实体。

（2）冗余问题。这个问题是数据集成中经常发生的另一个问题。若一个属性可以从其他属性中推演出来，那么这个属性就是冗余属性。例如，一个学生数据表中的平均成绩属性就是冗余属性，因为它可以根据成绩属性计算出来。此外，属性命名的不一致也会导致集成后的数据集出现数据冗余问题。

（3）数据值冲突检测与消除问题。在现实世界实体中，来自不同数据源的属性值或许不同。产生这种问题的原因可能是比例尺度或编码的差异等。例如，重量属性在一个系统中采用公制，而在另一个系统中却采用英制；价格属性在不同地点采用不同的货币单位。这些语义的差异为数据集成带来许多问题。

3.2.7 数据转换

数据转换就是将数据进行转换或归并，从而构成一个适合数据处理的形式。常见的数据转换策略包括：

（1）平滑处理：帮助除去数据中的噪声。常用的方法包括分箱、回归和聚类等。

（2）聚集处理：对数据进行汇总操作。例如，每天的数据经过汇总操作可以获得每月或每年的总额。这一操作常用于构造数据立方体或对数据进行多粒度的分析。

（3）数据泛化处理：用更抽象（更高层次）的概念来取代低层次的数据对象。例如，街道属性可以泛化到更高层次的概念，如城市、国家，再例如年龄属性可以映射到更高层次的概念，如青年、中年和老年。

（4）规范化处理：将属性值按比例缩放，使之落入一个特定的区间，例如0.0~1.0。常用的数据规范化方法包括Min-Max规范化、Z-Score规范化和小数定标规范化等。

（5）属性构造处理：根据已有属性集构造新的属性，后续数据处理直接使用新的属性。例如，根据已知的质量和体积属性，计算出新的属性——密度。

3.2.8　数据脱敏

数据脱敏是在给定的规则、策略下对敏感数据进行变换、修改的技术，能够在很大程度上解决敏感数据在非可信环境中使用的问题。它会根据数据保护规范和脱敏策略，通过对业务数据中的敏感信息实施自动变形，实现对敏感信息的隐藏和保护。在涉及客户安全数据或者一些商业性敏感数据的情况下，在不违反系统规则的条件下，需对身份证号、手机号、银行卡号、客户号等个人信息进行数据脱敏。数据脱敏不是必需的数据预处理环节，可以根据业务需求对数据进行脱敏处理，也可以不进行脱敏处理。

1. 数据脱敏原则

数据脱敏不仅需要执行"数据漂白"，抹去数据中的敏感内容，同时需要保持原有的数据特征、业务规则和数据关联性，保证开发、测试以及大数据类业务不会受到脱敏的影响，达成脱敏前后的数据一致性和有效性，具体如下：

（1）保持原有数据特征。数据脱敏前后必须保持原有数据特征，例如：身份证号码由17位数字本体码和1位校验码组成，分别为区域地址码（6位）、出生日期码（8位）、顺序码（3位）和校验码（1位）。那么身份证号码的脱敏规则就需要保证脱敏后依旧保持这些特征信息。

（2）保持数据之间的一致性。在不同业务中，数据和数据之间具有一定的关联性。例如：出生年月或出生日期和年龄之间的关系。同样，身份证信息脱敏后仍需要保证出生日期字段和身份证中包含的出生日期之间的一致性。

（3）保持业务规则的关联性。保持数据业务规则的关联性是指数据脱敏时数据关联性和业务语义等保持不变，其中数据关联性包括主外键关联性、关联字段的业务语义关联性等。特别是高度敏感的账户类主体数据，往往会贯穿主体的所有关系和行为信息，因此需要特别注意保证所有相关主体信息的一致性。

（4）多次脱敏数据之间的数据一致性。对相同的数据进行多次脱敏，或者在不同的测试系统进行脱敏，需要确保每次脱敏的数据始终保持一致性，只有这样才能保障业务系统数据变更的持续一致性和广义业务的持续一致性。

2. 数据脱敏方法

数据脱敏主要包括以下方法。

（1）数据替换。用设置的固定虚构值替换真值。例如将手机号码统一替换为139＊＊＊10002。

（2）无效化。通过对数据值的截断、加密、隐藏等方式使敏感数据脱敏，使其不再具有使用价值，例如将地址的值替换为"＊＊＊＊＊＊"。数据无效化与数据替换所达成的效果基本类似。

（3）随机化。采用随机数据代替真值，保持替换值的随机性以模拟样本的真实性。例如用随机生成的姓和名代替真值。

（4）偏移和取整。通过随机移位改变数字数据，例如把日期"2018-01-02 8:12:25"变为"2018-01-02 8:00:00"。偏移取整在保持了数据的安全性的同时，保证了范围的大致真实性，此项功能在大数据利用环境中具有重大价值。

（5）掩码屏蔽。掩码屏蔽是针对账户类数据的部分信息进行脱敏时的有力工具，如对银行卡号或是身份证号的脱敏。例如，把身份证号码"220524199209010254"替换为"220524********0254"。

（6）灵活编码。在需要特殊脱敏规则时，可执行灵活编码以满足各种可能的脱敏规则。例如用固定字母和固定位数的数字替代合同编号真值。

3.3　数据存储和管理

本节首先介绍传统的数据存储和管理技术，包括文件系统、关系数据库、数据仓库、并行数据库，然后介绍大数据时代的数据存储和管理技术，包括分布式文件系统、NewSQL 和 NoSQL 数据库。

3.3.1　传统的数据存储和管理技术

1. 文件系统

文件系统是操作系统用于明确存储设备（常见的是磁盘，也有基于 NAND Flash 的固态硬盘）或分区上的文件的方法和

数据结构，即在存储设备上组织文件的方法。操作系统中负责管理和存储文件信息的软件称为文件管理系统，简称"文件系统"。文件系统由三部分组成：文件系统的接口，操纵和管理对象的软件集合，对象及属性。从系统角度来看，文件系统是对文件存储设备的空间进行组织和分配，负责存储文件并对存入的文件进行保护和检索的系统。具体来说，它负责为用户建立文件，存入、读出、修改、转储文件，控制文件的存取，当用户不再使用时撤销文件等。

人们平时在计算机上使用的 Word 文件、PPT 文件、文本文件、音频文件、视频文件等，都是由操作系统中的文件系统进行统一管理的。

2. 关系数据库

除了文件系统之外，数据库是另外一种主流的数据存储和管理技术。数据库指的是以一定方式储存在一起、能为多个用户共享、具有尽可能小的冗余度、与应用程序彼此独立的数据集合。对数据库进行统一管理的软件被称为"数据库管理系统"，在不引起歧义的情况下，经常会混用"数据库"和"数据库管理系统"这两个概念。在数据库的发展历史上，先后出现过网状数据库、层次数据库、关系数据库等不同类型的数据库，这些数据库分别采用了不同的数据模型（数据组织方式），目前比较主流的数据库是关系数据库，它采用了关系数据模型来组织和管理数据。一个关系数据库可以看成许多关系表的集合，每个关系表可以看成一张二维表格，如表 3-3 所示的学生信息表。

表 3-3　学生信息表

学　　号	姓　　名	性　　别	年　　龄	考试成绩
95001	张三	男	21	88
95002	李四	男	22	95
95003	王梅	女	22	73
95004	林莉	女	21	96

目前市场上常见的关系数据库产品包括 Oracle、SQL Server、MySQL、DB2 等。

3. 数据仓库

数据仓库（data warehouse）是一个面向主题的、集成的、相对稳定的、反映历史变化的数据集合，用于支持管理决策。

（1）面向主题。操作型数据库的数据组织面向事务处理任务，而数据仓库中的数据是按照一定的主题域进行组织。主题是指用户使用数据仓库进行决策时所关心的重点方面，一个主题通常与多个操作型信息系统相关。

（2）集成。数据仓库的数据来自分散的操作型数据，将所需数据从原来的数据中抽取出来，进行加工与集成、统一与综合之后才能进入数据仓库。

（3）相对稳定。数据仓库是不可更新的，数据仓库主要是为决策分析提供数据，所涉及的操作主要是数据的查询。

（4）反映历史变化。在构建数据仓库时，会每隔一定的时间（如每周、每天或每小时）从数据源抽取数据并加载到数据仓库，例如，1 月 1 日晚上 12 点"抓拍"数据源中的数据保存到数据仓库，然后 1 月 2 日、1 月 3 日一直到月底，每天"抓拍"数据源中的数据保存到数据仓库，这样，经过一个月以后，数据仓库中就会保存了 1 月份每天的数据"快照"，由此得到的 31 份数据"快照"，就可以用来进行商务智能分析，例如分析一个商品在 1 个月内的销量变化情况。

综上所述，数据库是面向事务的设计，数据仓库是面向主题设计的。数据库一般存储在线交易数据，数据仓库存储的一般是历史数据。数据库是为捕获数据而设计，数据仓库是为分析数据而设计。

4. 并行数据库

并行数据库是指那些在无共享的体系结构中进行数据操作的数据库系统。这些系统大部分采用了关系数据模型并且支持 SQL 语句查询，但为了能够并行执行 SQL 的查询操作，系统中采用了两项关键技术：关系表的水平划分和 SQL 查询的分区执行。并行数据库系统的目标是高性能和高可用性，通过多个节点并行执行数据库任务，提高整个数据库系统的性能和可用性。最近一些年不断涌现一些提高系统性能的新技术，如索引、压缩、实体化视图、结果缓存、I/O 共享等，这些技术都比较成熟且经得起时间的考验。与一些早期的系统如 Teradata 必须部署在专有硬件上不同，最近开发的系统如 Aster、Vertica 等可以部署在普通的商业机器上。

并行数据库系统的主要缺点就是没有较好的弹性，而这种特性对中小型企业和初创企业是有利的。人们在对并行数据库进行设计和优化的时候认为集群中节点的数量是固定的，若需要对集群进行扩展和收缩，则必须为数据转移过程制订周全的计划。这种数据转移的代价是昂贵的，并且会导致系统在某段时间内不可访问，而这种较差的灵活性直接影响到并行数据库的弹性以及现用现付商业模式的实用性。

并行数据库的另一个问题就是系统的容错性较差。过去人们认为节点故障是个特例，并不经常出现，因此系统只提供事务级别的容错功能，如果在查询过程中节点发生故障，那么整个查询都要从头开始重新执行。这种重启任务的策略使得并行数据库难以在拥有数以千个节点的集群上处理需时较长的查询，因为在这类集群中的节点经常发生故障。基于这种分析，并行数据库只适合于资源需求相对固定的应用程序。但不管怎样，并行数据库的许多设计原则为其他海量数据系统的设计和优化提供了比较好的借鉴。

3.3.2 大数据时代的数据存储和管理技术

1. 分布式文件系统

大数据时代必须解决海量数据的高效存储问题，为此，分布式文件系统应运而生。相对于传统的本地文件系统而言，分布式文件系统（distributed file system，DFS）是一种通过网络实现文件在多台主机上进行分布式存储的文件系统。分布式文件系统的设计一般采用"客户机/服务器"（client/server，C/S）模式，客户端以特定的通信协议通过网络与服务器建立连接，提出文件访问请求，客户端和服务器可以通过设置访问权来限制请求方对底层数据存储块的访问。

谷歌开发了分布式文件系统（Google file system，GFS），通过网络实现文件在多台机器上的分布式存储，较好地满足了大规模数据存储的需求。Hadoop 分布式文件系统（Hadoop distributed file system，HDFS）是针对 GFS 的开源实现，它是 Hadoop 两大核心组成部分之一，提供了在廉价服务器集群中进行大规模分布式文件存储的能力。HDFS 具有很好的容错能力，并且兼容廉价的硬件设备，因此，可以以较低的成本利用现有机器实现大流量和大数据量的读写。

2. NewSQL 和 NoSQL 数据库

传统的关系数据库（这里可以称为"OldSQL 数据库"）可以较好地支持结构化数据存储和管理，它以完善的关系代数理论作为基础，具有严格的标准，支持事务 ACID 四性（atomicity，原子性；consistency，一致性；isolation，隔离性；durability，持久性），借助索引机制可以实现高效的查询，因此，自从 20 世纪 70 年代诞生以来就一直是数据库领域的主流产品类型。但是，Web2.0 的迅猛发展以及大数据时代的到来，使关系数据库的发展越来越力不从心。在大数据时代，数据类型繁多，包括结构化数据和各种非结构化数据，其中，非结构化数据的比例更是高达90%以上。传统的关系数据库由于数据模型不灵活、水平扩展能力较差等局限性，已经无法满足各种类型的非结构化数据的大规模存储需求。不仅如此，传统关系数据库引以为豪的一些关键特性，如事务机制和支持复杂查询，在 Web2.0 时代的很多应用中都成为"鸡肋"。因此，在新的应用需求驱动下，各种新型数据库不断涌现，并逐渐获得市场的青睐，主要包括 NewSQL 数据库和 NoSQL 数据库。

（1）NewSQL 数据库

NewSQL 是对各种新的可扩展、高性能数据库的简称，这类数据库不仅具有对海量数据的存储管理能力，还保持了传统数据库支持 ACID 和 SQL 等特性。不同的 NewSQL 数据库的内部结构差异很大，但是，它们有两个显著的共同特点：都支持关系数据模型；都使用 SQL 作为其主要的接口。目前具有代表性的 NewSQL 数据库主要包括 Spanner、Clustrix、GenieDB、ScalArc、Schooner、VoltDB、RethinkDB、ScaleDB、Akiban、CodeFutures、ScaleBase、Translattice、NimbusDB、Drizzle、Tokutek、JustOne DB 等，此外，还有一些在云端提供的 NewSQL 数据库，包括 Amazon RDS、Microsoft SQL Azure、Database. com、Xeround 和 FathomDB 等。在众多 NewSQL 数据库中，Spanner 备受瞩目，它是一个可扩展、多版本、全球分布式并且支持同步复制的数据库，是 Google 的第一个可以全球扩展并且支持外部一致性的数据库。Spanner 能做到这些，离不开一个用 GPS 和原子钟实现的时间 API。这个 API 能将数据中心之间的时间同步精确到 10 ms 以内。

一些 NewSQL 数据库相比传统的关系数据库具有明显的性能优势。例如，VoltDB 系统使用了 NewSQL 创新的体系架构，释放了在主内存运行的数据库中消耗系统资源的缓冲池，在执行交易时可比传统关系数据库快 45 倍。VoltDB 可扩展服务器数量为 39 个，并可以每秒处理 160 万个交易（300 个 CPU 核心），而具备同样处理能力的 Hadoop 则需要更多的服务器。

（2）NoSQL 数据库

NoSQL 是一种不同于关系数据库的数据库管理系统设计方式，是对非关系型数据库的统称，它所采用的数据模型并非传统关系数据库的关系模型，而是类似键/值、列族、文档等非关系模型。NoSQL 数据库没有固定的表结构，通常也不存在连接操作，也没有严格遵守 ACID 约束，因此，与关系数据库相比，NoSQL 具有灵活的水平可扩展性，可以支持海量数据存储。此外，NoSQL 数据库支持 MapReduce 风格的编程，可以较好地应用于大数据时代的各种数据管理。NoSQL 数据库的出现，一方面弥补了关系数据库在当前商业应用中存在的各种缺陷，另一方面也撼动了关系数据库的传统垄断地位。

近些年，NoSQL 数据库发展势头非常迅猛。在短短几年内，NoSQL 领域就爆炸性地产生了 50~150 个新的数据库。一项网络调查显示，行业中最需要开发人员掌握的技术前十名依次是 HTML5、MongoDB、iOS、Android、Mobile Apps、Puppet、Hadoop、jQuery、PaaS 和 Social Media。可以看出，其中 MongoDB（一种文档数据库，属于 NoSQL）的热度甚至位于 iOS 之前，足以看出 NoSQL 的受欢迎程度。NoSQL 数据库虽然数量众多，但是归结起来，典型的 NoSQL 数据库通常包括键/值数据库、列族数据库、文档数据库和图数据库几类。

当应用场合需要简单的数据模型、更具灵活性的 IT 系统、较高的数据库性能和较低的数据库一致性时，NoSQL 数据库是一个很好的选择。通常 NoSQL 数据库具有以下几个特点。

① 灵活的可扩展性。传统的关系型数据库由于自身设计机理的原因，通常很难实现"横向扩展"，在面对数据库负载大规模增加时，往往需要通过升级硬件来实现"纵向扩展"。但是，当前的计算机硬件制造工艺已经达到一个限度，性能提升的速度开始趋缓，已经远远赶不上数据库系统负载的增加速度，而且，配置高端的高性能服务器价格不菲，因此，寄希望于通过"纵向扩展"满足实际业务需求，已经变得越来越不现实。相反，"横向扩展"仅需要普通、廉价的标准化刀片服务器，不仅具有较高的性价比，也提供了理论上近乎无限的扩展空间。NoSQL 数据库在设计之初就是为了满足"横向扩展"的需求，因此，天生具备良好的水平扩展能力。

② 灵活的数据模型。关系模型是关系数据库的基石，它以完备的关系代数理论为基础，具有规范的定义，遵守各种严格的约束条件。这种做法虽然保证了业务系统对数据一致性的需求，但是，过于死板的数据模型，也意味着无法满足各种新兴的业务需求。相反，NoSQL数据库旨在摆脱关系数据库的各种束缚条件，摒弃了流行多年的关系数据模型，转而采用键/值、列族等非关系模型，允许在一个数据元素里存储不同类型的数据。

③ 与云计算紧密融合。云计算具有很好的水平扩展能力，可以根据资源使用情况进行自由伸缩，各种资源可以动态加入或退出，NoSQL数据库可以凭借自身良好的横向扩展能力，充分自由地利用云计算基础设施，很好地融入云计算环境中，构建基于NoSQL的云数据库服务。

（3）大数据引发数据库架构变革

综合来看，大数据时代的到来，引发了数据库架构的变革，如图3-3所示。以前，业界和学术界追求的方向是一种架构支持多类应用（one size fits all），包括事务型应用（OLTP系统）、分析型应用（OLAP、数据仓库）和互联网应用（Web2.0）。但是，实践证明，这种理想愿景是不可能实现的，不同应用场景的数据管理需求截然不同，一种数据库架构根本无法满足所有场景。因此，到了大数据时代，数据库架构开始向着多元化方向发展，并形成了传统关系数据库（OldSQL）、NoSQL数据库和NewSQL数据库3个阵营，三者各有自己的应用场景和发展空间。尤其是传统关系数据库，并没有就此被其他两者完全取代，在基本架构不变的基础上，许多关系数据库产品开始引入内存计算和一体机技术以提升处理性能。在未来一段时期内，3个阵营共存共荣的局面还将持续，不过，有一点是肯定的，那就是传统的关系数据库辉煌的时期已经过去了。

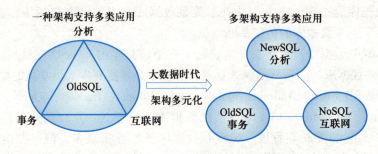

图3-3　大数据引发数据库架构变革

3. 云数据库

研究机构IDC预言，大数据将按照每年60%的速度增加，其中包含结构化和非结构化数据。如何方便、快捷、低成本地存储海量数据，是许多企业和机构面临的一个严峻挑战。云数据库是一个非常好的解决方案，目前云服务提供商正通过云技术推出更多可在公有云中托管数据库的方法，将用户从烦琐的数据库硬件定制中解放出来，同时让用户拥有强大的数据库扩展能力，满足海量数据的存储需求。此外，云数据库还能够很好地满足企业动态变化的数据存储需求和中小企业的低成本数据存储需求。可以说，在大数据时代，云数据库将成为许多企业数据的目的地。

为了更加清晰地认识传统关系数据库、NoSQL、NewSQL和云数据库的相关产品，图3-4

给出了 4 种数据库相关产品的分类情况。

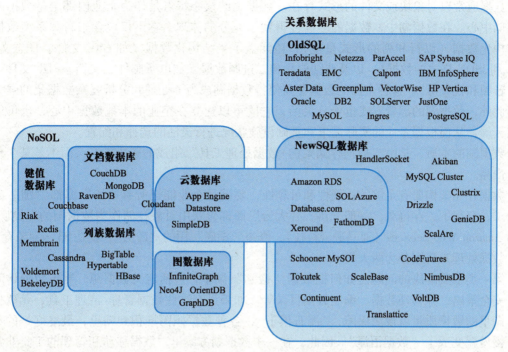

图 3-4 关系数据库、NoSQL、NewSQL 和云数据库相关产品的分类情况

4. 数据湖

（1）数据湖的概念

企业在持续发展，企业的数据也不断积累，虽然"含金量"最高的数据都存在数据库和数据仓库中，支撑着企业的运转。但是，企业希望把生产经营中的所有相关数据，历史的、实时的，在线的、离线的，内部的、外部的，结构化的、非结构化的，都能完整保存下来，方便"沙中淘金"，如图 3-5 所示。

存放在数据库/数据仓库中的数据　　企业其他数据：日志、文档、图片、视频

图 3-5 企业需要存储不同类型的数据

但是，数据库和数据仓库无法满足上述需求，于是，数据湖作为一种新型的数据存储与

管理方案应运而生。数据湖本质上是一个可以容纳自然、原始格式数据的系统或存储架构，这些数据通常以对象块或文件的形式存在。数据湖的核心特点是作为企业内部全量数据的单一存储中心。在数据湖中，数据的多样性得到了充分的体现，它不仅包含来自关系型数据库的结构化数据（以行和列的形式呈现），还涵盖了半结构化数据（如 CSV 文件、日志文件、XML 和 JSON 格式的数据），以及非结构化和二进制数据（如电子邮件、文档、PDF 文件、图像、音频和视频等）。这种全面的数据覆盖使得数据湖成为了处理和分析复杂数据集的强大工具。此外，数据湖的部署方式也十分灵活，它既可以建立在企业的本地数据中心，也可以部署在云端，从而根据企业的实际需求和基础设施状况进行灵活的选择和配置。

数据湖的本质，是由"数据存储架构+数据处理工具"组成的解决方案，而不是某个单一独立产品。

数据存储架构要有足够的扩展性和可靠性，要满足企业能把所有原始数据都"囤"起来的需求，存得下、存得久。一般来讲，各大云厂商都喜欢用对象存储作为数据湖的存储底座，例如 Amazon Web Services（亚马逊云科技），修建"湖底"用的"砖头"，就是 S3 云对象存储。

数据处理工具则分为两大类。

第一类工具解决的问题是如何把数据"搬到"湖里，包括定义数据源、制定数据访问策略和安全策略，并移动数据、编制数据目录等。如果没有这些数据管理/治理工具，元数据缺失，湖里的数据质量就没法保障，"泥石俱下"，各种数据倾泻堆积到湖里，最终好好的数据湖，慢慢就变成了"数据沼泽"。因此，在一个数据湖方案里，数据移动和管理的工具非常重要。例如，Amazon Web Services 提供 Lake Formation 这个工具（如图 3-6 所示），帮助客户自动化地把各种数据源中的数据移动到湖里，同时还可以调用 Amazon Glue 来对数据进行 ETL，编制数据目录，进一步提高湖里数据的质量。

第二类工具，就是要从湖里的海量数据中"淘金"。数据并不是存进数据湖里就万事大吉，要对数据进行分析、挖掘、利用，例如要对湖里的数据进行查询，同时要把数据提供给机器学习、数据科学类的业务，便于"点石成金"。数据湖可以通过多种引擎对湖中数据进行分析计算，例如离线分析、实时分析、交互式分析、机器学习等

（2）数据湖与数据仓库的区别

表 3-4 给出了数据湖与数据仓库的区别。从数据含金量来比，数据仓库里的数据价值密度更高一些，数据的抽取和数据模式（Schema）的设计，都有非常强的针对性，便于业务分析师迅速获取洞察结果，用于决策支持。而数据湖更有一种"兜底"的感觉，甭管这些数据当下有用没有，或者暂时没想好怎么用，先保存着、沉淀着，将来想用的时候，就可以随时拿出来用，反正数据都被"原汁原味"地留存了下来。

表 3-4　数据湖与数据仓库的区别

特　　性	数 据 仓 库	数　据　湖
存放什么数据	结构化数据，抽取自事务系统、运营数据库和业务应用系统	所有类型的数据，包括结构化、半结构化和非结构化数据
数据模式（Schema）	通常在数据仓库实施之前设计，但也可以在数据分析时编写	在数据分析时编写

续表

特　　性	数　据　仓　库	数　据　湖
性价比	起步成本高，使用本地存储以获得最快查询结果	起步成本低，计算存储分离
数据质量如何	可作为重要事实依据的数据	包含原始数据在内的任何数据
最适合谁用	业务分析师为主	数据科学家、数据开发人员为主
具体能做什么	批处理报告、商务智能（business intelligence，BI）、可视化分析	机器学习、探索性分析、数据发现、流处理、大数据与特征分析

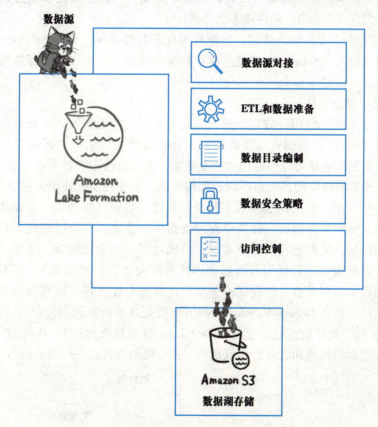

图 3-6　Amazon Lake Formation

（3）数据湖能解决的企业问题

在企业实际应用中，数据湖能解决的问题包括以下几个方面：

① 数据分散，存储散乱，形成数据孤岛，无法联合数据发现更多价值。从这方面来讲，其实数据湖要解决的与数据仓库是类似的问题，但又有所不同，因为它的定义里支持对半结构化、非结构化数据的管理。而传统数据仓库仅能解决结构化数据的统一管理。在这个万物互联的时代，数据的来源多种多样，随着应用场景的增加，产出的数据格式也是越来越丰富，不能再仅仅局限于结构化数据。如何统一存储这些数据，就是迫切需要解决的问题。

② 存储成本问题。数据库或数据仓库的存储受限于实现原理及硬件条件，导致存储海量数据时成本过高，而为了解决这类问题，就有了 HDFS、对象存储这类技术方案。数据湖场景下如果使用这类存储成本较低的技术架构，将会为企业大大节省成本。结合生命周期管理的能力，可以更好地为湖内数据分层，不用纠结在是保留数据还是删除数据节省成本的问题。

③ SQL 无法满足的分析需求。越来越多种类的数据，意味着越来越多的分析方式，传统的 SQL 方式已经无法满足分析的需求，如何通过各种语言自定义贴近自己业务的代码，如何通过机器学习挖掘更多的数据价值，变得越来越重要。

④ 存储、计算扩展性不足。传统数据库在海量数据下，如规模到 PB 级别，因为技术架构的原因，已经无法满足扩展的要求或者扩展成本极高，而这种情况下通过数据湖架构下的扩展技术能力，实现成本为 0，硬件成本也可控。

⑤ 业务模型不定，无法预先建模。传统数据库和数据仓库，都是 Schema-on-Write 的模式，需要提前定义模式（Schema）信息。而在数据湖场景下，可以先保存数据，后续待分析时，再发现模式，也就是 Schema-on-Read。

（4）什么是"湖仓一体"

曾经，数据仓库擅长的 BI、数据洞察，离业务更近，价值更大，而数据湖里的数据，更多的是为了远景"画饼"。而随着大数据和人工智能的普及，原先"画的饼"也变得炙手可热起来，现在，数据湖已经可以很好地为业务赋能，它的价值正在被重新定义。

因为数据仓库和数据库的出发点不同、架构不同，企业在实际使用过程中，"性价比"差异很大。如图 3-7 所示，数据湖起步成本很低，但随着数据体量增大，总体成本（TCO）成本会飙升，数据仓库则恰恰相反，前期建设开支很大。总之，一个后期成本高，一个前期成本高，对于既想修湖、又想建仓的用户来说，仿佛玩了一个金钱游戏。于是，人们就想，既然都是拿数据为业务服务，数据湖和数据仓库作为两大"数据集散地"，能不能彼此整合一下，让数据流动起来，少点重复建设呢？例如，让数据仓库在进行数据分析的时候，可以直接访问数据湖里的数据（Amazon Redshift Spectrum 就是这么做的）。再例如，让数据湖在架构设计上，就"原生"支持数据仓库能力（DeltaLake 就是这么做的）。正是这些想法和需求，推动了数仓和数据湖的打通和融合，也就是当下炙手可热的概念——湖仓一体（lake house）。

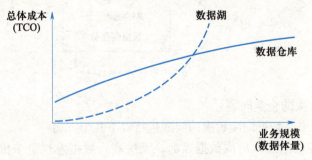

图 3-7　数据湖和数据仓库的总体成本变化对比

湖仓一体是一种新型的开放式架构，打通了数据仓库和数据湖，将数据仓库的高性能及管理能力与数据湖的灵活性融合了起来，底层支持多种数据类型并存，能实现数据间的相互共享，上层可以通过统一封装的接口进行访问，可同时支持实时查询和分析，为企业进行数据治理带来了更多的便利性。

湖仓一体架构最重要的一点，是使"湖里"和"仓里"的数据/元数据能够无缝打通，并且"自由"流动。如图 3-8 所示，湖里的"新鲜"数据可以流到仓里，甚至可以直接被数仓使用，而仓里的"不新鲜"数据，也可以流到湖里，低成本长久保存，供未来的数据挖掘使用。

图 3-8　数据湖和数据仓库之间的数据流动

"湖仓一体"架构具有以下特性：

（1）事务支持：在企业中，数据往往要为业务系统提供并发的读取和写入。对事务的 ACID 支持，可确保数据并发访问的一致性、正确性，尤其是在 SQL 访问模式下。

（2）数据治理：湖仓一体可以支持各类数据模型的实现和转变，支持数据仓库模式架构，例如星形模型、雪花模型等；可以保证数据完整性，并且具有健全的治理和审计机制。

（3）BI 支持：湖仓一体支持直接在源数据上使用 BI 工具，这样可以加快分析效率，降低数据延时。另外相比于在数据湖和数据仓库中分别操作两个副本的方式，更具成本优势。

（4）存算分离：存算分离的架构，也使得系统能够扩展更大规模的并发能力和数据容量。

（5）开放性：采用开放、标准化的存储格式（如 Parquet 等），提供丰富的 API 支持，因此，各种工具和引擎（包括机器学习和 Python、R 语言等）可以高效地对数据进行直接访问。

（6）支持多种数据类型（结构化、半结构化、非结构化）：湖仓一体可为许多应用程序提供数据的入库、转换、分析和访问。数据类型包括图像、视频、音频、半结构化数据和文本等。

3.4　数据处理与分析

在数据处理与分析环节，我们可以利用传统的统计学方法对数据进行分析，也可以利用数据挖掘和机器学习算法，并结合大数据处理技术（MapReduce 和 Spark 等），对海量数据进行计算，得到有价值的结果，服务于生产和生活。

3.4.1　基于统计学方法的数据分析

基于统计学方法的数据分析是指用适当的统计分析方法对收集来的大量数据进行分析，将它们加以汇总和理解并消化，以求最大化地开发数据的功能，发挥数据的作用。核心目的是把隐藏在一大批看似杂乱无章的数据背后的信息集中和提炼出来，总结出研究对象的内在规律，帮助管理者进行判断和决策，以便采取适当策略与行动。

数据分析是为了最大化地开发数据的功能，发挥数据的作用。在商业领域中，数据分析能够帮助企业进行判断和决策，以便采取相应的策略与行动。数据分析在企业日常经营分析中主要有三大作用：

（1）现状分析。分析数据中隐藏的当前现状信息。例如，可以通过相关业务中各个指标的完成情况来判断企业目前的运营情况。

（2）原因分析。分析现状发生以及存在的原因。例如，企业运营情况中比较好的方面以及比较差的方面，都是由哪些原因引起的，以指导做出决策，对相关策略进行调整和优化。

（3）预测分析。分析预测将来可能会发生什么。根据以往数据，对企业未来发展趋势做出预测，为制定企业运营目标及策略提供有效的参考与决策依据。一般通过专题分析来完成。

常见的数据分析方法包括描述统计、假设检验、方差分析、相关性分析、回归分析、主成分分析和因子分析、判别分析、时间序列分析。

1. 描述统计

（1）频数分析。主要用于数据清洗、调查结果的问答等。

（2）数据探查。数据探查主要是从统计的角度查看和评估数据的分布情况，主要用于异常值侦测、正态分布检验、数据分段、分位点测算等。

（3）交叉表分析。交叉表分析是市场研究的主要工作，大部分市场研究分析到此为止。主要用于分析报告和分析数据源等。

2. 假设检验

具有代表性的假设检验方法是 T 检验，主要用来比较两个总体均值的差异是否显著。

3. 方差分析

方差分析用于超过两个总体的均值检验，也经常用于实验设计后的检验问题。

方差分析主要用途：① 均数差别的显著性检验；② 分离各有关因素并估计其对总变异的作用；③ 分析因素间的交互作用；④ 方差齐性检验。

在科学实验中，常常要探讨不同实验条件或处理方法对实验结果的影响。通常是比较不同实验条件下样本均值间的差异。例如，医学界研究几种药物对某种疾病的疗效，农业研究土壤、肥料、日照时间等因素对某种农作物产量的影响，不同化学药剂对作物害虫的杀虫效果等，都可以使用方差分析方法去解决。

4. 相关性分析

相关性分析是指对两个或多个具备相关性的变量元素进行分析，从而衡量两个变量因素的相关密切程度。相关性的元素之间需要存在一定的联系或者概率，才可以进行相关性分析。

相关性不等于因果性，也不是简单的个性化，相关性所涵盖的范围和领域几乎覆盖了我们所见到的方方面面，相关性在不同的学科里面的定义也有很大的差异。

5. 回归分析

回归分析指的是确定两种或两种以上变量间相互依赖的定量关系的一种统计分析方法。回归分析按照涉及的变量的多少，分为一元回归和多元回归分析；按照因变量的多少，可分为简单回归分析和多重回归分析；按照自变量和因变量之间的关系类型，可分为线性回归分析和非线性回归分析。

回归分析是监督类分析方法，也是最重要的认识多变量分析的基础方法，只有掌握了回归，人们才能进入多变量分析，其他很多方法都是变种。回归分析主要用于影响研究、满意度研究等。

6. 主成分分析和因子分析

主成分分析和因子分析是非监督类分析方法的代表。因子分析是认识多变量分析的基础方法，只有掌握了因子分析，人们才能进入多因素相互关系的研究，它主要用在消费者行为态度研究、价值观态度语句的分析、市场细分之前的因子聚类、问卷的信度和效度检验等，因子分析也可以看作一种数据预处理技术。主成分分析可以消减变量、权重等，主成分还可以用作构建综合排名。主成分分析一般很少单独使用，可以用来了解数据，或者和聚类分析一起使用，或者和判别分析一起使用，例如，当变量很多，个案数不多，直接使用判别分析可能无解，这时候可以使用主成分分析对变量简化。另外，在多元回归中，主成分分析可以帮助判断是否存在共线性（条件指数），还可以用来处理共线性。

7. 判别分析

已知某种事物有几种类型，现在从各种类型中各取一个样本，由这些样本设计出一套标准，使得从这种事物中任取一个样本，可以按这套标准判别它的类型，这就是判别分析。

判别分析是最好的构建 Biplot 二元判别图的好方法，主要用于分类和判别图，也是图示化技术的一种，在气候分类、农业区划、土地类型划分中有着广泛的应用。

8. 时间序列分析

时间序列分析是定量预测方法之一，侧重研究数据序列的相互依赖关系，它可以根据系统的有限长度的运行记录（观察数据），建立能够比较精确地反映序列中所包含的动态依存关系的数学模型，从而对系统的未来进行预报。

时间序列分析常用在国民经济宏观控制、区域综合发展规划、企业经营管理、市场潜量预测、气象预报、水文预报、地震前兆预报、农作物病虫灾害预报、环境污染控制、生态平衡、天文学和海洋学等方面。时间序列分析主要从以下几个方面入手进行研究分析：

（1）系统描述。根据对系统进行观测得到的时间序列数据，用曲线拟合方法对系统进行客观的描述。

（2）系统分析。当观测值取自两个以上变量时，可用一个时间序列中的变化，去说明另一个时间序列中的变化，从而深入了解给定时间序列产生的机理。

（3）预测未来。一般用 ARMA 模型拟合时间序列，预测该时间序列未来值。

（4）决策和控制。根据时间序列模型，可调整输入变量，使系统发展过程保持在目标值上，即预测到过程要偏离目标时便可进行必要的控制。

3.4.2　数据挖掘和机器学习算法

数据挖掘和机器学习是当前计算机学科中最活跃的研究分支之一。机器学习是一门多领域交叉学科，涉及概率论、统计学、逼近论、凸分析、算法复杂度理论等多门学科，专门研究计算机怎样模拟或实现人类的学习行为，以获取新的知识或技能，重新组织已有的知识结构使之不断改善自身的性能，它是人工智能的核心，是使计算机具有智能的根本途径，其应用遍及人工智能的各个领域。

数据挖掘是指从大量的数据中通过算法搜索隐藏于其中的信息的过程。数据挖掘可以视为机器学习与数据库的交叉，它主要利用机器学习界提供的算法来分析海量数据，利用数据库界提供的存储技术来管理海量数据。从知识的来源角度而言，数据挖掘领域的很多知识也"间接"来源于统计学界，之所以说"间接"，是因为统计学界一般偏重理论研究而不注重实用性，统计学界中的很多技术需要在机器学习界进行验证和实践并变成有效的机器学习算法以后，才可能进入数据挖掘领域，对数据挖掘产生影响。

虽然数据挖掘的很多技术都来自机器学习领域，但是，并不能因此就认为数据挖掘只是机器学习的简单应用。毕竟，机器学习通常只研究小规模的数据对象，往往无法应用到海量数据的情形，数据挖掘领域必须借助于海量数据管理技术对数据进行存储和处理，同时对一些传统的机器学习算法进行改进，使其能够支持海量数据的情形。

典型的机器学习和数据挖掘算法包括分类、聚类、回归分析和关联规则等。

（1）分类：分类是找出数据库中的一组数据对象的共同特点并按照分类模式将其划分为不同的类，其目的是通过分类模型，将数据库中的数据项映射到某个给定的类别中。分类算法、可以应用到应用分类、趋势预测中，如淘宝商铺将用户在一段时间内的购买情况划分成不同的类，根据情况向用户推荐关联类的商品，从而增加商铺的销售量。

（2）聚类：聚类类似于分类，但与分类的目的不同，是针对数据的相似性和差异性将一组数据分为几个类别。属于同一类别的数据间的相似性很大，但不同类别之间数据的相似性很小，跨类的数据关联性很低。

（3）回归分析：回归分析反映了数据库中数据的属性值的特性，通过函数表达数据映射的关系来发现属性值之间的依赖关系。它可以应用到对数据序列的预测及相关关系的研究中去。在市场营销中，回归分析可以被应用到各个方面。如通过对本季度销售的回归分析，对下一季度的销售趋势做出预测以及针对性的营销改变。

（4）关联规则：关联规则是隐藏在数据项之间的关联或相互关系，即可以根据一个数据项的出现推导出其他数据项的出现。关联规则挖掘技术已经被广泛应用于金融行业中用以预测客户的需求，各银行在自己的 ATM 机上通过捆绑客户可能感兴趣的信息供用户了解，并获取相应信息来改善自身的营销。

3.4.3　大数据处理与分析技术

MapReduce 是被人们所熟悉的大数据处理技术，当人们提到大数据时就会很自然地想到 MapReduce，可见其影响力之

广。实际上，由于企业内部存在多种不同的应用场景，因此，大数据处理的问题复杂多样，单一的技术是无法满足不同类型的计算需求的，MapReduce 其实只是大数据处理技术中的一种，它代表了针对大规模数据的批处理计算技术，除此以外，还有图计算、流计算、查询分析计算等多种大数据处理分析技术，如表 3-5 所示。

表 3-5　大数据处理分析技术类型及其代表产品

大数据处理 分析类型	解 决 问 题	代 表 产 品
批处理计算	针对大规模数据的批量处理	MapReduce、Spark 等
流计算	针对流数据的实时计算	Storm、S4、Flume、Streams、Puma、DStream、Super Mario、银河流数据处理平台等
图计算	针对大规模图结构数据的处理	Pregel、GraphX、Giraph、PowerGraph、Hama、GoldenOrb 等
查询分析计算	大规模数据的存储管理和查询分析	Dremel、Hive、Cassandra、Impala 等

1. 批处理计算

批处理计算主要解决人们日常数据分析工作中非常常见的一类数据处理需求针对大规模数据的批量处理。MapReduce 是最具有代表性和影响力的大数据批处理技术，可以并行执行大规模数据处理任务，用于大规模数据集（大于 1 TB）的并行运算。MapReduce 极大地方便了分布式编程工作，它将复杂的、运行于大规模集群上的并行计算过程高度地抽象到了两个函数——Map 和 Reduce，编程人员在不会分布式并行编程的情况下，也可以很容易将自己的程序运行在分布式系统上，完成海量数据集的计算。

Spark 是一个针对超大数据集合的低延迟的集群分布式计算系统，其处理速度比 MapReduce 快许多。Spark 启用了内存分布数据集，除了能够提供交互式查询外，还可以优化迭代工作负载。在 MapReduce 中，数据流从一个稳定的来源，进行一系列加工处理后，流出到一个稳定的文件系统（如 HDFS）。而对于 Spark 而言，则使用内存替代 HDFS 或本地磁盘来存储中间结果，因此，Spark 的处理速度要比 MapReduce 的处理速度快许多。

2. 流计算

流数据也是大数据分析中的重要数据类型。流数据（或数据流）是指在时间分布和数量上无限的一系列动态数据集合体，数据的价值随着时间的流逝而降低，因此，必须采用实时计算的方式给出秒级响应。流计算可以实时处理来自不同数据源的、连续到达的流数据，经过实时分析处理，给出有价值的分析结果。目前业内已涌现出许多流计算框架与平台，第一类是商业级的流计算平台，包括 IBM InfoSphere Streams 和 IBM StreamBase 等，第二类是开源流计算框架，包括 Twitter Storm、Yahoo! S4（Simple Scalable Streaming System）、Spark Streaming、Flink 等，第三类是公司为支持自身业务开发的流计算框架，如 Facebook 使用 Puma 和 HBase 相结合来处理实时数据，百度开发了通用实时流数据计算系统 DStream，淘宝开发了通用流数据实时计算系统银河流数据处理平台。

3. 图计算

在大数据时代，许多大数据都是以大规模图或网络的形式呈现，如社交网络、传染病传播途径、交通事故对路网的影响等，此外，许多非图结构的大数据，也常常会被转换为图模型后再进行处理分析。MapReduce 作为单输入、两阶段、粗粒度数据并行的分布式计算框架，在表达多迭代、稀疏结构和细粒度数据时，往往显得力不从心，不适合用来解决大规模图计算问题。因此，针对大型图的计算，需要采用图计算模式，目前已经出现了不少相关图计算产品。Pregel 是一种基于 BSP（bulk synchronous parallel）模型实现的并行图处理系统。为了解决大型图的分布式计算问题，Pregel 搭建了一套可扩展的、有容错机制的平台，该平台提供了一套非常灵活的 API，可以描述各种各样的图计算。Pregel 主要用于图遍历、最短路径、PageRank 计算等。其他代表性的图计算产品还包括 Facebook 针对 Pregel 的开源实现 Giraph、Spark 下的 GraphX、图数据处理系统 PowerGraph 等。

4. 查询分析计算

针对超大规模数据的存储管理和查询分析，需要提供实时或准实时的响应，才能很好地满足企业经营管理需求。谷歌公司开发的 Dremel，是一种可扩展的、交互式的实时查询系统，用于只读嵌套数据的分析。通过结合多级树状执行过程和列式数据结构，它能做到几秒内完成对万亿张表的聚合查询。系统可以扩展到成千上万的 CPU 上，满足谷歌上万用户操作 PB 级的数据，并且可以在 2~3 秒内完成 PB 级别数据的查询。此外，Cloudera 公司参考 Dremel 系统开发了实时查询引擎 Impala，它提供 SQL 语义，能快速查询存储在 Hadoop 的 HDFS 和 HBase 中的 PB 级大数据。

3.5 数据可视化

微视频
3-8
数据可视化的概念与作用

在大数据时代，人们面对海量数据，有时难免显得无所适从。一方面，数据复杂繁多，各种不同类型的数据大量涌来，庞大的数据量已经大大超出了人们的处理能力，日益紧张的工作已经不允许人们在阅读和理解数据上花费大量时间；另一方面，人类大脑无法从堆积如山的数据中快速发现核心问题，必须有一种高效的方式来刻画和呈现数据所反映的本质问题。要解决这个问题，就需要数据可视化，它通过丰富的视觉效果，把数据以直观、生动、易理解的方式呈现给用户，可以有效提升数据分析的效率和效果。

3.5.1 什么是数据可视化

数据通常是枯燥乏味的，相对而言，人们对于大小、图形、颜色等怀有更加浓厚的兴趣。利用数据可视化平台，将枯燥乏味的数据呈现出丰富生动的视觉效果，不仅有助于简化人们的分析过程，也在很大程度上提高了分析数据的效率。

数据可视化是指将大型数据集中的数据以图形图像形式表示，并利用数据分析和开发工具发现其中未知信息的处理过程。数据可视化技术的基本思想是将数据库中每一个数据项作为单个图元素表示，大量的数据集构成数据图像，同时将数据的各个属性值以多维数据的形式表示，可以从不同的维度观察数据，从而对数据进行更深入的观察和分析。

虽然可视化在数据分析领域并非最具技术挑战性的部分，但是，它是整个数据分析流程中最重要的一个环节。

3.5.2　可视化的发展历程

人类很早就引入了可视化技术辅助分析问题。1854 年，伦敦暴发霍乱，10 天内有 500 多人死于该病。当时很多人都认为霍乱是通过空气传播的。但是，John Snow 医师却不这么认为。于是他绘制了一张霍乱地图，如图 3-9 所示，分析了霍乱患者分布与水井分布之间的关系，发现在有一口井的供水范围内患者明显偏多，他据此找到了霍乱暴发的根源是一个被污染的水泵。人们把这个水泵移除以后，霍乱的发病人数就开始明显下降。

数据可视化历史上的另一个经典之作是 1857 年"提灯女神"南丁格尔设计的"鸡冠花图"（又称玫瑰图，见图 3-10）。它以图形的方式直观地呈现了英国在克里米亚战争中牺牲的战士数量和死亡原因，有力地说明了改善军队医院的医疗条件对于减少战争伤亡的重要性。

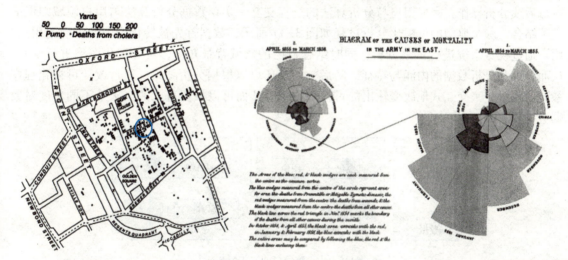

图 3-9　反映霍乱患者分布与水井分布的地图　　图 3-10　"提灯女神"南丁格尔设计的"鸡冠花图"

20 世纪 50 年代，随着计算机的出现和计算机图形学的发展，人们可以利用计算机技术在计算机屏幕上绘制出各种图形图表，可视化技术开启了全新的发展阶段。最初，可视化技术被大量应用于统计学领域，用来绘制统计图表，如圆环图、柱状图和饼图、直方图、时间序列图、等高线图、散点图等；后来，又逐步应用于地理信息系统、数据挖掘分析、商务智能工具等，有效地促进了人类对不同类型数据的分析与理解。

随着大数据时代的到来，每时每刻都有海量数据在不断生成，需要我们对数据进行及时、全面、快速、准确的分析，呈现数据背后的价值。这就更需要可视化技术协助我们更好地理解和分析数据，可视化成为大数据分析最后的一环和对用户而言最重要的一环。

3.5.3　数据可视化的重要作用

在大数据时代，数据容量和复杂性的不断增加，限制了普通用户从大数据中直接获取知识，可视化的需求越来越大，依靠可视化手段进行数据分析必将成为大数据分析流程的主要环节之一。让"茫茫数据"以可视化的方式呈现，让枯燥的数据以简单友好的图表形式展现出来，可以让数据变得更加通俗易懂，有助于用户更加方便快捷地理解数据的深层次含义，有效参与复杂的数据分析过程，提升数据分析效率，改善数据分析效果。

在大数据时代，可视化技术可以支持实现多种不同的目标。

1. 观测、跟踪数据

许多实际应用中的数据量已经远远超出人类大脑可以理解及消化吸收的能力范围，对于处于不断变化中的多个参数值，如果还是以枯燥的数值形式呈现，人们必将茫然无措。利用变化的数据生成实时变化的可视化图表，可以让人们一眼看出各种参数的动态变化过程，有效跟踪各种参数值。例如，百度地图提供实时路况服务，可以查询各大城市的实时交通路况信息。

2. 分析数据

利用可视化技术，实时呈现当前分析结果，引导用户参与分析过程，根据用户反馈信息执行后续分析操作，完成用户与分析算法的全程交互，实现数据分析算法与用户领域知识的完美结合。一个典型的可视化分析过程如图 3-11 所示，数据首先被转化为图像呈现给用户，用户通过视觉系统进行观察分析，同时结合自己的领域背景知识，对可视化图像进行认知，从而理解和分析数据的内涵与特征。随后，用户还可以根据分析结果，通过改变可视化程序系统的设置，来交互式地改变输出的可视化图像，从而可以根据自己的需求从不同角度对数据进行理解。

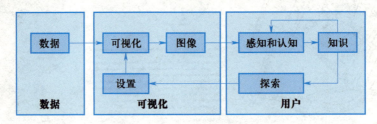

图 3-11　用户参与的可视化分析过程

3. 辅助理解数据

数据可视化可以帮助普通用户更快、更准确地理解数据背后的含义，如用不同的颜色区分不同对象、用动画显示变化过程、用图结构展现对象之间的复杂关系等。例如，微软亚洲研究院设计开发的人立方关系搜索，能从超过 10 亿的中文网页中自动地抽取出人名、地名、机构名以及中文短语，并通过算法自动计算出它们之间存在关系的可能性，最终以可视化的关系图形式呈现结果，如图 3-12 所示。

4. 增强数据吸引力

枯燥的数据被制作成具有强大视觉冲击力和说服力的图像，可以大大增强读者的阅读兴趣。可视化的图表新闻（见图 3-13）就是一个非常受欢迎的应用。在海量的新闻信息面前，读者的时间和精力都开始得捉襟见肘。传统单调保守的讲述方式已经不能引起读者的兴趣，需要更加直观、高效的信息呈现方式。因此，现在的新闻播报越来越多地使用数据图表，动态、立体化地呈现报道内容，让读者对内容一目了然，能够在短时间内迅速消化和吸收，大大提高了知识理解的效率。

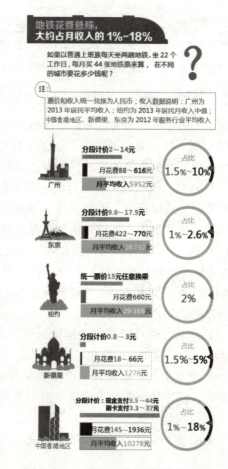

图 3-12 "人立方"展示的人物关系图   图 3-13 一个可视化的图表新闻示例

3.5.4 可视化图表

统计图表是使用最早的可视化图形，已经具有数百年的发展历史，逐渐形成了一套成熟的方法，比较符合人类感知和认知，因而得到了大量的使用。当然，数据可视化不仅仅是统计图表，本质上，任何能够借助图形的方式展示事物原理、规律、逻辑的方法都叫数据可视化。常见的统计图表包括柱状图、折线图、饼图、散点图、气泡图、雷达图等，表 3-6 给出了最常用的统计图表类型及其应用场景。

表 3-6 最常用的统计图表类型及其应用场景

图表类型	维　度	应　用　场　景
柱状图	二维	指定一个分析轴进行数据大小的比较，只需比较其中一维
折线图	二维	按照时间序列分析数据的变化趋势，适用于较大的数据集

续表

图表类型	维　　度	应 用 场 景
饼图	二维	指定一个分析轴进行所占比例的比较，只适用于反映部分与整体的关系
散点图	二维或三维	有两个维度需要比较
气泡图	三维或四维	其中只有两维能够精确辨识
雷达图	四维以上	数据点不超过 6 个

除了上述常见的图表以外，数据可视化还可以使用其他图表，具体如下：

（1）漏斗图。漏斗图适用于业务流程比较规范、周期长、环节多的流程分析，通过对漏斗图中各环节业务数据的比较，能够直观地发现和说明问题所在。

（2）树图。树图是一种流行的、利用包含关系表达层次化数据的可视化方法，它能将事物或现象分解成树枝状，因此又称"树状图"或"系统图"。树图就是把要实现的目的与需要采取的措施或手段，系统地展开，并绘制成图，以明确问题的重点，寻找最佳手段或措施。

（3）热力图。以特殊高亮的形式显示访客热衷的页面区域和访客所在的地理区域的图示，它基于 GIS（地理信息系统）坐标，用于显示人或物品的相对密度。

（4）关系图。基于 3D 空间中的点线组合，再加以颜色、粗细等维度的修饰，适用于表征各节点之间的关系。

（5）词云。通过形成"关键词云层"或"关键词渲染"，对网络文本中出现频率较高的"关键词"给予视觉上的突出。

（6）桑基图。也被称为"桑基能量分流图"或"桑基能量平衡图"，它是一种特定类型的流程图，图中延伸的分支的宽度对应数据流量的大小，通常应用于能源、材料成分、金融等数据的可视化分析。

（7）日历图。以日历为基本维度的、对单元格加以修饰的图表。

3.6　数据安全和隐私保护

人类从使用数据之初，就存在数据安全和隐私保护的问题，这并非大数据时代所特有的问题，因此，在过去几十年发展出来的数据安全和隐私保护技术，都可以很好地用于大数据的安全保护。

3.6.1　数据安全技术

数据安全技术种类繁多，主要包括身份认证技术、防火墙技术、访问控制技术、入侵检测技术和加密技术等。

（1）身份认证技术。使用该项技术时，会通过对操作者身份信息的认证，确定操作者是否为非法入侵者，进而对网络数据进行保护。该项技术主要用于操作系统间的数据访问保护，是较为常用、高效的数据安全保护技术。

（2）防火墙技术。防火墙是一种保护计算机网络安全的技术性措施，它通过在网络边界上建立相应的网络通信监控系统来隔离内部和外部网络，以阻挡来自外部的网络入侵。

（3）访问控制技术。访问控制是指系统对用户身份及其所属的预先定义的策略组限制其使用数据资源能力的手段，通常用于系统管理员控制用户对服务器、目录、文件等网络资源的访问。访问控制是主体依据某些控制策略或权限对客体本身或其资源进行的不同授权，它是系统保密性、完整性、可用性和合法使用性的重要基础，是网络安全防范和资源保护的关键策略之一。

（4）入侵检测技术。该项技术属于主动防御技术中的一种，能够实现对网络病毒的有效防御与拦截，能够对信息数据形成有效保护。入侵检测是集响应计算机误用与检测于一体的技术，包括攻击预测、威慑以及检测等内容。在具体进行检测时，首先会对用户与系统活动展开监测、分析，明确系统弱点与整体构造；然后会对已知攻击实施识别，并在识别后发出预警；最后会对数据文件以及系统完整性进行评估。

（5）加密技术。加密技术用于将普通的文本（或可以理解的信息）与一串数字（密钥）结合，产生不可理解的密文。在安全保密中，可通过适当的密钥加密技术和管理机制来保证网络的信息通信安全。

3.6.2　隐私保护技术

在大数据时代的影响之下，隐私安全问题频发，在进行隐私保护的相关工作中，需要能够针对现阶段隐私暴露的实际情况，有针对性地进行改善。主要可以借助数据水印的合理性应用，明确用户数据使用的实际需要，并且能够将用户的身份信息加以识别，在不影响用户正常使用数据的前提之下，对数据载体使用检测的方法实现融入。数据水印技术的合理应用能够充分保护原创。

在进行用户隐私保护时，应当充分使用保护技术，顺应大数据背景发展的实际需要。用户隐私保护涉及的方面众多，贯穿于数据产生的全过程。针对数据的生产、收购、加工存储的各项环节以及数据传输过程中，需要实现隐私安全保护体系的构建，在数据的整个生命周期当中，实现对用户信息的保护，并能够使用信息过滤技术以及位置匿名技术等，对个人信息中的敏感部分加以保护，从实现用户隐私的合理保护，建立和完善数据信息保护系统。

3.7　本章小结

大数据技术是与数据的采集、存储、分析、可视化、安全等相关的一大类技术的集合。本章首先介绍了数据的采集与预处理的概念和相关技术；然后介绍了大数据时代的数据存储和管理技术，包括分布式文件系统、NewSQL 数据库、NoSQL 数据库等，并总结了典型的大数据处理与分析技术，包括批处理计算、流计算、图计算和查询分析计算方面的技术；接下来讨论了数据可视化的内容，阐述了可视化的概念和重要作用，并给出了相关的案例；最后介绍了数据隐私和安全保护的相关技术。

3.8 习题

1. 请阐述大数据技术有哪些层面以及每个层面的功能。
2. 请阐述传统的数据采集与大数据采集的区别。
3. 请阐述数据采集有哪些数据源。
4. 请阐述数据采集的三大要点。
5. 请阐述数据采集方法有哪些。
6. 请阐述数据清洗主要包括哪些内容。
7. 请阐述在数据集成过程中需要考虑解决哪些问题。
8. 请阐述常见的数据转换策略有哪些。
9. 请阐述主要的数据脱敏方法有哪些。
10. 请阐述大数据时代的存储和管理技术有哪些。
11. 请阐述数据仓库和数据湖有哪些区别。
12. 请阐述常见的统计分析方法有哪些。
13. 请阐述数据挖掘和机器学习的关系。
14. 请阐述大数据处理分析的技术类型及其代表产品。
15. 请阐述数据可视化的重要作用。
16. 请阐述常用的统计图表类型有哪些。
17. 请阐述数据安全和隐私保护有哪些技术。

第 4 章
大数据应用

　　《大数据时代》的作者舍恩伯格曾经说过："大数据是未来，是新的油田、金矿。"随着大数据向各个行业渗透，未来的大数据将会无处不在地为人类服务。大数据宛如一座神奇的钻石矿，其价值潜力无穷。它与其他物质产品不同，并不会随着使用而有所消耗，相反，它取之不尽，用之不竭。我们第一眼所看到的大数据的价值仅是冰山之一角，绝大部分隐藏在表面之下，可不断被使用并重新释放它的能量。大数据宛如一股洪流注入世界经济，成为全球各个经济领域的重要组成部分。大数据已经无处不在，社会各行各业都已经融入了大数据的印迹。

　　本章介绍大数据在各大领域的典型应用，涉及互联网、生物医学、物流、城市管理、金融、汽车、零售、餐饮、电信、能源、体育、娱乐、安全和日常生活等领域。

4.1　大数据在互联网领域的应用

随着互联网的飞速发展，网络信息的快速膨胀让人们逐渐从信息匮乏时代步入了信息过载时代。借助于搜索引擎，用户可以从海量信息中查找自己所需的信息。但是，通过搜索引擎查找内容，是以用户有明确的需求为前提的，用户需要将其需求转化为相关的关键词进行搜索。因此，当用户需求很明确时，搜索引擎的结果通常能够较好地满足用户的需求。例如，用户打算从网络上寻找一首由筷子兄弟演唱的名为《小苹果》的歌曲时，只要在百度搜索中输入"小苹果"，就可以找到该歌曲的地址。然而，当用户没有明确需求时，就无法向搜索引擎提交明确的搜索关键词，这时，看似"神通广大"的搜索引擎，也会变得无能为力，难以帮助用户对海量信息进行筛选。例如，用户突然想听一首自己从未听过的最新的流行歌曲，面对众多的流行歌曲，用户可能不知道哪首歌曲适合自己的口味，因此，也就不可能告诉搜索引擎要搜索什么名字的歌曲，搜索引擎自然无法为其找到爱听的歌曲。

推荐系统是可以解决上述问题的一个非常有潜力的办法，它通过分析用户产生的历史数据来了解用户的需求和兴趣，从而将用户感兴趣的信息、物品等主动推荐给用户。现在让我们设想一个生活中可能遇到的场景：假设你今天想看电影，但又没有明确想看哪部电影，这时，你打开在线电影网站，面对近百年来所拍摄的成千上万部电影，要从中挑选一部自己感兴趣的电影显然不是一件容易的事情。我们经常会打开一部看起来不错的电影，看几分钟后无法提起兴趣就结束观看，然后继续寻找下一部电影，等终于找到一部自己爱看的电影时，可能已经有点筋疲力尽了，渴望休闲的心情荡然无存。为解决挑选电影的问题，你可以向朋友、电影爱好者进行请教，让他们为你推荐电影。但是，这需要一定的时间成本，而且，由于每个人的喜好不同，他人推荐的电影不一定会令你满意。此时，你可能更想要的是一个针对你的自动化工具，它可以分析你的观影记录，了解你对电影的喜好，并从庞大的电影库中找到符合你兴趣的电影供你选择。这个你所期望的工具就是"推荐系统"。

推荐系统是自动联系用户和物品的一种工具，和搜索引擎相比，推荐系统通过研究用户的兴趣偏好，进行个性化计算。推荐系统可以发现用户的兴趣点，帮助用户从海量信息中去发掘自己潜在的需求。

推荐系统的本质是建立用户与物品的联系，根据推荐算法的不同，推荐方法包括如下几类：

（1）专家推荐。专家推荐是传统的推荐方式，本质上是一种人工推荐，由资深的专业人士来进行物品的筛选和推荐，需要较多的人力成本。现在专家推荐结果主要是作为其他推荐算法结果的补充。

（2）基于统计的推荐。基于统计信息的推荐（如热门推荐）概念直观，易于实现，但是对用户个性化偏好的描述能力较弱。

（3）基于内容的推荐。基于内容的推荐是信息过滤技术的延续与发展，更多的是通过机器学习的方法去描述内容的特征，并基于内容的特征来发现与之相似的内容。

（4）协同过滤推荐。协同过滤推荐是推荐系统中应用最早和最为成功的技术之一。它一般采用最近邻技术，利用用户的历史信息计算用户之间的距离，然后利用目标用户的最近邻居用户对商品的评价信息，来预测目标用户对特定商品的喜好程度，最后根据这一喜好程度对目标用户进行推荐。

（5）混合推荐。在实际应用中，单一的推荐算法往往无法取得良好的推荐效果，因此，多数推荐系统会对多种推荐算法进行有机组合，如在协同过滤之上加入基于内容的推荐。

4.2　大数据在生物医学领域的应用

大数据在生物医学领域得到了广泛的应用。在流行病预测方面，大数据彻底颠覆了传统的流行疾病预测方式，使人类在公共卫生管理领域迈上了一个全新的台阶。在智慧医疗方面，通过打造健康档案区域医疗信息平台，利用最先进的物联网技术和大数据技术，可以实现患者、医护人员、医疗服务提供商、保险公司等之间的无缝、协同、智能的互联，让患者体验一站式的医疗、护理和保险服务。在生物信息学方面，大数据使得人们可以利用先进的数据科学知识，更加深入地了解生物学过程、作物表型、疾病致病基因等。

本节内容介绍大数据在流行病预测、智慧医疗和生物信息学领域的应用。

4.2.1　流行病预测

在公共卫生领域，流行疾病管理是一项关乎民众身体健康甚至生命安全的重要工作。一种疾病，一旦真正在公众中暴发，就已经错过了最佳防控期，往往会带来大量的生命和经济

微视频

4-2
流行病预测

损失。在传统的公共卫生管理中，一般要求医生在发现新型病例时上报给疾病控制与预防中心（疾控中心），疾控中心对各级医疗机构上报的数据进行汇总分析，发布疾病流行趋势报告。但是，这种从下至上的处理方式存在一个致命的缺陷：流行疾病感染的人群往往会在发病多日进入到严重状态后才会到医院就诊，医生见到患者再上报给疾控中心，疾控中心再汇总进行分析后发布报告，然后相关部门采取应对措施，整个过程会经历一个相对较长的周期，一般要滞后一到两周，而在这个时间段内，流行疾病可能已经进入快速扩散状态，结果导致疾控中心发布预警时，已经错过了最佳的防控期。

今天，大数据彻底颠覆了传统的流行疾病预测方式。以搜索数据和地理位置信息数据为基础，分析不同时空尺度的人口流动性、移动模式和参数，进一步结合病原学、人口统计学、地理、气象和人群移动迁徙、地域等因素和信息，可以建立流行病时空传播模型，确定流感等流行病在各流行区域间传播的时空路线和规律，得到更加准确的态势评估、预测。大数据时代被广为流传的一个经典案例就是谷歌预测流感趋势。谷歌开发了一个可以预测流感趋势的工具——谷歌流感趋势，它采用大数据分析技术，利用网民在谷歌搜索引擎输入的搜索关键词来判断全美地区的流感情况。谷歌把 5000 万条美国人最频繁检索的词条和美国疾控中心在 2003 年至 2008 年间季节性流感传播时期的数据进行了比较，并构建数学模型实现流感预

测。在 2009 年，谷歌首次发布了冬季流感预测结果，与官方数据的相关性高达 97%；此后，谷歌多次把测试结果与美国疾病控制和预防中心的报告做比对，发现两者结论存在很大的相关性（从图 4-1 中可以看出，两条曲线高度吻合），证实了谷歌流感趋势预测结果的正确性和有效性。

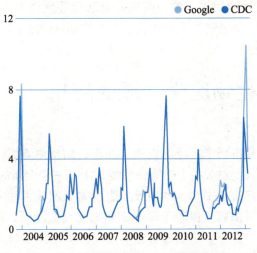

图 4-1　谷歌发布的冬季流感预测结果

其实，谷歌流感趋势预测的背后机理并不难。对于普通民众而言，感冒发烧是日常生活中经常碰到的事情，有时候不闻不问，靠人类自身免疫力就可以痊愈，有时候简单服用一些感冒药或采用一些简单的相关疗法也可以快速痊愈。相比之下，很少人会首先选择去医院就医，因为，医院不仅预约周期长，而且费用昂贵。因此，在网络发达的今天，遇到感冒这种小病，人们首先就会想到求助于网络，希望在网络中迅速搜索到感冒的相关病症、治疗感冒的疗法或药物、就诊医院等信息，以及一些有助于治疗感冒的生活行为习惯。作为占据市场主导地位的搜索引擎服务商，谷歌自然可以收集到大量网民关于感冒的相关搜索信息，通过分析某一地区在特定时期对感冒症状的搜索大数据，就可以得到关于感冒的传播动态和未来 7 天流行趋势的预测结果。

虽然美国疾控中心也会不定期发布流感趋势报告，但显然，谷歌的流感趋势报告要更加及时、迅速。美国疾控中心发布流感趋势报告是根据下级各医疗机构上报的患者数据进行分析得到的，会存在一定的时间滞后性。而谷歌公司则是在第一时间收集到网民关于感冒的相关搜索信息后进行分析得到结果，因为，普通民众感冒后，会首先寻求网络帮助而不是到医院就医。另外，美国疾控中心获得的患者样本数也会明显少于谷歌，因为，在所有感冒患者中，只有一小部分重感冒患者才会最终去医院就医并进入官方的监控范围。

4.2.2　智慧医疗

随着医疗信息化的快速发展，智慧医疗逐步走入人们的生活。IBM 开发了沃森技术医疗保健内容分析预测技术，该技术允许企业找到大量病人相关的临床医疗信息，通过大数据处

理，更好地分析病人的情况。加拿大多伦多的一家医院，利用数据分析避免早产儿夭折，医院用先进的医疗传感器对早产婴儿的心跳等生命体征进行实时监测，每秒钟有超过 3000 次的数据读取，系统对这些数据进行实时分析并给出预警报告，从而使得医院能够提前知道哪些早产儿出现问题，并且有针对性地采取措施。我国厦门、苏州等城市建立了先进的智慧医疗在线系统，可以实现在线预约、健康档案管理、社区服务、家庭医疗、支付清算等功能，大大便利了市民就医，也提升了医疗服务的质量和患者满意度。可以说，智慧医疗正在深刻改变着人们的生活。

智慧医疗是通过打造健康档案区域医疗信息平台，利用先进的物联网技术和大数据技术，实现患者、医护人员、医疗服务提供商、保险公司等之间的无缝、协同、智能的互连，让患者体验一站式的医疗、护理和保险服务。智慧医疗的核心就是"以患者为中心"，给予患者以全面、专业、个性化的医疗体验。

智慧医疗通过整合各类医疗信息资源，构建药品目录数据库、居民健康档案数据库、影像数据库、检验数据库、医疗人员数据库、医疗设备数据库六大基础数据库，可以让医生随时查阅病人的病历、患史、治疗措施和保险细则，随时随地快速制定诊疗方案，也可以让患者自主选择更换医生或医院，患者的转诊信息及病历可以在任意一家医院通过医疗联网调阅。智慧医疗具有 3 个优点：一是促进优质医疗资源的共享，二是避免患者重复检查，三是促进医疗智能化。

4.2.3　生物信息学

生物信息学（Bioinformatics）是研究生物信息的采集、处理、存储、传播、分析和解释等方面的学科，也是随着生命科学和计算机科学的迅猛发展、生命科学和计算机科学相结合形

成的一门新学科，它通过综合利用生物学、计算机科学和信息技术，揭示大量而复杂的生物数据所蕴含的生物学奥秘。

和互联网数据相比，生物信息学领域的数据更是典型的大数据。首先，细胞、组织等结构都是具有活性的，其功能、表达水平甚至分子结构在时间维度上是连续变化的，而且很多背景噪声会导致数据的不准确性；其次，生物信息学数据具有很多维度，在不同维度组合方面，生物信息学数据的组合性要明显大于互联网数据，前者往往表现出"维度组合爆炸"的问题，例如，所有已知物种的蛋白质分子的空间结构预测问题，仍然是分子生物学的一个重大课题。

生物数据主要是基因组学数据，在全球范围内，各种基因组计划被启动，有越来越多的生物体的全基因组测序工作已经完成或正在开展，随着一个人类基因组测序的成本从 2000 年的 1 亿美元左右降至今天 1000 美元左右，将会有更多的基因组大数据产生；除此之外，蛋白组学、代谢组学、转录组学、免疫组学等也是生物大数据的重要组成部分。每年全球都会新增 EB 级的生物数据，生命科学领域已经迈入大数据时代，生命科学正面临从实验驱动向大数据驱动转型。

生物大数据使得我们可以利用先进的数据科学知识，更加深入地了解生物学过程、作物表型、疾病致病基因等。将来每个人都可能拥有一份自己的健康档案，档案中包含了日常健

康数据（各种生理指标，饮食、起居、运动习惯等）、基因序列和医学影像（CT、B 超检查结果）。用大数据分析技术，可以从个人健康档案中有效预测个人健康趋势，并为其提供疾病预防建议，达到"治未病"的目的。基因蕴藏着生老病死的规律，破解基因大数据可实现精准医疗由此将会产生巨大的影响力，使生物学研究迈向一个全新的阶段，甚至会形成以生物学为基础的新一代产业革命。

4.3　大数据在物流领域的应用

智能物流是大数据在物流领域的典型应用。智能物流融合了大数据、物联网和云计算等新兴技术，使物流系统能模仿人的智能，实现物流资源优化调度和有效配置以及物流系统效率的提升。大数据技术是智能物流发挥其重要作用的基础和核心，物流行业在货物流转、车辆追踪、仓储等各个环节中都会产生海量的数据，分析这些物流大数据，将有助于人们深刻认识物流活动背后隐藏的规律，优化物流过程，提升物流效率。

4.3.1　智能物流的概念

智能物流又称智慧物流，是利用智能化技术，使物流系统能模仿人的智能，具有一定的思维、感知、学习、推理判断和自行解决物流中某些问题的能力，从而实现物流资源优化调度和有效配置、物流系统效率提升的现代化物流管理模式。

智能物流概念源自 2010 年 IBM 发布的研究报告《智慧的未来供应链》，该报告通过调研全球供应链管理者，归纳出成本控制、可视化程度、风险管理、消费者日益严苛的需求和全球化五大供应链管理挑战，为应对这些挑战，IBM 首次提出了"智慧供应链"的概念。

智慧供应链具有先进化、互联化、智能化 3 大特点。先进化是指：数据多由感应设备、识别设备、定位设备产生，替代人为获取；供应链动态可视化自动管理，包括自动库存检查、自动报告存货位置错误。互联化是指：整体供应链联网，不仅是客户、供应商、IT 系统的联网，也包括零件、产品以及智能设备的联网；联网赋予供应链整体计划决策能力。智能化是指：通过仿真模拟和分析，帮助管理者评估多种可能性选择的风险和约束条件；供应链具有学习、预测和自动决策的能力，无须人为介入。

4.3.2　大数据是智能物流的关键

在物流领域有两个著名的理论——"黑大陆说"和"物流冰山说"。著名的管理学大师 P·E·德鲁克提出了"黑大陆说"，认为在流通领域中物流活动的模糊性尤其突出，是流通领域中最具潜力的领域。提出"物流冰山说"的日本早稻田大学教授西泽修认为，物流就像一座冰山，其中，沉在水面以下的是我们看不到的黑色区域，这部分就是"黑大陆"，而这正是物流尚待开发的领域，也是物流的潜力所在。这两个理论都旨在说明物流活动的模糊性和巨大潜力。对于如此模糊而又具有巨大潜力的领域，我们该如何去了解、掌控和开发呢？答案就是借助于大数据技术。

发现隐藏在海量数据背后的有价值的信息，是大数据的重要商业价值。大数据是打开物流领域这块神秘的"黑大陆"的一把金钥匙。物流行业在货物流转、车辆追踪、仓储等各个环节中都会产生海量的数据，有了这些物流大数据，所谓的物流"黑大陆"将不复存在，我们可以通过数据充分了解物流运作背后的规律，借助于大数据技术，可以对各个物流环节的数据进行归纳、分类、整合、分析和提炼，为企业战略规划、运营管理和日常运作提供重要支持和指导，从而有效提升物流行业的整体服务水平。

大数据将推动物流行业从粗放式服务到个性化服务的转变，颠覆整个物流行业的商业模式。通过对物流企业内部和外部相关信息的收集、整理和分析，可以做到为每个客户量身定制个性化的产品和服务。

4.3.3　中国智能物流骨干网——菜鸟

1. 菜鸟简介

2013 年 5 月 28 日，阿里巴巴集团联合银泰集团、复星集团、富春控股、顺丰集团、"三通一达"（申通、圆通、中通、韵达公司）、宅急送、汇通以及相关金融机构共同宣布，开始联手共建中国智能物流骨干网（China smart logistic network，CSN），又名"菜鸟"。菜鸟旨在建立一个能支撑日均 300 亿元（年度约 10 万亿元）网络零售额的智能物流骨干网络，支持数千万家新型企业成长发展，实现在全中国任何一个地区做到 24 小时内送货必达。不仅如此，菜鸟还提供充分满足个性化需求的物流服务，例如，用户在网购下单时，可以选择"时效最快""成本最低""最安全""服务最好"等多个快递组合类型。

菜鸟网络由物流仓储平台和物流信息系统构成。物流仓储平台将由 8 个左右大仓储节点、若干重要节点和更多城市节点组成。大仓储节点将针对东北、华北、华东、华南、华中、西南和西北七大区域，选择中心位置进行仓储投资。物流信息系统整合了所有服务商的信息系统，实现了骨干网内部的信息统一，同时，该系统将向所有的制造商、网商、快递公司、第三方物流公司完全开放，有利于物流生态系统内各参与方利用信息系统开展各种业务。

2. 大数据是支撑菜鸟的基础

菜鸟是阿里巴巴集团整合各方力量实施的"天网+地网"计划的重要组成部分。所谓"地网"，就是指阿里巴巴的中国智能物流骨干网，最终将建设成为一个全国性的超级物流网，这个网络能在 24 小时内将货物运抵国内任何地区，能支撑日均 300 亿元（年度约 10 万亿元）的巨量网络零售额。所谓"天网"，是指以阿里巴巴集团旗下多个电商平台（淘宝、天猫等）为核心的大数据平台，由于阿里巴巴集团的电商业务在中国占据优势地位，在这个平台上聚集了众多的商家、用户、物流企业，每天都会产生大量的在线交易，因此，这个平台掌握了网络购物物流需求数据、电商货源数据、货流量与分布数据以及消费者长期购买习惯数据，物流公司可以对这些数据进行大数据分析，优化仓储选址、干线物流基础设施建设以及物流体系建设，并根据商品需求分析结果提前把货物配送到需求较为集中的区域，做到"买家没有下单、货就已经在路上"，最终实现"以天网数据优化地网效率"的目标。有了天网数据的支持，阿里巴巴可以充分利用大数据技术，为用户提供个性化的电子商务和物流服务。用户从"时效最快""成本最低""最安全""服务最好"等服务选项中选择快递组合类型后，阿里巴巴会根据以往的快递公司的服务情况、各个分段的报价情况、即时运力资源情况、该流向的即时件量等信息，甚至可以融合天气预测、交通预测等数据，进行相关的大数据分析，从而得到满足用户需求的最优线路方案供用户选择，并最终把相关数据分发给各个物流公司去完成物流配送。

可以说，菜鸟计划的关键在于信息整合，而不是资金和技术的整合。阿里巴巴的"天网"和"地网"，必须要能够把供应商、电商企业、物流公司、金融企业、消费者的各种数据全方位、透明化地加以整合、分析、判断，并转化为电子商务和物流系统的行动方案。

4.4　大数据在城市管理领域的应用

大数据在城市管理中发挥着日益重要的作用，主要体现在智能交通、环保监测、城市规划和安防、疫情防控等领域。

4.4.1　智能交通

随着中国全面进入汽车社会，交通拥堵已经成为亟待解决的城市管理难题。许多城市纷纷将目光转向智能交通，期望通过实时获得关于道路和车辆的各种信息，分析道路交通状况，发布交通诱导信息，优化交通流量，提高道路通行能力，有效缓解交通拥堵问题。一些发达国家的统计数据显示，智能交通管理技术可以帮助交通工具的使用效率提升 50%以上，交通事故死亡人数减少 30%以上。

智能交通将先进的信息技术、数据通信传输技术、电子传感技术、控制技术以及计算机技术等，有效集成并运用于整个地面交通管理，同时可以利用城市实时交通信息、社交网络和天气数据来优化最新的交通情况。

在智能交通应用中，遍布城市各个角落的智能交通基础设施（如摄像头、感应线圈、射频信号接收器），每时每刻都在生成大量感知数据，这些数据构成了智能交通大数据。利用事先构建的模型对交通大数据进行实时分析和计算，就可以实现交通实时监控、交通智能诱导、公共车辆管理、旅行信息服务、车辆辅助控制等应用。以公共车辆管理为例，今天，如北京、上海、广州、深圳、厦门等各大城市，都已经建立了公共车辆管理系统，道路上正在行驶的所有公交车和出租车都被纳入实时监控，通过车辆上安装的 GPS 导航定位设备，管理中心可以实时获得各个车辆的当前位置信息，并根据实时道路情况计算得到车辆调度计划，发布车辆调度信息，指导车辆控制到达和发车时间，实现运力的合理分配，提高运输效率。作为乘客，只要在智能手机上安装了"掌上公交"等软件，就可以通过手机随时随地查询各条公交线路以及公交车当前到达位置。

4.4.2　环保监测

1. 森林监视

森林是地球的"绿肺"，可以调节气候、净化空气、防止风沙、减轻洪灾、涵养水源及保持水土。但是，在全球范围内，每年都有大面积的森林遭受自然或人为因素的破坏，例如，森林火灾就是森林最危险的敌人，也是林业最可怕的灾害，它会给森林带来有害甚至毁灭性的后果；再例如，人为的乱砍滥伐也导致部分地区森林资源快速减少，这些都给人类生态环境造成了严重的威胁。

为了有效保护宝贵森林资源，各个国家和地区都建立了森林监视体系，例如地面巡护、瞭望台监测、航空巡护、视频监控、卫星遥感等。随着数据科学的不断发展，近年来，人们开始把大数据应用于森林监视，其中，谷歌森林监视系统就是一项具有代表性的研究成果。谷歌森林监视系统采用谷歌搜索引擎提供时间分辨率，采用 NASA 和美国地质勘探局的地球资源卫星提供空间分辨率。系统利用卫星的可见光和红外数据画出某个地点的森林卫星图像。在卫星图像中，每个像素都包含了颜色和红外信号特征等信息，如果某个区域的森林被破坏，该区域对应的卫星图像像素信息就会发生变化。因此，通过跟踪监测森林卫星图像上像素信息的变化，就可以有效监测到森林变化情况，当大片森林被砍伐破坏时，系统就会自动发出警报。

2. 环境保护

大数据已经被广泛应用于污染监测领域，借助大数据技术，采集各项环境质量指标信息，集成整合到数据中心进行数据分析，并把分析结果用于指导下一步环境治理方案的制定，可以有效提升环境整治的效果。把大数据技术应用于环境保护具有明显的优势，一方面，可以实现 7×24 小时的连续环境监测，另一方面，借助于大数据可视化技术，可以立体化呈现环境数据分析结果和治理模型，利用数据虚拟出真实的环境，辅助人类制定相关环保决策。

在一些城市，大数据也被应用到汽车尾气污染治理中。汽车尾气已经成为城市空气重要污染源之一，为了有效防治机动车污染，我国各级地方政府都十分重视对汽车尾气污染数据的收集和分析，为有效控制污染提供服务。例如，山东省借助现代智能化精确检测设备、大数据云平台管理和物联网技术，可准确收集机动车的原始排污数据，智能统计机动车排放污染量，溯源机动车检测状况和数据，确保为政府相关部门削减空气污染提供可信的数据。

4.4.3　城市规划

大数据正深刻改变着城市规划的方式。对于城市规划师而言，规划工作高度依赖测绘数据、统计资料以及各种行业数据。目前，城市规划师可以通过多种渠道获得这些基础性数据，用于开展各种规划研究。随着中国政府信息公开化进程的加快，各种政府层面的数据开始逐步对公众开放。与此同时，国内外一些数据开放组织也都在致力于数据开放和共享工作，如开放知识基金会（open knowledge foundation）、开放获取（open access）、共享知识（creative commons）、开放街道地图（open street map）等组织。此外，一些数据共享商业平台的诞生，也大大促进了数据提供者和数据消费者之间的数据交换。

城市规划研究者利用开放的政府数据、行业数据、社交网络数据、地理数据、车辆轨迹数据等开展了各个层面的规划研究。利用地理数据可以研究全国城市扩张模拟、城市建成区识别、地块边界与开发类型和强度重建模型、中国城市间交通网络分析与模拟模型、中国城镇格局时空演化分析模型，以及全国各城市人口数据合成和居民生活质量评价、空气污染暴露评价、主要城市都市区范围划定以及城市群发育评价等。利用公交 IC 卡数据，可以开展城市居民通勤分析、职住分析、人的行为分析、人的识别、重大事件影响分析、规划项目实施评估分析等。利用移动手机通话数据，可以研究城市联系、居民属性、活动关系及其对城市交通的影响。利用社交网络数据，可以研究城市功能分区、城市网络活动与等级、城市社会网络体系等。利用出租车定位数据，可以开展城市交通研究。利用搜房网的住房销售和出租数据，同时结合网络爬虫获取的居民住房地理位置和周边设施条件数据，就可以评价一个城区的住房分布和质量情况，从而便于城市规划设计者有针对性地优化城市的居住空间布局。

4.4.4 安防领域

近年来，随着网络技术在安防领域的普及、高清摄像头在安防领域应用的不断提升以及项目建设规模的不断扩大，安防领域积累了海量的视频监控数据，并且每天都在以惊人的速度生成大量新的数据。例如，中国的很多城市都在开展平安城市建设，在城市的各个角落密布成千上万个摄像头，7×24 小时不间断采集各个位置的视频监控数据，数据量之大，超乎想象。

除了视频监控数据，安防领域还包含大量其他类型的数据，包括结构化、半结构化和非结构化数据。结构化数据包括报警记录、系统日志记录、运维数据记录、摘要分析结构化描述记录，以及各种相关的信息数据库，如人口信息、地理数据信息、车驾管信息等；半结构化数据包括人脸建模数据、指纹记录等；非结构化数据主要指视频录像和图片记录，如监控视频录像、报警录像、摘要录像、车辆卡口图片、人脸抓拍图片、报警抓拍图片等。所有这些数据一起构成了安防大数据的基础。

之前这些数据的价值并没有被充分发挥出来，跨部门、跨领域、跨区域的联网共享较少，检索视频数据仍然以人工手段为主，不仅效率低下，而且效果并不理想。基于大数据的安防要实现的目标是通过跨区域、跨领域安防系统联网，实现数据共享、信息公开以及智能化的信息分析、预测和报警。以视频监控分析为例，大数据技术可以支持在海量视频数据中实现视频图像统一转码、摘要处理、视频剪辑、视频特征提取、图像清晰化处理、视频图像模糊查询、快速检索和精准定位等功能，同时深入挖掘海量视频监控数据背后的有价值信息，快速反馈信息，以辅助决策判断，从而让安保人员从繁重的人工肉眼视频回溯工作中解脱出来，不需要投入大量精力从大量视频中低效率查看相关事件的线索，在很大程度上提高了视频分析效率，缩短了视频分析时间。

4.4.5 疫情防控

2020 年 1 月，我国湖北省武汉市等地区发生新型冠状病毒感染的肺炎疫情，随后，疫情逐渐扩散到全国各地。疫情发生以后，全国上下步调一致，汇聚起了战"疫"硬核力量，其间大数据作用可圈可点。在疫情防控、资源调配、复工复产等方面，大数据都扮演着重要角色。

（1）大数据助力疫情防控。做好疫情防控工作，直接关系人民生命安全和身体健康，直接关系经济社会大局稳定，也事关我国对外开放。在疫情防控方面，大数据表现可谓"亮眼"。例如，疫情实时大数据报告、新冠肺炎确诊患者相同行程查询工具、发热门诊地图等，都在疫情防控中发挥了明显作用。在人员密集场所，采用"5G+热成像"技术更是实现了快速测温及体温监控，能够有效预防病毒在人群传播。

（2）大数据精准资源调配。因为新冠疫情的传播，各地对医疗物资、生活物资等多维度资源需求短时间内激增。借助高价值数据，可以最大限度利用资源，实现系统谋划、顶层设计、动态调整。例如，"国家重点医疗物资保障调度平台"，对医用防护服、口罩、护目镜、药品等重点医疗物资实施在线监测，全力保障重点医疗防控物资生产供应。借助大数据、人工智能、云计算等数字技术，打赢疫情防控阻击战，我们底气十足。

（3）大数据护航复工复产。疫情防控不能松懈，复工复产同样不能迟缓。推动企业复工复产，既是打赢疫情防控阻击战的实际需要，也是经济社会稳定运行的重要保证。随着复工复产全力推进，多地依托疫情防控大数据平台推出了"健康码"，实现了疫情防控的智能动态化监管。大数据发力，在为居民日常生活提供便利的同时，也形成了无遗漏、全覆盖、科学便捷的管控体系。

4.5　大数据在金融领域的应用

金融业是典型的数据驱动行业，是数据的重要生产者，每天都会生成交易、报价、业绩报告、消费者研究报告、官方统计数据公报、调查、新闻报道等各种信息。金融业高度依赖大数据，大数据已经在高频交易、市场情绪分析和信贷风险分析三大金融创新领域发挥重要作用。

4.5.1　高频交易

高频交易（high-frequency trading，HFT）是指从那些人们无法利用的极为短暂的市场变化中寻求获利的计算机化交易，例如，利用某种证券买入价和卖出价差价的微小变化，或者某只股票在不同交易所之间的微小价差进行交易并获利。相关调查显示，2009 年以来，无论是美国证券市场，还是期货市场、外汇市场，高频交易所占份额已达 40%~80%。随着采取高频交易策略的情形不断增多，其所能带来的利润开始大幅下降。为了从高频交易中获得更高的利润，一些金融机构开始引入大数据技术来决定交易，例如，采取"战略顺序交易"（strategic sequential trading），即通过分析金融大数据识别出特定市场参与者留下的足迹，然后预判该参与者在其余交易时段的可能交易行为，并执行与之相同的行为，该参与者继续执行交易时将付出更高的价格，使用大数据技术的金融机构就可以趁机获利。

4.5.2　市场情绪分析

市场情绪是整体市场所有市场参与人士观点的综合体现，这种所有市场参与者共同表现出来的感觉，即我们所说的市场情绪。例如，交易者对经济的看法悲观与否，新发布的经济指标是否会让交易者明显感觉到未来市场将会上涨或下跌等。市场情绪对金融市场有着重要的影响，换句话说，正是市场上大多数参与者的主流观点决定了当前市场的总体方向。

市场情绪分析是交易者在日常交易工作中不可或缺的一环，根据市场情绪分析、技术分析和基本面分析，可以帮助交易者做出更好的决策。大数据技术在市场情绪分析中大有用武之地。今天，几乎每个市场交易参与者都生活在移动互联网世界里，每个人都可以借助智能移动终端（手机、平板电脑等）实时获得各种外部世界信息，同时，每个人又都扮演着对外信息发布主体的角色，通过博客、微博、微信、个人主页、QQ 等各种社交媒体发布个人的市场观点。英国布里斯托尔大学的团队研究了由超过 980 万英国人创造的 4.84 亿条推特（Twitter）消息，发现公众的负面情绪变化与财政紧缩及社会压力高度相关。因此，海量的社交媒体数据形成了一座可用于市场情绪分析的宝贵金矿，利用大数据分析技术，可以从中提取市场情绪信息，开发交易算法，确定市场交易策略，获得更大利润空间。

4.5.3 信贷风险分析

信贷风险是指信贷放出后本金和利息可能发生损失的风险，它一直是金融机构需要努力化解的一个重要问题，直接关系到机构自身的生存和发展。我国为数众多的中小企业是金融机构不可忽视的目标客户群体，市场潜力巨大。但是，与大型企业相比，中小企业具有先天的不足，主要表现在以下 4 个方面：① 贷款偿还能力差；② 财务制度普遍不健全，难以有效评估其真实经营状况；③ 信用度低，逃废债情况严重，银行维权难度较大；④ 企业内在素质低下，生存能力普遍不强。因此，对于金融机构而言，放贷给中小企业的潜在信贷风险明显高于大型企业。对于金融机构而言，成本、收益和风险不对称，导致其更愿意贷款给大企业，据测算，对中小企业贷款的管理成本，平均是大企业的 5 倍，而风险却高得多。可以看出，风险与收益不成比例，使得金融机构始终不愿意向中小企业全面敞开大门，这不仅限制了自身的成长，也限制了中小企业的成长，不利于经济社会的发展。如果能够有效加强风险的可审性和加大风险的管理力度，支持精细化管理，那么，毫无疑问，金融机构和中小企业都将迎来新一轮的大发展。

今天，大数据分析技术已经能够为企业信贷风险分析助一臂之力。通过收集和分析大量中小微企业用户日常交易行为的数据，判断其业务范畴、经营状况、信用状况、用户定位、资金需求和行业发展趋势，解决由于其财务制度的不健全而无法真正了解其真实经营状况的难题，让金融机构放贷有信心、管理有保障。对于个人贷款申请者而言，金融机构可以充分利用申请者的社交网络数据分析得出个人信用评分。例如，美国 Movenbank 移动银行、德国 Kreditech 贷款评分公司等新型中介机构，都在积极尝试利用社交网络数据构建个人信用分析平台，将社交网络资料转化成个人互联网信用；它们试图说服 LinkedIn、Facebook 或其他社交网络对金融机构开放用户相关资料和用户在各网站的活动记录，然后，借助于大数据分析技术，分析用户在社交网络中的好友的信用状况，以此作为生成客户信用评分的重要依据。

4.5.4 大数据征信

征信，最早起源于《左传》，出自"君子之言，征而有信，故怨远于其身"。现代所谓征信，指的是依法设立的信用征信机构对个体信用信息进行采集和加工，并根据用户要求提供信用信息查询和评估服务的活动。简单来说，就是信用信息集合，本质就在于利用信用信息对金融主体进行数据刻画。

信用作为一国经济领域特别是金融市场的基础性要素，对经济和金融的发展起到至关重要的作用。准确的信用信息可以有效降低金融系统的风险和交易成本。健全的征信体系能够显著提高信用风险管理能力，培育和发展征信市场对维护经济金融系统持续、稳定发展具有重要价值。所以征信是现代金融体系的重要基础设施。

在征信方式方面，传统的征信机构主要使用的是金融机构产生的信贷数据，一般是从数据库中直接提取的结构化数据，来源单一，采集频率也比较低。另一方面对于没有产生信贷行为的个体，金融机构并没有此类对象的信贷数据，那么传统的方式就无法给出合理的评价。对有信贷数据的个体进行评价时，主要是根据过去的历史信用记录给出评分，作为对未来信用水平的判断，应用的场景也普遍局限于金融信贷领域的贷款审批、信用卡审批环节。

大数据等新兴技术的发展，使我们具备了处理实时海量数据的能力，搜索和数据挖掘能力也得到了长足进步。征信行业本就是严重依赖数据的，信息技术的进步则为征信行业注入了新的活力，带来新的发展机遇，例如大数据可以解决海量征信数据的采集和存储问题，机器学习和人工智能方法可对征信数据进行深入挖掘和风险分析，借助云计算和移动互联网等手段可提高征信服务的便捷性和实时性等。

大数据征信就是利用信息技术优势，将不同信贷机构、消费场景、支离破碎的海量数据整合起来，经过数据清洗、模型分析、校验等一系列流程后，加工融合成真正有用的信息。在大数据征信中，数据来源十分广泛，包括社交（人脉、兴趣爱好等）、司法行政、日常生活（公共交通、铁路飞机、加油、水电气费、物业取暖费等）、社会行为（旅游住宿、互联网金融、电子商务等）、政务办理（护照签证、办税、登记注册等）、社会贡献（爱心捐献、志愿服务等）、经济行为等。不仅只是传统征信的信贷历史数据，而是所有的"足迹"都被记录，这其中既有结构化数据也有大量非结构化数据，能够多维度地刻画一个人的信用状况。同时，大数据挖掘获得的数据具有实时性、动态性，能够实时监测信用主体的信用变化，企业可以及时拿出解决方案，避免不必要的风险。

大数据征信主要通过迭代模型，从海量数据中寻找关联，并由此推断个人身份特质、性格偏好、经济能力等相对稳定的指标，进而对个人的信用水平进行评价，给出综合的信用评分。采用的数据挖掘方法包括机器学习、神经网络、PageRank 算法等数据处理方法。

大数据征信的应用场景很多，在金融领域，个人征信产品主要用于消费信贷、信用卡、P2P 平台、网络购物平台等，在生活领域，个人征信产品主要用于签证审核和发放、个人职业升迁评判、法院判决、个人参与社会活动（如求职、交友等）。

总而言之，未来的征信不只局限于金融领域，在当今互联网大发展的时代，通过共享经济等新经济形式，征信会逐渐渗透到衣食住行方方面面，在大数据的助力下帮助社会形成"守信者处处受益、失信者寸步难行"的良好局面。

4.6　大数据在汽车领域的应用

微视频

4-8

大数据在汽车领域的应用

自动驾驶汽车经常被描绘成一个可以解放驾车者的技术奇迹，谷歌、百度、华为等是这个领域的技术领跑者。无人驾驶汽车系统可以同时对数百个目标保持监测，包括行人、公共汽车、一个做出左转手势的自行车骑行者以及一个保护学生过马路的人举起的停车指示牌等。以谷歌自动驾驶汽车为例，谷歌自动驾驶汽车的基本工作原理是：车顶上的扫描器发射 64 束激光射线，当激光射线碰到车辆周围的物体时，会反射回来，由此可以计算出车辆和物体的距离。同时，在汽车底部还配有一套测量系统，可以测量出车辆在 3 个方向上的加速度、角速度等数据，并结合 GPS 数据计算得到车辆的位置。所有这些数据与车载摄像机捕获的图像一起输入计算机，大数据分析系统以极高的速度处理这些数据；这样，系统就可以实时探测周围出现的物体，不同汽车之间甚至能够相互交流，了解附近其他车辆的行进速度、方向以及车型、驾驶员驾驶水平等，并根据行为预测模型对附近汽车的突然转向或制动行为及时做出反应，非常迅速地做出各种车辆控制动作，引导车辆在道路上安全行驶。

为了实现自动驾驶的功能，谷歌自动驾驶汽车上配备了大量传感器，包括雷达、车道保持系统、激光测距系统、红外摄像头、立体视觉、GPS 导航系统、车轮角度编码器等，这些传感器每秒产生 1GB 数据，每年产生的数据量将达到约 2PB。可以预见的是，随着自动驾驶汽车技术的不断发展，未来汽车将配置更多的红外传感器、摄像头和激光雷达，这也意味着将会生成更多的数据。大数据分析技术将帮助自动驾驶系统做出更加智能的驾驶动做决策，比人类驾车更加安全、舒适、节能、环保。

4.7　大数据在零售领域的应用

大数据在零售行业中的应用主要包括发现关联购物行为、客户群体划分和供应链管理等。

4.7.1　发现关联购买行为

谈到大数据在零售行业的应用，不得不提到一个经典的营销案例——啤酒与尿布的故事。在一家超市，有个有趣的现象——尿布和啤酒赫然摆在一起出售，但是，这个"奇怪的举措"却使尿布和啤酒的销量双双增加了。这不是奇谈，而是发生在美国沃尔玛连锁店超市的真实案例，并一直为商家所津津乐道。

其实，只要分析一下人们在日常生活中的行为，上面的现象就不难理解了。在美国，妇女一般在家照顾孩子，她们经常会嘱咐丈夫在下班回家的路上，顺便去超市买些孩子的尿布，而男人进入超市后，购买尿布的同时顺手买几瓶自己爱喝的啤酒，也是情理之中的事情，因此，商家把啤酒和尿布放在一起销售，男人在购买尿布的时候看到啤酒，就会产生购买的冲动，增加了商家的啤酒销量。

现象不难理解，问题的关键在于商家是如何发现这种关联购买行为的呢？大数据技术在这个过程发挥了至关重要的作用。沃尔玛拥有世界上最大的数据仓库系统，积累了大量原始交易数据，利用这些海量数据对顾客的购物行为进行"购物篮分析"，沃尔玛就可以准确了解顾客在其门店的购买习惯。沃尔玛通过数据分析和实地调查发现，在美国，一些年轻父亲下班后经常要到超市去买婴儿尿布，而他们中有 30%~40% 的人同时也为自己买一些啤酒。既然尿布与啤酒一起被购买的机会很多，沃尔玛就在各个门店将尿布与啤酒摆放在一起，结果，尿布与啤酒的销售量双双增长。啤酒与尿布，乍一看，可谓风马牛不相及，然而，借助大数据技术，沃尔玛从顾客历史交易记录中挖掘得到啤酒与尿布二者之间存在的关联性，并用来指导商品的组合摆放，收到了意想不到的好效果。

4.7.2　客户群体细分

《纽约时报》曾经发布过一条引起轰动的关于美国第二大零售超市 Target 百货公司成功推销孕妇用品的报道，让人们再次感受到了大数据的威力。众所周知，对于零售业而言，孕妇是一个非常重要的消费群体，孕妇从怀孕到生产的全过程，需要购买保健品、无香味护手霜、婴儿尿布、爽身粉、婴儿服装等各种商品，表现出非常稳定的刚性需求。因此，孕妇产品零售商如果能够提前获得孕妇信息，在怀孕初期就进行有针对性的产品宣传和引导，无疑将会给商家带来巨大的收益。如果等到婴儿出生，由于美国出生记录是公开的，全国的商家都会知道孩子已经出生，新生儿母亲就会被铺天盖地的产品优惠广告包围，那时，商家再行动就为时已晚，就会面临很多的市场竞争者。因此，如何有效识别出哪些顾客属于孕妇群体就成为核心的关键问题。但是，在传统的方式下，要从茫茫人海里识别出哪些是怀孕顾客，需要投入惊人的人力、物力、财力，使得这种细分行为毫无商业意义。

面对这个棘手难题，Target 百货公司另辟蹊径，把焦点从传统方式移开，转向大数据技术。Target 的大数据系统会为每一个顾客分配一个唯一的 ID 号，顾客的刷信用卡、使用优惠券、填写调查问卷、邮寄退货单、打客服电话、开启广告邮件、访问官网等所有信息，都会与自己的 ID 号关联起来并存入大数据系统。仅有这些数据，还不足以全面分析顾客的群体属性特征，还必须借助于公司外部的各种数据来辅助分析。为此，Target 公司从其他相关机构购买了关于顾客的其他必要信息，包括年龄、是否已婚、是否有子女、所住市区、住址离 Target 的车程、薪水情况、最近是否搬过家、信用卡情况、常访问的网址、种族、就业史、喜欢读的杂志、破产记录、婚姻史、购房记录、求学记录、阅读习惯等。以这些关于顾客的海量相关数据为基础，借助大数据分析技术，Target 公司就可以得到客户的深层需求，从而达到更加精准的营销。

Target 通过分析发现，有一些明显的购买行为可以用来判断顾客是否已经怀孕。例如，第 2 个妊娠期开始时，许多孕妇会购买许多大包装的无香味护手霜；在怀孕的最初 20 周，孕妇往往会大量购买补充钙、镁、锌之类的保健品。在大量数据分析的基础上，Target 选出 25 种典型商品的消费数据构建出"怀孕预测指数"，通过这个指数，Target 能够在很小的误差范围内预测到顾客的怀孕情况。因此，当其他商家还盲目地满大街发广告寻找目标群体的时候，Target 就已经早早地锁定了目标客户，并把孕妇优惠广告寄发给顾客。而且，Target 注意到，有些孕妇在怀孕初期可能并不想让别人知道自己已经怀孕，如果贸然给顾客邮寄孕妇用品广告单，很可能会适得其反，惹怒顾客。为此，Target 选择了一种比较隐秘的做法，把孕妇用品的优惠广告夹杂在一大堆其他商品优惠广告当中，这样顾客就不知道 Target 知道她怀孕了。Target 这种润物细无声式的商业营销，使得许多孕妇在浑然不觉的情况下成了 Target 常年的忠实拥趸，与此同时，许多孕妇产品专卖店也在浑然不知的情况下失去了很多潜在的客户。

Target 通过这种方式，悄无声息地获得了巨大的市场收益。一天，一个父亲通过 Target 邮寄来的广告单意外发现自己的女儿怀孕了，此事很快被《纽约时报》报道，从而让 Target 这种隐秘的营销模式引起轰动，广为人知。

4.7.3 供应链管理

亚马逊、联合包裹快递（UPS）、沃尔玛等先行者已经开始享受大数据带来的成果，大数据可以帮助它们更好地掌控供应链，更清晰地把握库存量、订单完成率、物料及产品配送情况，更有效地调节供求，同时，利用基于大数据分析得到的营销计划，可以优化销售渠道，完善供应链战略，争夺竞争优先权。

美国最大的医药贸易商 McKesson 公司，对大数据的应用已经远远领先于大多数企业。该公司运用先进的运营系统，可以对每天 200 万个订单进行全程跟踪分析，并且监督超过 80 亿美元的存货。同时，公司还开发了一种供应链模型用于在途存货的管理，它可以根据产品线、运输费用甚至碳排放量，提供极为准确的维护成本视图，使公司能够更加真实地了解任意时间点的运营情况。

4.8　大数据在餐饮领域的应用

大数据在餐饮行业得到了广泛的应用，包括大数据驱动的团购模式、利用大数据为用户推荐消费内容以及调整线下门店布局和控制人流量等。

4.8.1 餐饮行业拥抱大数据

餐饮业行业不仅竞争激烈，而且利润微薄，经营和发展比较艰难。一方面，人力成本、食材价格不断上涨，另一方面，店面租金连续快速上涨，各种经营成本高企，导致许多餐饮企业陷入困境。因此，在全球范围内，不少餐饮企业开始转向大数据，以更好地了解消费者的喜好，从而改善它们的食物和服务，以获得竞争优势，这在一定程度上帮助企业实现了收入的增长。

Food Genius 是一家总部位于美国芝加哥的公司，聚合了来自美国全国各地餐馆的菜单数据，对超过 350 000 家餐馆的菜单项目进行跟踪，以帮助餐馆更好地确定价格、食品和营销的趋势。这些数据可以帮助餐馆获得商机，并判断哪些菜可能获得成功，从而减少菜单变化所带来的不确定性。Avero 餐饮软件公司则通过对餐饮企业内部运营数据进行分析，帮助企业提高运营效率，如制定什么样的战略可以提高销量、在哪个时间段开展促销活动效果最好等。

4.8.2 餐饮 O2O

餐饮 O2O（online to offline）模式是指无缝整合线上线下资源，形成以数据驱动的 O2O 闭环运营模式，如图 4-2 所示，为此，需要建立线上 O2O 平台，提供在线订餐、点菜、支付、

地理位置也比较分散，例如，风力发电机一般分布在比较分散的沿海或者草原荒漠地区，风力大时发电量就多，风力小时发电量就少，设备故障检修期间就不发电，无法产生稳定可靠的电能。传统电网主要是为稳定出力的能源而设计的，无法有效消纳处理不稳定的新能源。

智能电网的提出就是认识到传统电网的结构模式无法大规模适应新能源的消纳需求，必须将传统电网在使用中进行升级，既要完成传统电源模式的供用电，又要逐渐适应未来分布式能源的消纳需求。概括地说，智能电网就是电网的智能化，是建立在集成的、高速双向通信网络的基础上，通过先进的传感和测量技术、先进的设备技术、先进的控制方法以及先进的决策支持系统的应用，实现电网可靠、经济、高效、环境友好和使用安全的目标，其主要特征包括自愈、抵御攻击、提供满足 21 世纪用户需求的电能质量、容许各种不同发电形式的接入、启动电力市场以及资产的优化高效运行。

智能电网的发展，离不开大数据技术的发展和应用，大数据技术是组成整个智能电网的技术基石，将全面影响到电网规划、技术变革、设备升级、电网改造以及设计规范、技术标准、运行规程乃至市场营销政策的统一等方方面面。电网全景实时数据采集、传输和存储，以及累积的海量多源数据快速分析等大数据技术，都是支撑智能电网安全、自愈、绿色、坚强及可靠运行的基础技术。随着智能电网中大量智能电表及智能终端的安装部署，电力公司可以每隔一段时间获取用户的用电信息，收集了比以往粒度更细的海量电力消费数据，构成智能电网中用户侧大数据，例如，如果把智能电表采集数据的时间间隔从 15 分钟变为 1 秒钟，1 万台智能电表采集的用电信息的数据就从 32.61 GB 提高到 114.6 TB。以海量用户用电信息为基础进行大数据分析，就可以更好地了解电力客户的用电行为，优化提升短期用电负荷预测系统，提前预知未来 2~3 个月的电网需求电量、用电高峰和低谷，合理地设计电力需求响应系统。

此外，大数据在风力发电机安装选址方面也发挥着重要的作用。IBM 公司利用多达 4 PB 的气候、环境历史数据，设计风机选址模型，确定安装风力涡轮机和整个风电场最佳的地点，从而提高风机生产效率和延长使用寿命。以往这项分析工作需要数周的时间，现在利用大数据技术仅需要不到 1 小时便可完成。

4.11 大数据在体育和娱乐领域的应用

大数据在体育和娱乐领域也得到了广泛的应用，包括训练球队、投拍影视作品、预测比赛结果等。

微视频
4-12
大数据在体育和娱乐领域的应用

4.11.1 训练球队

大数据正在影响着绿茵场上的较量。以前，一支球队的水平，一般只靠球员天赋和教练经验，然而，在 2014 年的巴西世界杯上，德国队在首轮比赛中就以 4:0 大胜葡萄牙队，有力证明了，大数据可以有效帮助一支球队进一步提升整体实力和水平。

德国队在世界杯开始前，就与 SAP 公司签订合作协议，SAP 提供一套基于大数据的足球解决方案 SAP Match Insights，帮助德国队提高训练水平和比赛成绩。德国队球员的鞋、护胫以及训练场地的各个角落，都被放置了传感器，这些传感器可以捕捉包括跑动、传球在内的各种细节动作和位置变化，并实时回传到 SAP 平台上进行处理分析，教练只需要使用平板电脑就可以查看关于所有球员的各种训练数据和影像，了解每个球员的运动轨迹、进球率、攻击范围等数据，从而深入发掘每个球员的优势和劣势，为有效提出针对每个球员的改进建议和方案提供重要的参考信息。

整个训练系统产生的数据量非常巨大，10 个球员用 3 个球进行训练，10 分钟就能产生出 700 万个可供分析的数据点。如此海量的数据，单纯依靠人力是无法在第一时间得到有效的分析结果的，SAP Match Insights 采用内存计算技术实现实时报告生成。在正式比赛期间，运动员和场地上都没有传感器，这时，SAP Match Insights 可以对现场视频进行分析，通过图像识别技术自动识别每一个球员，并且记录他们跑动、传球等数据。

正是基于这些海量数据和科学的分析结果，德国队制定了有针对性的球队训练计划，为出征巴西世界杯做了充足的准备。在巴西世界杯期间，德国队也用这套系统进行赛后分析，及时改进战略和战术，最终顺利问鼎 2014 巴西世界杯冠军。

4.11.2 投拍影视作品

在市场经济下，影视作品必须能够深刻了解观众观影需求，才能够获得市场成功。否则，就算邀请了金牌导演、明星演员和实力编剧，拍出的作品依然可能无人问津。因此，投资方在投拍一部影视作品之前，需要通过各种有效渠道，了解到观众当前关注什么题材，喜欢哪些明星等，从而做出决定投拍什么作品。

以前，分析什么作品容易受到观众认可，通常是业内专业人士凭借多年的市场经验做出判断，或者简单采用"跟风策略"，观察已经播放的哪些影视作品比较受欢迎，就投拍类似题材的作品，国内这些年投拍的众多抗战剧和谍战剧，就是《亮剑》和《潜伏》两部作品获得空前成功后其他投资方跟风的后果。

现在，大数据可以帮助投资方做出明智的选择，《纸牌屋》的巨大成功就是典型例证。《纸牌屋》的成功得益于 Netflix 公司对海量用户数据的积累和分析。美国 Netflix 公司是世界上最大的在线影片租赁服务商，在美国有 2 700 万订阅用户，在全世界则有 3 300 万订阅用户，每天用户在 Netflix 上产生 3 000 多万个行为，如用户暂停、回放或者快进时都会产生一个行为，Netflix 的订阅用户每天还会给出 400 万个评分以及 300 万次搜索请求，查询剧集播放时间和设备。可以看出，Netflix 几乎比所有人都清楚大家喜欢看什么。

Netflix 通过对公司积累的海量用户数据分析后发现，金牌导演大卫·芬奇、奥斯卡影帝凯文·史派西和英国小说《纸牌屋》具有非常高的用户关注度，于是，Netflix 决定投拍一个融合三者的连续剧，并寄予很大希望，认为它能够获得成功。事后证明，这是一次非常正确的投资决定，《纸牌屋》播出后，一炮打响，迅速风靡全球，大数据再一次证明了自己的威力和价值。

4.11.3　预测比赛结果

大数据可以预测比赛结果是具有科学根据的，它用数据来说话，通过对海量相关数据进行综合分析，得出一个预测判断。本质上而言，大数据预测就是基于大数据和预测模型去预测未来某件事情的概率。2014 年巴西世界杯期间，大数据预测比赛结果开始成为球迷们关注的焦点。百度、谷歌、微软和高盛等公司都竞相利用大数据技术预测比赛结果，百度预测结果最为亮眼，预测全程 64 场比赛，准确率为 67%，进入淘汰赛后准确率为 94%。百度的做法是，检索过去 5 年内全世界 987 支球队（含国家队和俱乐部队）的 3.7 万场比赛数据，同时与中国彩票网站乐彩网、欧洲必发指数数据供应商 Spdex 进行数据合作，导入博彩市场的预测数据，建立了一个囊括 199 972 名球员和 1.12 亿条数据的预测模型，并在此基础上进行结果预测。

4.12　大数据在安全领域的应用

大数据对于有效保障国家安全发挥着越来越重要的作用，例如，利用大数据技术防御网络攻击、应用大数据工具预防犯罪等。

4.12.1　大数据与国家安全

2013 年，"棱镜门"事件震惊全球，美国中央情报局工作人员斯诺登揭露了一项美国国家安全局于 2007 年开始实施的绝密电子监听计划——棱镜计划。该计划能够直接进入美国网际网络公司的中心服务器里挖掘数据、收集情报，对即时通信和既存资料进行深度的监听。许可的监听对象包括任何在美国以外地区使用参与该计划的公司所提供的服务的客户，或是任何与国外人士通信的美国公民。国家安全局在棱镜计划中可以获得电子邮件、视频和语音交谈、影片、照片、VoIP 交谈内容、档案传输、登录通知以及社交网络细节，全面监控特定目标及其联系人的一举一动。

为了支持这一计划，美国国家安全局在盐湖县与图埃勒县交界处，修建了美国最大最昂贵的数据中心，耗资 17 亿美元，占地 48 万平方米，采用运行速度超过 100 万万亿次（1EFLOPS）的超级计算机，每年的运转费用达 4 000 万美元，能够存储 10^{24} B（1 YB）。该数据中心主要是用来收集、存储及分析信息，为情报部门服务，并且保护国家的电子信息安全，数据中心每 6 小时可以收集 74 TB 的数据。

美国时任总统奥巴马强调，这一项目不针对美国公民或在美国的人，目的是反恐和保障美国人安全，而且经过国会授权，并置于美国外国情报监视法庭的监管之下。需要特别指出的是，虽然棱镜计划符合美国的国家安全利益，但是，从其他国家的利益角度出发，美国这种做法，不仅严重侵害了他国公民基本的隐私权和数据安全，也对他国的国家安全构成了严重威胁。

4.12.2　应用大数据技术防御网络攻击

网络攻击利用网络存在的漏洞和安全缺陷，对网络系统的硬件、软件及其系统中的数据进行攻击。早期的网络攻击，并没有明显的目的性，只是一些网络技术爱好者的个人行为，攻击目标具有随意性，只为验证和测试各种漏洞的存在，不会给企业带来明显的经济损失。但是，随着 IT 技术深度融入企业运营的各个环节，绝大多数企业的日常运营已经高度依赖各种 IT 系统。一些有组织的黑客开始利用网络攻击获取经济利益，或者受雇于某企业去攻击竞争对手的服务器，使其瘫痪而无法开展各项业务，或者通过网络攻击某企业服务器向对方勒索"保护费"，或者通过网络攻击获取企业内部商业机密文件。发送垃圾邮件、伪造杀毒程序以及网络黑客活动，是针对企业网络系统的主要攻击手段，这些网络攻击给企业造成了巨大的经济损失，直接危及企业生存。据统计，当前企业损失位居前三位的是知识产权泄密、财务信息失窃以及客户个人信息被盗，一些公司因知识产权被盗而破产。

在过去，企业为了保护计算机安全，通常购买瑞星、江民、金山、卡巴斯基、赛门铁克等公司的杀毒软件安装到本地运行，执行杀毒操作时，程序会对本地文件进行扫描，并和安装在本地的病毒库文件进行匹配，如果某个文件与病毒库中的某个病毒特征匹配，就说明该文件感染了这种病毒，发出警报，如果没有匹配，即使这个文件是一个病毒文件，也不会发出警报。因此，病毒库是否能及时更新，直接影响到杀毒软件对一个文件是否感染病毒的判断。网络上不断有新的病毒产生，网络安全公司会及时发布最新的病毒库供用户下载升级用户本地病毒库，这就会导致用户本地病毒库越来越大，本地杀毒软件需要耗费越来越多的硬件资源和时间来进行病毒特征匹配，严重影响计算机系统对其他应用程序的响应速度，给用户带来的一个直观感受就是，一运行杀毒软件，计算机响应速度就明显变慢。因此，随着网络攻击的日益增多，采用特征库判别法显然已经过时。

云计算和大数据的出现，给网络安全产品带来了深刻的变革。今天，基于云计算和大数据技术的云杀毒软件，已经广泛应用于企业信息安全保护。在云杀毒软件中，识别和查杀病毒不再仅仅依靠用户本地病毒库，而是依托庞大的网络服务，进行实时采集、分析和处理，整个互联网就是一个巨大的"杀毒软件"。云杀毒通过网状的大量客户端对网络中软件行为的异常进行监测，获取互联网中木马、恶意程序的最新信息，传送到云端，利用先进的云计算基础设施和大数据技术进行自动分析和处理，能及时发现未知病毒代码、未知威胁、0day 漏洞等恶意攻击，再把病毒和木马的解决方案分发到每一个客户端。

4.12.3　警察应用大数据工具预防犯罪

谈到警察破案，我们头脑中会迅速闪过各种英雄神探的画面，从外国侦探小说中的福尔摩斯和动画作品中的柯南，到国内影视剧作品中的神探狄仁杰，无一不是思维缜密、多谋善断，能够抓住罪犯留下的蛛丝马迹获得案情重大突破。但是，这些毕竟只是文艺作品中的英雄，并不是生活中的真实故事，现实警察队伍中，多少年也未必能够涌现出一个"狄仁杰"。

可是，有了大数据的帮助，神探将不再是一个遥不可及的名词，也许以后每个普通警察都能够熟练运用大数据工具把自己"武装"成一个神探。大数据工具可以帮助警察分析历史案件，发现犯罪趋势和犯罪模式，甚至能够通过分析闭路电视、电子邮件、电话记录、金融交易记录、犯罪统计数据、社交网络数据等来预测犯罪。据国外媒体报道，美国纽约警方已经在日常办案过程中引入了数据分析工具，通过采用计算机化的地图以及对历史逮捕模式、发薪日、体育项目、降雨天气和节假日等变量进行分析，帮助警察更加准确地了解犯罪模式，预测出最可能发生罪案的"热点"地区，并预先在这些地区部署警力，提前预防犯罪发生，从而减少了当地的发案率。还有一些大数据公司可以为警方提供整合了指纹、掌纹、人脸图像、签名等一系列信息的生物信息识别系统，从而帮助警察快速地搜索所有相关的图像记录以及案件卷宗，大大提高了办案效率。洛杉矶警察局已经能够利用大数据分析软件成功地把辖区里的盗窃犯罪降低了 33%，暴力犯罪降低了 21%，财产类犯罪降低了 12%。洛杉矶警察局把过去 80 年内的 130 万个犯罪记录输入了一个数学模型，这个模型原本用于地震余震的预测，由于地震余震模式和犯罪再发生的模式类似——在地震（犯罪）发生后在附近地区发生余震（犯罪）的概率很大，于是被巧妙地嫁接到犯罪预测，收到了很好的效果。在欧洲，当地警方和美国麻省理工学院研究人员合作，利用电信运营商提供的手机通信记录绘制了伦敦的犯罪事件预测地图，大大提高了出警效率，降低了警力部署成本。

4.13　大数据在日常生活中的应用

大数据正在影响着我们每个人的日常生活。在信息化社会，我们每个人的一言一行都会留下以数据形式存在的轨迹，这些分散在各个角落的数据，记录了我们的通话、聊天、邮件、购物、出行、住宿以及生理指标等各种信息，构成了与每个人相关联的"个人大数据"。个人大数据是存在于"数据自然界"的虚拟数字人，与现实生活中的自然人一一对应、形影不离，自然人在现实生活中的各种行为所产生的数据，都会不断累加到数据自然界，丰富和充实与之对应的虚拟数字人。因此，分析个人大数据就可以深刻了解与之关联的自然人，了解他的各种生活行为习惯，例如每年的出差时间、喜欢入住的酒店、每天的上下班路线、最爱去的购物场所、网购涉及的商品、个人的网络关注话题、个人的性格和政治倾向等。

了解了个人的生活行为模式，一些公司就可以为个人提供更加周到的服务，例如，开发一款个人生活助理工具，可以根据你的热量消耗以及睡眠模式来规划你的个人健康作息时间，根据你的个人兴趣爱好为你选择与你志趣相投的交友对象，根据你的心跳、血压等各项生理指标为你选择合适的健身运动，根据你的交友记录为你安排朋友聚会维护人际关系网络，以及根据你的阅读习惯为你推荐最新的相关书籍等，所有服务都以数据为基础，以个人为中心，让我们每个人能够获得更加舒适的生活体验，全面提升我们的生活品质。

下面是网络上流传的一个虚构故事，畅想了我们在大数据时代可能的未来生活图景，当然，由于国家对个人隐私的保护，普通企业实际上无法获得那么全面的个人信息，因此，部分场景可能不会真实发生，不过从中可以深刻感受到大数据对生活的巨大影响。

未来畅想：大数据时代的个性化客户服务

某必胜客店的电话铃响了，客服人员拿起电话。

客服：您好，这里是必胜客，请问有什么需要我为您服务？

顾客：你好，我想要一份……

客服：先生，烦请先把您的会员卡号告诉我。

顾客：1896579＊＊＊＊。

客服：陈先生，您好！您是住在××路一号 12 楼 1205 室，您家电话是 2646＊＊＊＊，您公司电话是 4666＊＊＊＊，您的手机是 1391234＊＊＊＊。请问您想用哪一个电话付费？

顾客：你为什么会知道我所有的电话号码？

客服：陈先生，因为我们联机到客户关系管理系统。

顾客：我想要一个海鲜披萨。

客服：陈先生，海鲜披萨不适合您。

顾客：为什么？

客服：根据您的医疗记录，您的血压和胆固醇都偏高。

顾客：那你们有什么可以推荐的？

客服：您可以试试我们的低脂健康披萨。

顾客：你怎么知道我会喜欢吃这种的？

客服：您上星期一在国家图书馆借了一本《低脂健康食谱》。

顾客：好。那我要一个家庭特大号披萨，要付多少钱？

客服：99 元，这个足够您一家六口吃了。但您母亲应该少吃，她上个月刚刚做了心脏搭桥手术，还处在恢复期。

顾客：那可以刷卡吗？

客服：陈先生，对不起。请您付现款，因为您的信用卡已经刷爆了，您现在还欠银行 4 807 元，而且还不包括房贷利息。

顾客：那我先去附近的提款机提款。

客服：陈先生，根据您的记录，您已经超过今日提款限额。

顾客：算了，你们直接把披萨送我家吧，家里有现金。你们多久会送到？

客服：大约 30 分钟。如果您不想等，可以自己骑车来取。

顾客：为什么？

客服：根据我们全球定位系统的车辆行驶自动跟踪系统记录。您登记有一辆车号为 XD-548 的摩托车，而目前您正在五缘湾运动馆马卢奇路骑着这辆摩托车。

顾客：……

4.14　本章小结

　　本章介绍了大数据在互联网、生物医学、物流、城市管理、金融、汽车、零售、餐饮、体育、娱乐、安全等领域的应用，从中我们可以深刻地感受到大数据对我们日常生活的影响和重要价值。我们已经身处大数据时代，大数据已经触及社会每个角落，并为我们带来各种欣喜的变化。拥抱大数据，利用好大数据，是每个政府、机构、企业和个人的必然选择。我们每个人每天都在不断生成各种数据，成为大数据海洋的点点滴滴，我们贡献数据的同时，也从数据中收获价值。未来，人类将进入一个以数据为中心的世界，这是一个怎样精彩的世界呢？时间会告诉我们答案。

4.15　习题

1. 根据推荐算法的不同，推荐方法包括哪几类？
2. 请阐述大数据在生物医学领域有哪些典型应用。
3. 请阐述智慧物流的概念和作用。
4. 请阐述大数据在城市管理领域有哪些典型应用。
5. 请阐述大数据在金融领域有哪些典型应用。
6. 请阐述大数据在零售领域有哪些典型应用。
7. 请举例说明大数据在体育和娱乐领域的典型应用。
8. 请阐述大数据在安全领域有哪些典型应用。

第 5 章
大数据安全

大数据时代，数据的安全问题愈发凸显。大数据因其蕴藏的巨大价值和集中化的存储管理模式，更易成为网络攻击的重点目标，针对大数据的勒索攻击和数据泄露问题日益严重，全球范围内大数据安全事件频发。大数据呈现在人类面前的是一幅让人喜忧参半的未来图景：可喜之处在于，它开拓了一片广阔的天地，带来了一场生活、工作与思维的大变革；忧虑之处在于，它使我们面临更多的风险和挑战。大数据安全问题是人类社会在信息化发展过程中无法回避的问题，它将网络空间与现实社会连接得更加紧密，使传统安全与非传统安全熔于一炉，不仅给个人和企业带来了威胁，甚至还可能危及和影响社会安全、国家安全。

本章首先介绍传统的数据安全问题，并指出大数据安全与传统数据安全的不同，以及大数据时代数据安全面临的挑战；然后讨论大数据安全问题、大数据安全威胁和不同形式的大数据安全风险，并给出相关的典型案例；最后，讨论大数据保护的基本原则，给出大数据时代数据安全和隐私保护的对策，并简要介绍世界各国保护数据安全的实践。

5.1 传统数据安全

数据作为一种资源，它的普遍性、共享性、增值性、可处理性和多效用性，使其对于人类具有特别重要的意义。数据安全的实质就是要保护信息系统或信息网络中的数据资源免受各种类型的威胁、干扰和破坏，即保证数据的安全性。

传统的数据安全威胁主要包括：

（1）计算机病毒。计算机病毒能影响计算机软件、硬件的正常运行，破坏数据的正确与完整，甚至导致系统崩溃等重大恶果，特别是一些专门盗取各类数据信息的木马病毒，破坏性很大。目前杀毒软件应用已基本普及（如免费的 360 杀毒软件），计算机病毒造成的数据信息安全威胁隐患得到了很大程度的缓解。

（2）黑客攻击。计算机被入侵、账号泄露、资料丢失、网页被黑等也是企业信息安全管理中经常遇到的问题，其特点是这些活动往往具有明确的目标。当黑客要攻击一个目标时，通常首先收集被攻击方的有关信息，分析被攻击方可能存在的漏洞，然后建立模拟环境，进行模拟攻击，测试对方可能的反应，再利用适当的工具进行扫描，最后通过已知的漏洞，实施攻击。之后就可以读取邮件，搜索和盗窃文件，毁坏重要数据，破坏整个系统的信息，造成不堪设想的后果。

（3）数据信息存储介质的损坏。在物理介质层次上对存储和传输的信息进行安全保护，是信息安全的基本保障。物理安全隐患大致包括三个方面：一是自然灾害（如地震、火灾、洪水、雷电等）、物理损坏（如硬盘损坏、设备使用到期、外力损坏等）和设备故障（如停电断电、电磁干扰等）；二是电磁辐射、信息泄露、痕迹泄露（如口令密钥等保管不善）；三是操作失误（如删除文件、格式化硬盘、线路拆除）、意外疏漏等。

5.2 大数据安全与传统数据安全的不同

传统的信息安全理论重点关注数据作为资料的保密性、完整性和可用性（即"三性"）等静态安全，其受到的主要威胁在于数据泄露、篡改、灭失所导致的"三性"破坏。随着信息化和信息技术的进一步发展，信息社会从小数据时代进入到更高级的形态——大数据时代。在此阶段，通过共享、交易等流

通方式，数据质量和价值得到更大程度的实现和提升，数据动态利用逐渐走向常态化、多元化，这使得大数据安全表现出与传统数据安全不同的特征，具体来说有以下几个方面。

1. 传统"老三样"防御手段面临挑战

回顾过去，不难发现传统网络安全是以防火墙、杀毒软件和入侵检测这"老三样"为代

表的安全产品体系为基础。传统边界安全防护的任务关键是把好门，这就好比古代战争的打法一样。在国与国、城与城之间的边界区域，建立一些防御工事，安全区域在以护城河、城墙为安全壁垒的区域内，外敌入侵会很"配合"地选择同样的防御线路进行攻击，需要攻克守方事先建好的层层壁垒，才能最终拿下城池。其全程主要发力点是放在客观存在的物理边界上的，防火墙、杀毒软件、IDS、IPS、DLP、WAF、EPP 等设备的功能和作用亦如此。反观当下，云计算、移动互联网、物联网、大数据等新技术蓬勃发展，数据高效共享、远程访问、云端共享，原有的安全边界被"打破"了，这意味着传统边界式防护效果下降和无边界时代的来临。

2. 大数据成为网络攻击的显著目标

在网络空间中，数据越多，受到的关注也越高，因此，大数据是更容易被发现的大目标。一方面，大数据对于潜在的攻击者具有较大的吸引力，因为，大数据不仅体量大，而且包含了大量复杂和敏感的数据；另一方面，当数据在一个地方大量聚集以后，安全屏障一旦被攻破，攻击者就能一次性获得较大的收益。

3. 大数据加大隐私泄露风险

从大数据技术角度看，Hadoop 等大数据平台对数据的聚合增加了数据泄露的风险。Hadoop 作为一个分布式系统架构，具有海量数据的存储能力，存储的数据量可以达到 PB 级别；一旦数据保护机制被突破，将给企业带来不可估量的损失。对于这些大数据平台，企业必须实施严格的安全访问机制和数据保护机制。同样，目前被企业广泛推崇的 NoSQL 数据库（非关系型数据库），由于发展历史较短，目前还没有形成一整套完备的安全防护机制，相对于传统的关系数据库而言，NoSQL 数据库具有更高的安全风险，例如，MongoDB 作为一款具有代表性的 NoSQL 数据库产品，就发生过被黑客攻击导致数据库泄密的情况。另外，NoSQL 对来自不同系统、不同应用程序及不同活动的数据进行关联，也加大了隐私泄露的风险。

4. 大数据技术被应用到攻击手段中

大数据为企业带来商业的价值同时，也可能会被黑客利用来攻击企业，给企业造成损失。为了实现更加精准的攻击，黑客会收集各种各样的信息，如社交网络、邮件、微博、电子商务、电话和家庭住址等信息，这些海量数据为黑客发起攻击提供了更多的机会。

5. 大数据成为高级可持续攻击的载体

在大数据时代，黑客往往将自己的攻击行为进行较好的隐藏，依靠传统的安全防护机制很难被监测到。因为，传统的安全检测机制一般是基于单个时间点进行的基于威胁特征的实时匹配检测，而高级可持续攻击是一个实施过程，并不具备能够被实时检测出来的明显特征，因而无法被实时检测。

5.3 大数据时代数据安全面临的挑战

大数据时代，数据的产生、流通和应用变得空前密集。分布式计算存储架构、数据深度发掘及可视化等新型技术、需求和应用场景大大提升了数据资源的存储规模和处理能力，也给安全防护工作带来了巨大的挑战。

首先，系统安全边界模糊或引入的更多未知漏洞，使得分布式节点之间和大数据相关组件之间的通信安全薄弱性明显。

其次，分布式数据资源池汇集了大量用户数据，用户数据隔离困难，网络与数据安全技术需齐驱并进，两手同时抓。突破传统基于安全边界的防护策略，从防御纵深上实现更细粒度的安全访问控制，提升加密算法能力和密钥管理能力，是保证数据安全的关键举措。

再次，各方对数据资源的存储与使用的需求持续猛增，数据被广泛收集并共享开放，多方数据汇聚后的分析利用价值越来越被重视，甚至已成为许多组织或单位的核心资产。随之而来的安全防护及个人信息保护需求愈发突出，实现"数据可用不可见、身份可算不可识"是重大命题，也是市场机遇。

最后，数字化生活、智慧城市、工业大数据等新技术、新业务、新领域创造出多样的数据应用场景，使得数据安全防护实际情境更为复杂多变，如何保护数据的机密性、完整性、可用性、可信性、安全性等问题更加突出和关键。

5.4 大数据安全问题

2018 年，美国 Facebook 数据事件扭转了大众对大数据风险的传统认知，大数据风险的话题不再仅是个人和企业层面的保护问题，更是涉及政治领域，直接影响社会稳定和国家政治安全。总的来说，数据从静态安全到动态利用安全的转变，使得数据安全不再仅是确保数据本身的保密性、完整性和可用性，更承载着个人、企业、国家等多方主体的利益诉求，关涉个人权益保障、企业知识产权保护、市场秩序维持、产业健康生态建立、社会公共安全乃至国家安全维护等诸多数据治理问题。

5.4.1 隐私和个人信息安全问题

传统的隐私是隐蔽、不公开的私事，实际上是个人的秘密。大数据时代的隐私与传统不同，内容更多，分为个人信息、个人事务、个人领域，即隐私是一种与公共利益、群体利益无关，当事人不愿他人知道或他人不便知道的个人信息，当事人不愿他人干涉或他人不便干涉的个人私事，以及当事人不愿他人侵入或他人不便侵入的个人领域。隐私是客观存在的个人自然权利。在大数据时代，个人身份、健康状况、个人信用和财产状况以及自己和恋人的关系是隐私；使用设备、位置信息、电子邮件也是隐私；同时上网浏览情况、使用的手机 App、在网上参加的活动、发表及阅读什么帖子、点赞，也可能成为隐私。

大数据的价值并不单纯来源于它的用途，而更多地源自其二次利用。在大数据时代，无论是个人日常购物消费等琐碎小事，还是读书、买房、生儿育女等人生大事，都会在各式各样的数据系统中留下"数据脚印"。就单个系统而言，这些细小数据可能无关痛痒，但一旦将它们通过自动化技术整合后，就能够逐渐还原和预测个人生活的轨迹和全貌，使个人隐私无所遁形。

　　哈佛大学研究显示，只要知道一个人的年龄、性别和邮编，就可以在公开的数据库中识别出此人 87% 的身份信息。在模拟和小数据时代，一般只有政府机构才能掌握个人数据，而如今许多企业、社会组织也拥有海量数据，甚至在某些方面超过政府，这些海量数据的汇集使敏感数据暴露的可能性加大，对大数据的收集、处理、保存不当更是会加剧数据信息泄露的风险。

　　人类进入大数据时代以来，数据泄密事件时有发生。2011 年 4 月，全球最大的互联网娱乐社区之一，日本的索尼 Playstation Network 遭受黑客攻击，导致 770 万用户数据外泄，引发了新媒体传播的信用危机。2012 年 6 月，商务社交网站 LinkedIn 的 650 万用户的密码遭泄露，被发布在一家黑客网站上。2012 年 7 月，雅虎旗下网站 Yahoo Voice 的 45 万个用户名和密码被盗。2013 年 6 月，IBM 公司发布的《数据泄露年度成本研究报告》显示，2013 年平均每起数据泄露事件的成本较 2012 年上升了 15%，达 350 万美元。2013 年 9 月，欧盟官员在第四届欧洲数据保护年会上表示，92% 的欧洲人认为智能手机的应用未经允许就在收集个人数据，89% 的欧洲智能手机个人数据被非法收集。2014 年 1 月，澳大利亚政府网站 60 万份个人信息遭泄露。2014 年 1 月，德国约 1 600 万网络用户的邮箱信息被盗。2014 年 3 月，韩国电信1 200 万用户信息遭泄露。2014 年 5 月，美国《消费者报告》称，2013 年 1/7 的美国人曾被告知个人信息遭泄露，1 120 万美国人曾遭遇了电子邮件钓鱼欺诈，29% 的美国网民的家用计算机感染了恶意软件。2015 年 1 月，俄罗斯约会网站 Topface 有 2 000 万访客的用户名和电子邮件地址被盗。

　　Gemalto《2017 数据泄露水平指数报告》显示，2017 年上半年，全球范围内数据泄露总量为 19 亿条，超过 2016 年全年总量（14 亿），比 2016 年下半年增长了约 160%，数据泄露的数目呈逐年上涨的趋势。仅 2017 年，全球发生了多起影响重大的数据泄露事件，美国共和党下属数据分析公司、征信机构先后发生大规模用户数据泄露事件，影响人数均达到亿级规模。2017 年 11 月，美国五角大楼由于 AWS S3 配置错误，意外暴露了美国国防部的分类数据库，其中包含美国当局在全球社交媒体平台中收集到的 18 亿用户的个人信息。2017 年 11 月，两名黑客通过外部代码托管网站 GitHub 获得了 Uber 工程师在 AWS 上的账号和密码，从而盗取了 5 000 万乘客的姓名、电子邮件和电话号码，以及约 60 万名美国司机的姓名和驾照号码。2018 年 3 月，美国 Facebook 公司 5 000 万用户隐私数据发生泄露，公司股价暴跌。在我国，数据泄露事件也时有发生。2017 年，京东试用期员工与网络黑客勾结，盗取涉及交通、物流、医疗等个人信息 50 亿条，在网络黑市贩卖。2018 年 8 月，华住旗下多个连锁酒店入住信息数据正在网上非法出售，泄露数据总数近 5 亿。2018 年 12 月，一位名叫 Bob Diachenko 的网友在国外社交平台 Twitter 上爆料，一个包含 2.02 亿份中国人简历信息的数据库泄露，这些简历内容非常详细，包括姓名、生日、手机号码、邮箱、婚姻状况、政治面貌和工作经历等。

　　据 IBM 统计，2020—2021 年间全球企业数据泄露成本突破纪录，高达 424 万美元，其中业务损失成本上升至 159 万美元，并且约 44% 的数据泄露事件涉及个人信息。

5.4.2　企业数据安全问题

　　迈进大数据时代，企业信息安全面临多重挑战。企业在获得大数据时代信息价值增益的同时，其风险也在不断地累积，大数据安全方面的挑战日益增大。黑客窃密、病毒木马入侵企业信息系统事件频发。大数据在云系统中进行上传、下载、交换的同时，极易成为黑客的攻击对象。而大数据系统一旦被入侵并产生泄密，就会对企业的品牌、信誉、研发、销售等多方面造成严重冲击以及难以估量的损失。通常，那些对大数据分析有较高要求的企业，会面临更多的挑战，例如电子商务、金融领域、天气预报的分析预测、复杂网络计算和广域网感知等。任何一个误导目标信息提取和检索的攻击都是有效攻击，因为这些攻击会对厂商的大数据安全分析产生误导，导致其分析偏离正确的检测方向。应对这些攻击需要人们集合大量数据，进行关联分析才能够知道其攻击意图。大数据安全是与大数据业务相对应的，传统时代的安全防护思路难以奏效，并且成本过高。无论是从防范黑客对数据的恶意攻击，还是从对内部数据的安全管控角度，为了保障企业信息安全，迫切需要一种更为有效的方法对企业大数据的安全性进行有效管理。

5.4.3 国家安全问题

大数据作为一种社会资源，不仅给互联网领域带来变革，同时也给全球的政治、经济、军事、文化、生态等带来影响，已经成为衡量综合国力的重要标准。大数据事关国家主权和安全，必须加以高度重视。

1. 大数据成为国家之间博弈的新战场

大数据意味着海量的数据，也意味着更复杂、更敏感的数据，特别是关系国家安全和利益的数据，如国防建设数据、军事数据、外交数据等，极易成为网络攻击的目标。一旦机密情报被窃取或泄露，就会关系到整个国家的命运。

维基解密（Wikileaks）网站泄露美国军方机密信息，影响极其深远。美国国家安全顾问和白宫发言人强烈谴责维基解密的行为危害了其国家安全，置美军和盟友危险于不顾之境地。举世瞩目的"棱镜门"事件，更是昭示着国家安全经历着大数据的严酷挑战。在大数据时代，数据安全问题的严重性愈发凸显，已超过其他传统安全问题。

此外，对于数据的跨国流通，若没有掌握数据主权，势必影响国家主权。因为发达国家的跨国公司或政府机构，凭借其高科技优势，通过各种渠道收集、分析、存储及传输数据的能力会强于发展中国家，若发展中国家向外国政府或企业购买其所需数据，只要卖方有所保留（如重要的数据故意不提供），其在数据不完整的情形下就无法做出正确的形势研判，经济上的竞争力势必大打折扣，在经济发展的自主权上也会受到侵犯。漫无限制的数据跨国流通，尤其是当一国经济、政治方面的数据均由他国收集、分析并进而控制的时候，数据输出国会以其特有之价值观念对所收集的数据加以分析研判，无形中会主导数据输入国人民的价值观及世界观，对该国文化主权造成威胁。此外，对数据跨国流通不加限制还会导致国内大数据产业仰他人鼻息求生，无法自立自足，从而丧失了本国的数据主权，危及国家安全。

因此，大数据安全已经作为非传统安全因素受到各国的重视。大数据重新定义了大国博弈的空间，国家强弱不仅以政治、经济、军事实力为着眼点，数据主权同样决定国家的命运。目前，电子政务、社交媒体等已经扎根在人的生活方式、思维方式中，各个行业的有序运转已经离不开大数据，此时，数据一旦失守，将会给国家安全带来不可估量的损失。

2. 自媒体平台成为影响国家意识形态安全的重要因素

自媒体又称"公民媒体"或"个人媒体"，是指私人化、平民化、普泛化、自主化的传播者，以现代化、电子化的手段，向不特定的多数或者特定的单个人传递规范性及非规范性信息的新媒体的总称。自媒体平台包括博客、微博、微信、抖音、百度官方贴吧、论坛/BBS等。大数据时代的到来重塑着媒体表达方式，传统媒体不再一枝独秀，自媒体迅速崛起，使得每个人都是自由发声的独立媒体，都有在网络平台发表自己观点的权力。但是，自媒体的发展良莠不齐，一些自媒体平台上粗制滥造的文章层出不穷，甚至一些自媒体为了追求点击率，不惜突破道德底线发布虚假信息，受众群体难以分辨真伪，冲击了主流媒体发布的权威性。网络舆情是人民参政议政、舆论监督的重要反映，但是网络的通达性使其容易受到境外敌对势力的利用和渗透，成为不法信息的传播渠道，削弱了国家主流意识形态的传播，对国家的主权安全、意识形态安全和政治制度安全都会产生很大影响。

5.5　大数据安全威胁

在大数据环境下，各行业和领域的安全需求正在发生改变，从数据采集、数据整合、数据提炼、数据挖掘到数据发布，这一流程已经形成新的完整链条。随着数据的进一步集中和数据量的增大，对产业链中的数据进行安全防护变得更加困难。同时，数据的分布式、协作式、开放式处理也加大了数据泄露的风险，在大数据的应用过程中，如何确保用户及自身信息资源不被泄露将在很长一段时间内成为企业重点考虑的问题。然而，现有的信息安全手段已不能满足大数据时代的信息安全要求，安全威胁将逐渐成为大数据技术发展的瓶颈。

5.5.1　大数据基础设施安全威胁

大数据基础设施包括存储设备、运算设备、一体机和其他基础软件（如虚拟化软件）等。为了支持大数据的应用，需要创建支持大数据环境的基础设施。例如，需要高速的网络来收集各种数据源，大规模的存储设备对海量数据进行存储，还需要各种服务器和计算设备对数据进行分析与应用，并且这些基础设施带有虚拟化和分布式性质等特点。大数据基础设施给用户带来各种大数据新应用的同时，也会受到安全威胁，主要包括：

（1）非授权访问：指没有预先经过同意，就使用网络或计算机资源。例如，有意避开系统访问控制机制，对网络设备及资源进行非正常使用，或擅自扩大使用权限，越权访问信息。主要形式有假冒身份攻击、非法用户进入网络系统进行违法操作，以及合法用户以未授权方式进行操作等。

（2）信息泄露或丢失：指数据在传输中泄露或丢失（如利用电磁泄漏或搭线窃听方式截获机密信息，或通过对信息流向、流量、通信频度和长度等参数的分析，窃取有用信息等），在存储介质中泄露或丢失，以及黑客通过建立隐蔽隧道窃取敏感信息等。

（3）网络基础设施传输数据过程中破坏数据的完整性：大数据采用的分布式和虚拟化架构，意味着比传统的基础设施有更多的数据传输，大量数据在一个共享的系统里被集成和复制，当加密强度不够的数据在传输时，攻击者能通过实施嗅探、中间人攻击、重放攻击来窃取或篡改数据。

（4）拒绝服务攻击：指通过对网络服务系统的不断干扰，改变其正常的作业流程或执行无关程序，导致系统响应迟缓，影响合法用户的正常使用，甚至使合法用户遭到排斥，不能得到相应的服务。

（5）网络病毒传播：指通过信息网络传播计算机病毒。黑客可利用虚拟机管理系统自身的漏洞，入侵到宿主机或同一宿主机上的其他虚拟机。

5.5.2　大数据存储安全威胁

大数据规模的爆发性增长，对存储架构产生新的需求。大数据的规模通常可达到 PB 量级，数据的来源多种多样，结构化数据和非结构化数据混杂其中，传统结构化存储系统已经无法满足大数据应用的需要，因此，需要采用面向大数据处理的存储架构。大数据存储系统要有强大的扩展能力，可以通过增加模块或磁盘来增加存储容量；大数据存储系统的扩展要求操作简便快速，甚至不需要停机。在此种背景下，横向扩展（scale-out）架构越来越受到青睐。横向扩展是指根据需求增加不同的服务器和存储应用，通过多部服务器的协同存储、计算以提高整体运算能力，并且通过负载平衡及集群容错等功能保障服务的可靠度。与传统存储系统的烟囱式架构完全不同，横向扩展架构可以实现无缝平滑的扩展，避免产生"存储孤岛"。在传统的数据安全中，数据存储是非法入侵的最后环节，目前已形成完善的安全防护体系。大数据对存储的需求主要体现在海量数据处理、大规模集群管理、低延迟读写速度和较低的建设及运营成本方面。大数据时代的数据非常繁杂，其数据量惊人，保证这些数据在有效利用之前的安全是一个重要课题。

5.5.3　大数据网络安全威胁

互联网及移动互联网的快速发展不断地改变人们的工作、生活方式，同时也带来严重的安全威胁。网络面临的风险可分为广度风险和深度风险。广度风险是指安全问题随网络节点数量的增加呈指数级上升。深度风险是指传统攻击依然存在且手段多样；APT（advanced persistante threat，高级持续性威胁）攻击逐渐增多且造成的损失不断增大；攻击者的工具和手段呈现平台化、集成化和自动化的特点，具有更强的隐蔽性、更长的攻击与潜伏时间、更加明确和特定的攻击目标。结合广度风险与深度风险，大规模网络主要面临的安全问题包括：安全涉及的数据规模巨大，安全事件难以发现，安全的整体状况无法描述，安全态势难以感知等。

通过上述分析，网络安全是大数据安全防护的重要内容。现有的安全机制对大数据环境下的网络安全防护并不完美。一方面，大数据时代的信息爆炸，导致来自网络的非法入侵次数急剧增长，网络防御形势十分严峻。另一方面，由于攻击技术的不断成熟，现在的网络攻击手段越来越难以辨识，给现有的数据防护机制带来了巨大的压力。因此对于大型网络，在网络安全层面，除了访问控制、入侵检测、身份识别等基础防御手段，还需要管理人员能够及时感知网络中的异常事件与整体安全态势，从成千上万的安全事件和日志中找到最有价值、最需要处理和解决的安全问题，从而保障网络的安全状态。

5.6　不同形式的大数据安全风险

数据这种新型生产要素，是实现业务价值的主要载体，数据只有在流动中才能体现价值，而流动的数据必然伴随风险，数据安全威胁伴随业务生产无处不在。因此，凡是有数据流转的业务场景，都会有数据安全的需求产生。

不同形式的大数据安全风险主要包括：

（1）数据收集风险。在数据收集环节，风险威胁涵盖保密性威胁、完整性威胁、可用性威胁等。保密性威胁指攻击者通过建立隐蔽隧道，对信息流向、流量、通信频度和长度等参数的分析，窃取敏感的、有价值的信息；完整性威胁指数据与元数据的错位、源数据存有恶意代码；可用性威胁指数据伪造、刻意制造或篡改。

（2）数据存储风险。在数据存储环节，风险威胁来自外部因素、内部因素、数据库系统安全等。外部因素包括黑客脱库、数据库后门、挖矿木马、数据库勒索、恶意篡改等，内部因素包括内部人员窃取、不同利益方对数据的超权限使用、弱口令配置、离线暴力破解、错误配置等；数据库系统安全包括数据库软件漏洞和应用程序逻辑漏洞，如 SQL 注入、提权、缓冲区溢出、存储设备丢失等情况。

（3）数据使用风险。在数据使用环节，风险威胁来自外部因素、内部因素、系统安全等。外部因素包括账户劫持、APT 攻击、身份伪装、认证失效、密钥丢失、漏洞攻击、木马注入等；内部因素包括内部人员、DBA 违规操作窃取、滥用、泄露数据等，如非授权访问敏感数据，非工作时间、工作场所访问核心业务表，高危指令操作；系统安全包括不严格的权限访问、多源异构数据集成中隐私泄露等。

（4）数据加工风险。在数据加工环节，泄露风险主要是由分类分级不当、数据脱敏质量较低、恶意篡改/误操作等情况所导致。

（5）数据传输风险。在数据传输环节，数据泄露主要包括网络攻击、传输泄露等风险。网络攻击包括 DDoS 攻击、APT 攻击、通信流量劫持、中间人攻击、DNS 欺骗和 IP 欺骗、泛洪攻击威胁等；传输泄露包括电磁泄漏或搭线窃听、传输协议漏洞、未授权身份人员登录系统、无线网安全薄弱等。

（6）数据提供风险。在数据提供环节，风险威胁来自政策因素、外部因素、内部因素等。政策因素主要指不合规的提供和共享；内部因素指缺乏数据复制的使用管控和终端审计、行为抵赖、数据发送错误、非授权隐私泄露/修改、第三方过失而造成数据泄露；外部因素指恶意程序入侵、病毒侵扰、网络宽带被盗用等情况。

（7）数据公开风险。在数据公开环节，泄露风险主要是很多数据在未经过严格保密审查、未进行泄密隐患风险评估，或者未意识到数据情报价值或涉及公民隐私的情况下随意发布的情况。

5.7 典型案例

这里给出一些大数据安全方面的典型案例，包括棱镜门事件、维基解密、Facebook 数据滥用事件、手机应用软件过度采集个人信息、12306 囤票案件、免费 Wi-Fi 窃取用户信息、收集个人隐私信息的"探针盒子"、健身软件泄露美军机密、基因信息出境引发国家安全问题等。

5.7.1 棱镜门事件

2013 年 6 月，斯诺登将美国国家安全局关于"棱镜计划"的秘密文档披露给了《卫报》和《华盛顿邮报》，引起世界关注。

微视频 5-3 大数据安全典型案例（一）

"棱镜计划（PRISM）"是一项由美国国家安全局自 2007 年起开始实施的绝密电子监听计划，该计划的正式代号为"US-984XN"。在该计划中，美国国家安全局和联邦调查局利用平台和技术上的优势，开展全球范围内的监听活动。众所周知，全世界管理互联网的根服务器共有 13 台，1 台主根服务器和 12 台辅根服务器，1 台主根服务器和 9 台辅根服务器在美国，美国有最大的管理权限，所以可以直接进入相关网际公司的核心服务器中拿到数据、获得情报，对全世界重点地区、部门、公司甚至个人进行布控，监控范围包括信息发布、电子邮件、即时聊天消息、音视频、图片、备份数据、文件传输、视频会议、登录和离线时间、社交网络资料的细节、部门和个人的联系方式与行动。其中包括两个秘密监视项目，一是监视、监听民众电话的通话记录，二是监视民众的网络活动。

通过棱镜项目，美国国家安全局甚至可以实时全球监控一个人正在进行的网络搜索内容，可以收集大量个人网上痕迹，诸如聊天记录、登录日志、备份文件、数据传输、语音通信、个人社交信息等等，一天可以获得 50 亿人次的通话记录。美国国家安全局全方位、高强度监控全球互联网与电信业务的"棱镜"计划，彰显美国凭借平台及科技优势独霸网络信息的意图，使得网络信息安全受到前所未有的关注，将深刻地影响网络时代的国家战略与规划。

5.7.2 维基解密

维基解密是一个国际性非营利媒体组织，专门公开来自匿名来源和网络泄露的文档。澳大利亚人朱利安·保罗·阿桑奇通常被视为维基解密的创建者、主编和总监。网站成立于 2006 年 12 月，由阳光媒体运作。在成立一年后，网站宣称其文档数据库中的文档数达 120 万份。维基解密的目标是发挥最大的政治影响力。维基解密大量发布机密文件的做法使其饱受争议。支持者认为维基解密捍卫了民主和新闻自由，而反对者则认为大量机密文件的泄露威胁了相关国家的国家安全，并影响国际外交。2010 年 3 月，一份由美国军方反谍报机构在 2008 年制作的军方机密报告称，维基解密网站的行为已经对美国军方机构的"情报安全和运作安全"构成了严重的威胁。这份机密报告称，该网站上泄露的一些机密可能会"影响到美国军方在国内和海外的运作安全"。

5.7.3　Facebook 数据滥用事件

很多人在谈到大数据安全时，会把数据泄密和数据滥用混为一谈，但是，一些被称为"数据泄密"的场景，实际上属于"数据滥用"，即把获得用户授权的数据用于损害用户利益的用途。

2018 年 3 月中旬，《纽约时报》等媒体披露称一家服务特朗普竞选团队的数据分析公司 Cambridge Analytica（剑桥分析）获得了 Facebook 数千万用户的数据，并进行违规滥用。随后，Facebook 创始人马克·扎克伯格发表声明（见图 5-1），承认平台曾犯下的错误，随后相关机构开启调查。4 月 5 日，Facebook 首席技术官博客文章称，Facebook 上约有 8 700 万用户受影响，随后剑桥分析驳斥称受影响用户不超过 3 000 万。4 月 6 日，欧盟声称 Facebook 确认 270 万欧洲人的数据被不当共享。根据消息披露者克里斯托夫·维利的指控，剑桥分析在 2016 年美国总统大选前获得了 5 000 万名 Facebook 用户的数据。这些数据最初由亚历山大·科根通过一款名为"this is your digital life"的心理测试应用程序收集。通过这款应用，剑桥分析不仅从接受科根性格测试的用户处收集信息，还获得了他们好友的资料，涉及数千万用户的数据。参与科根研究的 Facebook 用户必须拥有约 185 名好友，因此覆盖的 Facebook 用户总数达到 5 000 万人。

图 5-1　Facebook 公司创始人马克·扎克伯格

获取 Facebook 的用户数据以后，剑桥分析研究人员会将这些数据用于精准地归纳关于个体用户的高敏感度信息（如性格等）。根据现代心理学中描述人格特质的"五大性格模型"，研究人员将个人性格分为不受语言或文化影响的五个维度，其中包括坦率、认真、外向、和善以及情绪不稳定性。研究人员将 5.8 万名志愿者作为研究对象，跟踪他们在 Facebook 上的点赞倾向，并由此发掘了很多有趣的相关性现象，例如给歌手 Nicki Minaj 点赞的人们与"外向"高度相关、多次表达对 Hello Kitty 的喜爱是"坦率"的表现等。手动利用大五性格模型只能较为泛泛地解释一些现象。相比之下，一套机器学习算法能发掘出更深层次的关联，例如存在于人们给不同对象的"赞"、他们在性格测试上的答案，以及其他个人数字足迹之间的关联。这样，一个更全面且富有细节的个人特征档案就可被创造出来。通过建模分析人们在Facebook上留下的记录，发掘他们的个性特点，就可以定向推送广告，影响人们在大选中的选举行为。

随着Facebook"数据门"不断发酵，在各国媒体的深入挖掘下，背后的数据分析公司剑桥分析也逐渐清晰起来，浮现在大众眼前。据英媒报道，剑桥分析至少参与了各国超过200场竞选，包括尼日利亚、肯尼亚、马来西亚、捷克、墨西哥、印度和阿根廷等。在这些国家的选举中，剑桥分析公司使用大量的个人数据来构建心理分析图，以确定选民的政治和宗教信仰、性取向、肤色和政治行为，这些分析结果被用于改变选民的选举倾向，从而最终影响到选举的结果。

5.7.4　手机应用软件过度采集个人信息

个人信息买卖已形成一条规模大、链条长、利益大的产业链，这条产业链结构完整、分工细化，个人信息被明码标价。个人信息泄露的一条主要途径就是经营者未经本人同意暗自收集个人信息，然后泄露、出售或者非法向他人提供个人信息。在日常生活中，部分手机App往往会"私自窃密"。例如，部分记账理财App会通过留存消费者的个人网银登录账号、密码等信息，以模仿消费者网银登录的方式，获取账户交易明细等信息。有的App在提供服务时，采取特殊方式来获得用户授权，这本质上仍属"未经同意"。例如，在用户协议中，将"同意"之选项设置为较小字体，且已经预先勾选，导致部分消费者在未知情下进行授权。手机App过度采集个人信息呈现普遍趋势，最突出的是在非必要的情况下获取位置信息和访问联系人权限，例如，像天气预报、手电筒这类功能单一的手机App，在安装协议中也提出要读取通讯录，这与《全国人民代表大会常务委员会关于加强网络信息保护的决定》明确规定的手机软件在获取用户信息时要坚持"必要"原则相悖。面对一些存在"过分"的权限要求的App，很多时候，用户只能被迫选择接受，因为，不接受就无法使用App。2019年央视"3·15"晚会就点名了一款叫"社保掌上通"的手机软件，在晚会现场，经主持人实际操作发现，当用户在该App上输入身份证号、社保账号、手机号等信息完成注册后，计算机远程就能截取到用户几乎所有的信息，而且，"社保掌上通"还通过不平等、不合理条款强制索取用户隐私权，并且未得到政府相关部门的官方授权。经央视曝光后，工信部立即启动应用商店联动处置机制，要求腾讯、百度、华为、小米、OPPO、Vivo、360等国内主要应用商店全面下架"社保掌上通"App，并对"社保掌上通"手机App的责任主体进行核查处理。

此外，在微信朋友圈广泛传播的各种测试小程序（如图5-2所示），也可能在窃取用户个人信息。众多网友在授权登录测试页面时，微信、QQ号、姓名、生日、手机号等很多个人信息都会被测试程序的后台获得，这些信息很可能被用作商业用途，给网友的切身利益造成损失。同时，不法分子还设计了更加隐蔽的个人信息获取方式，例如，制作多种测试小程序在微信朋友圈进行分发，有的测试小程序负责收集参与测试用户的个人喜好，有些测试小程序负责收集用户的收入水平，有些测试小程序负责收集用户的朋友关系，这样，虽然用户参与某个测试只是提供了部分个人信息，但是，当用户参与了多个测试以后，不法分子就可以获得某个用户较为全面的个人信息。

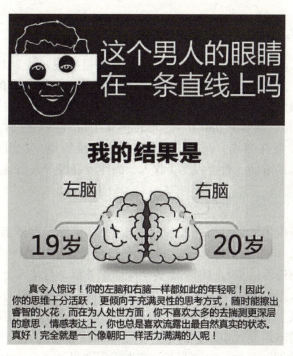

图 5-2　在朋友圈传播的测试小程序

5.7.5　免费 Wi-Fi 窃取用户信息

所谓 Wi-Fi，就是人们通常对无线网络技术的简称。作为应用最广的无线上网技术，Wi-Fi 能够让其覆盖区域内的笔记本电脑、手机以及平板电脑等设备与互联网高速连接，随时随地上网冲浪。随着智能手机和平板电脑的普及，这项免费便捷的无线上网技术越来越受到人们的欢迎。免费的 Wi-Fi 网络已经成为酒店、咖啡厅、餐厅以及各色商铺的标准配置，"免费 Wi-Fi"的标志在城市里几乎随处可见。许多年轻人无论走到哪里，总是喜欢先搜寻一下无线信号，"有免费 Wi-Fi 吗？密码是多少？"也成为他们消费时向商家询问最多的问题。不过，在免费上网的背后，其实也存在着不小的信息安全风险，或许一不小心，就落入了黑客们设计的 Wi-Fi 陷阱之中。

曾经有黑客在某网络论坛发帖称，只需要一台计算机、一套无线网络设备和一个网络包分析软件，他就能轻松地搭建出一个不设密码的 Wi-Fi 网络，而一旦其他用户用移动设备连接上这个 Wi-Fi，之后再使用手机浏览器登录电子邮箱、网络论坛等时，他就能很快分析出该用户的各种密码，进而窃取用户的私密信息，甚至利用用户的 QQ、微博、微信等通信工具发布广告诈骗信息，整个过程非常简单，往往几分钟内就能得手。而这种说法，也在专业实验中被多次证实。

随着 Wi-Fi 运用的普及，除了黑客之外，许多商家也在 Wi-Fi 这一平台上打起了自己的算盘。通过 Wi-Fi 后台记录上网者的手机号等联系信息，可以更加有针对性地投放广告短信，达到精准营销、招揽客户的目的。许多顾客在使用 Wi-Fi 之后会收到大量的广告信息，甚至自己的手机号码也会被当作信息进行多次买卖。

5.7.6 收集个人隐私信息的"探针盒子"

近年来，针对个人信息的收集设备如雨后春笋般大量涌现，被 2019 年央视"3·15"晚会曝光的"探针盒子"就是一款自动收集用户隐私的产品。当用户手机无线局域网连接处于打开状态时，会向周围发出寻找无线网络的信号，探针盒子发现这个信号后，就能迅速识别出用户手机的 MAC 地址，转换成 IMEI 号，再转换成手机号码，然后向用户发送定向广告。一些公司将这种小盒子放在商场、超市、便利店、写字楼等地，在用户毫不知情的情况下，搜集个人信息，甚至包括婚姻、教育程度、收入、兴趣爱好等个人信息。

5.7.7 健身软件泄露美军机密

美国曾有一款健身应用软件将用户锻炼数据在网络上公布，涉嫌泄露美国涉密军事信息。涉事软件名为斯特拉瓦（Strava），是一款集健身和社交功能于一体的应用。用户可以将自己的运动时间、成绩、轨迹等信息通过网络上传至应用服务器，与他人分享。2018 年 11 月，斯特拉瓦将其所有用户数据做成"热力地图"在网络上公布，意在展示用户运动地点以及最受欢迎的跑步或骑行路线。然而，由于不少美军现役军人在使用这款应用，许多美军基地的地理位置也在热力图上清晰地显现出来，大量军事基地方位遭曝光，引发各界关注。斯特拉瓦网站上公布的"热力地图"显示，在叙利亚、吉布提等欠发达地区，有不少远离城市的亮点。媒体报道，在这些地区，亮点几乎都是来自外国军事基地，其中许多是美军基地，甚至是秘密基地。此外，不少士兵经常围着一些特定建筑或者路线慢跑，间接暴露了基地规模以及建筑物分布。

5.7.8 基因信息出境引发国家安全问题

2018 年 10 月 24 日，我国科技部公布了对华大基因等 6 家公司及机构的行政处罚。原因包括华大基因旗下的华大科技与华山医院"未经许可与英国牛津大学开展中国人类遗传资源国际合作研究"，以及"华大科技未经许可将 14 万中国人基因大数据信息从网上传递出境"。这是科技部首次公开涉及基因违法出境的行政处罚，但是基因数据跨境现象在我国已屡见不鲜。根据国家互联网应急中心的报告，自 2017 年 5 月起，我国共发现基因数据跨境传输 925 次，涉及境内 358 万个 IP 地址，覆盖境内 31 个省（自治区、直辖市）。我国基因数据流向境外 6 个大洲的 229 个国家和地区，涉及境外 IP 地址近 62 万个。该中心还发现了疑似发生基因数据出境行为的境内单位有 4 300 多家，其中生物技术企业、高等院校和科研院所、医疗机构分别占比 72%、19%、9%。事实上，基因作为不可更改、独一无二的生物特征，其数据跨境流动带来的危害不容小觑。早在 2016 年，《全球威胁评估报告》就已经将"基因编辑"列入"大规模杀伤性与扩展性武器"威胁清单中。所谓基因武器就是用 DNA 重组技术将本不致病的细菌变得可以致病，将可以用药物预防和治疗的疾病变得难以救治，甚至可以专为某特定种族研发只对其致命的病毒。每个种族都有自己特定的基因。有研究表明，人类 DNA 中 99.7%~99.9% 都是相同的，剩下 0.1%~0.3% 的不同才是区分各个种族的关键。而每个种族基因中都会有特定的缺陷。在生物技术快速发展的今天，利用基因重组、基因芯片、细胞工程等技术来扩大某一基因缺陷并非危言耸听。因此，对于基因数据出境的行为，相关部门应该引起警惕，企业也应该提高认识，加强自律。

5.8　大数据保护的基本原则

目前，世界各国在大数据保护方面的政策法规尚不完善，建章立制并非朝夕之间即可完成，但基本原则的统领和指导却必不可缺。保护大数据，应该在"实现数据的保护"与"数据自由流通、合理利用"这两者之间寻求平衡。一方面要积极制定规则，确认与数据相关的权利；另一方面要努力构建数据平台，促进数据的自由流通和利用。大数据保护的基本原则包括数据主权原则、数据保护原则、数据自由流通原则和数据安全原则。

5.8.1　数据主权原则

数据主权原则是大数据保护的首要原则。数据是关系到个人安全、社会安全和国家安全的重要战略资源。大数据时代，无论是在经济发展和国家建设方面，还是在社会稳定方面，世界各国对数据资源的依赖都越来越大，国家之间竞争和博弈的战场之一也从传统领域逐渐转向到大数据领域。数据主权原则指的是一个国家独立自主地对本国数据进行占有、管理、控制、利用和保护的权力。数据主权原则对内体现为一个国家对其政权管辖地域内任何数据的生成、传播、处理、分析、利用和交易等拥有最高权力，对外表现为一个国家有权决定以何种程序、何种方式参加到国际数据活动中，并有权采取必要措施保护数据权益免受其他国家侵害。

5.8.2　数据保护原则

数据保护原则的主旨是确认数据为独立的法律关系客体，奠定构建数据规则的制度基础。在这一原则之下，数据的法律性质和法律地位得以明确，从而使数据成为一种独立利益而受到法律的确认和保护。具体而言，数据保护原则包含两个方面的含义。第一，数据不是人类的"共同财产"，数据的权属关系应该受到法律的调整，法律须确认权利人对数据的权利。第二，数据应该由法律进行保护，数据的流通过程须受到法律的保护，规范合理的数据流通不但能够确保数据的合理使用，同时还能够促进数据的再生和再利用。

5.8.3　数据自由流通原则

所谓数据自由流通原则是指法律应该确保数据作为独立的客体能够在市场上自由流通，而不对数据流通给予不必要的限制。这一原则的含义主要体现在以下两个方面：一是促进数据自由流通。数据作为一种独立的生产要素，只有充分流通起来，才能够促进社会生产力的发展。二是反对数据垄断。对于那些利用数据技术优势阻碍数据自由流通的行为，应该予以坚决抵制。为了确保数据共享的顺利实现，要积极贯彻落实数据自由流通原则，唯有如此，才能在全球范围内消除数字鸿沟，建立国际数据共享的新秩序。由于各个国家、地区在信息技术发展方面存在严重不平衡，这就使得数据的获取和使用出现严重的地区差异，进而影响到数据在全球范围的自由共享。因此，为实现数据共享，要坚持数据自由流通原则，加强政府对数据共享的宏观控制能力，在数据共享的发展战略上保持适度超前的政策管理，建立促进数据共享的政策法规制度，加强信息技术的共享。

5.8.4 数据安全原则

数据安全原则是指通过法律机制来保障数据的安全，以免数据面临遗失、非法接触、毁坏、利用、变更或泄露的危险。从安全形态上讲，数据安全包括数据存储安全和数据传输安全；从内容上讲，数据安全可分为信息网络的硬件、软件的安全，数据系统的安全和数据系统中数据的安全；从主体角度看，数据安全可以分为国家数据安全、社会数据安全、企业数据安全和个人数据安全。具体而言，数据安全原则包括以下几方面含义：第一，保障数据的真实性和完整性，既要加强对静态存储的数据的安全保护，使其不被非授权访问、篡改和伪造，也要加强对数据传输过程的安全保护，使其不被中途篡改，不发生丢失和缺损等；第二，保障数据的安全使用，数据及其使用必须具有保密性，禁止任何机构和个人的非授权访问，仅为取得授权的机构和个人获取和使用；第三，以合理的安全措施保障数据系统具有可用性，可以为确定合法授权的使用者提供服务。

5.9 大数据时代数据安全与隐私保护的对策

大数据时代，可以从以下几个方面加强数据安全与隐私保护：

第一，从国家法制层面进行管控。目前国内涉及数据安全和隐私保护的法律法规等有侵权责任法、刑法修正案、个人信息保护指南、关于加强网络信息保护的决定、电信和互联网用户个人信息保护规定，以及 2017 年施行的《中华人民共和国网络安全法》等。从国家法律层面来讲，为顺应大数据时代发展趋势，还需要进一步细化和完善对个人信息安全的立法，出台相应的细化标准与措施。2021 年 11 月 1 日，《中华人民共和国个人信息保护法》正式实施。

第二，从企业端源头进行管控。企业是个人数据搜集、存储、使用、传播的主体，因此要从企业端进行管控、规范。除了要遵循国家法律法规的约束之外，企业应积极采取措施加强和完善对个人数据的保护，不能过度收集个人数据，避免因个人数据的不当使用和泄露而对多方造成损失。

第三，提高个人意识，应用安全技术。生活在大数据下的每一个人，都应该主动去学习这方面的知识，了解大数据时代下可能会存在的一些关于个人隐私泄露的风险，从而学会如何去保护自己的隐私数据不被泄露；同时还要加强个人日常生活中的安全意识，例如保护密码等敏感信息，不在社交平台上发布个人定位信息，不要连接公共 Wi-Fi 进行支付等重要操作等。

5.10　世界各国保护数据安全的实践

微视频
5-6
世界各国保护数据安全的实践

大数据时代的到来，数据无疑是企业和个人最重要的资产。特别是对个人而言，它不仅是数字环境中的个人信息收集、使用、整理、处理或共享，更关系到个人在数字世界中的存在，在互联网急剧发展的当下，数据安全和隐私边界等也愈加重要。随着各国对大数据安全重要性认识的不断加深，包括美国、英国、澳大利亚、欧盟和我国在内的很多国家和组织，都制定了大数据安全相关的法律法规和政策来推动大数据利用和安全保护。总体而言，各国立法规范逐步增多，监管效力不断增强。各国的立法目标不仅在于个体权益的保障，更是关涉国家主权、国家利益在国际空间的博弈和角逐。为争夺数据话语权，扩张本国法律的适用范围，积极推行符合本国利益诉求的国际社会数据规则体系成为当前国际的立法趋势。

5.10.1　欧盟

GDPR 是英文"General Data Protection Regulation"的缩写，通常翻译为"通用数据保护条例"，由欧盟于 2016 年 4 月推出，并于 2018 年 5 月 25 日正式生效，目的在于遏制个人信息被滥用，保护个人隐私。GDPR 在欧盟法律框架内属于"条例"，已经在欧洲议会（下议院）和欧洲理事会（上议院）通过，可以直接在各欧盟成员国施行，不需要各国议会通过。目前欧盟有 28 个成员国，大约有 5 亿人可以直接得到 GDPR 的保护。值得一提的是，虽然英国当时已经启动脱欧程序，但也同样批准了 GDPR，并且同样从 2018 年 5 月 25 日开始正式推行。

GDPR 对个人用户在隐私数据方面享有的权利做了非常详尽的说明：

（1）查阅权：用户可以向企业查询自己的个人数据是否在被处理和使用，以及使用的目的，收集的数据的类型等。这项规定主要是保障用户在个人隐私方面的知情权。

（2）被遗忘权：用户有权要求企业把自己的个人数据删除，如果资料已经被第三方获取，用户可以进一步要求他们删除。在现实生活中，一个比较直观的例子就是，如果在一个社交平台上注册了一个账号，企业要给用户提供一个注销的渠道。目前提供简单明了的注销入口的厂商并不多。当然，GDPR 还规定，被遗忘权不能和公共利益相冲突。例如，如果一个人因为偷窃被媒体报道，他不能以被遗忘权为依据，要求各大新闻平台删除和他相关的个人信息。

（3）限制处理权：如果用户认为企业收集的个人数据不准确，或者使用了非法的处理手段，但又不想删除数据，可以要求限制它对个人数据的使用。例如，我们日常使用手机时经常会碰到这样的情况，在购物网站上浏览某件商品后，在使用新闻、音乐等 App 时，就会跳出同类商品的广告。

（4）数据移植权：数据移植权比较好理解，用户从一家企业转投另一家企业时，可以要求把个人数据带过去。前面一家企业需要把用户数据以直观的、通用的形式交给用户。举个例子，如果想从网易云音乐转到腾讯音乐，用户有权把网易云音乐上的歌单等数据导出来。

除了明确用户在个人信息上的安全，GDPR 对企业在处理个人数据方面也做出了非常细致的规定。首先，企业在收集处理用户信息时需要事先征得同意，而且隐私条款需要以清晰、简洁、直白的语言或其他形式向用户说明。例如，谷歌公司在解释谷歌广告的运行原理时，官方采用了简洁明了的文字和图片进行说明，即使对技术、互联网不了解的用户，也能短时间内看懂。其次，GDPR 对企业违法行为的惩处力度非常大，行为轻微的要罚款 1 000 万欧元或全年营收的 2%（两者取高值），行为严重的则要罚款 2 000 万欧元或全年营收的 4%（两者取高值）。鉴于 GDPR 的条款非常细致和严苛，很少有企业敢保证自己完全不会触犯这部法规。对一些中小企业来说，巨额罚款无异于灭顶之灾。而即使是亚马逊这样的科技巨头，营收的 4% 基本已经超过了净利润。此外，按照 GDPR 的规定，出现个人数据泄露后，企业要在 72 小时内向监管部门报告，企业还要配备熟悉 GDPR 条款的数据保护专员，和监管部门保持沟通。总体而言，GDPR 是欧盟给企业打造的一顶严厉的"紧箍咒"，在保护个人信息安全方面，它们将会面对空前的压力。

GDPR 在很大程度上反映了欧盟立法者面对云计算、大数据以及数字单一市场的深入发展，互联网金融以及跨境电商等新经济样态的伴生风险而倾向采纳的风险管理新路径。同时需要指出的是，GDPR 并非孤立的制度安排，在数据安全层面，《2016 年网络与信息系统安全指令》是欧盟数据治理法制框架的另一重要支柱，为 GDPR 的实施提供安全角度的进一步的制度配合与保障。在此意义上，可以认为 GDPR 更深层次的逻辑内核是在网络空间和数据领域延伸、拓展传统国家主权理念的各项基本价值追求，进而确保欧盟对其数据享有独立自主开发、占有、管理和处置的最高权力，体现了欧盟版本的数据主权理念。GDPR 反映出欧盟试图捍卫其数据产业独立、自主的发展权，确保独立开发并选择应用数据技术，以优先满足自身各种产业竞争的需要；同时，确保欧盟在数据领域拥有制定配套法律法规的最高立法权力，保证根据自己的意志自行决定如何制定有关数据的法规与制度，而不受任何外部技术优势力量的影响或者支配，甚至培育相应的反制能力。

5.10.2　美国

美国是世界上最早提出隐私权并予以法律保护的国家，那么，美国的法律是如何对大数据隐私进行保护的呢？在 1974 年，美国通过了《隐私法案》，并在之后通过了一系列全面的隐私相关法案。奥巴马政府在 2012 年 2 月宣布推动《消费者隐私权利法案》的立法程序，这是与大数据息息相关的法案，法案中不仅明确且全面地规定了数据的所有权属于用户（即线上线下的使用者），并规定在数据的使用上需对用户有透明性、安全性等更多细节。

2014 年 5 月美国发布《大数据：把握机遇，守护价值》白皮书，对美国大数据应用与管理的现状、政策框架和改进建议进行了集中阐述。该白皮书表示，在大数据发挥正面价值的同时，应该警惕大数据应用对隐私、公平等长远价值带来的负面影响。从该白皮书所代表的价值判断来看，美国政府更为看重大数据为经济社会发展所带来的创新动力，对于可能与隐私权产生的冲突，则以解决问题的态度来处理。报告最后提出六点建议：推进消费者隐私法案；通过全国数据泄露立法；将隐私保护对象扩展到非美国公民；对在校学生的数据采集仅应用于教育目的；在反歧视方面投入更多专家资源；修订电子通信隐私法案。

　　2015 年，美国国防部规定所有为该部门服务的云计算服务提供商须在境内储存数据。2016 年，美国联邦税务局发布规定要求税务信息系统应当位于美国境内。

　　不难看出，欧盟 GDPR 等专项规范的出台，不仅使自身在全球数据治理博弈中取得了制度性优势地位，而且已经对包括美国在内的世界各国的数据治理进程产生了广泛的政策规范影响。在此意义上，美国法制框架下目前最具风向标色彩的立法动向莫过于 2018 年 6 月 28 日由加利福尼亚州州长签署公布、于 2020 年 1 月 1 日起正式施行的《加利福尼亚州消费者隐私保护法案》(*California consumer privacy act of* 2018，CCPA)。

　　CCPA 旨在改变企业在这个人口众多的州进行数据处理的方式，法案一经生效，包括 Google 和 Facebook 在内的科技公司将面临非常严格的隐私保护要求，包括披露其收集的关于消费者的个人信息的类别和具体要素、收集信息的来源、收集或出售信息的业务目的以及与之共享信息的第三方的类别等。该法案的公布是美国隐私法律发展的一个里程碑时刻，它表明人们高度关注隐私，立法者也将采取行动保护隐私。对于消费者的权利内容，该法案规定了消费者对于个人数据信息所拥有的一系列权利，这些权利包括：① 要求收集消费者个人信息的企业向消费者披露企业收集的个人信息的类别和具体要素的权利；② 要求商家删除其所收集的有关消费者的个人信息的权利；③ 要求企业向消费者披露收集个人信息的目的以及与之共享信息的第三方的权利；④ 选择不出售个人数据信息的权利。有关企业的义务范围，CCPA 法案规定：① 企业根据消费者的要求披露收集信息的种类和目的以及共享数据的第三方的义务；② 根据消费者的要求删除所收集信息的义务；③ 尊重消费者选择不出售个人数据信息权利的义务，不得通过拒绝给消费者提供商品或服务，对商品或者服务收取不同的价格或费率等方式来歧视消费者行使该项权利等。

　　关于相关术语的界定，该法案对"个人信息""商业目的""收集""处理"等词语进行了详细的立法解释。其中"个人信息"是指能够直接或间接地识别、描述与特定的消费者或家庭相关或合理相关的信息，这些信息包括但不限于真实姓名、别名、邮政地址、唯一的个人标识符、在线标识符、互联网协议地址、电子邮件地址、生物信息、商业信息、地理位置数据以及教育信息等。此外，根据该法案的规定，一旦企业违反隐私保护要求，将面临支付给每位消费者最高 750 美元的损害赔偿金。加利福尼亚州总检察长将负责决定是否针对违法企业采取法律行动。

5.10.3　英国

　　2012 年 6 月英国内阁办公室发布《开放数据白皮书》，推进公共服务数据的开放。英国在《开放数据白皮书》中专门针对个人隐私保护进行规范。一是公共数据开放机构中设立隐私保护专家，确保数据开放过程中及时掌握和普及最新的隐私保护措施，同时还要求各个部门配置隐私保护专家。二是强制要求所有政府部门在处理个人数据时，都要执行个人隐私影响评估工作制度，制定《个人隐私影响评估手册》。三是要求将开放数据分为大数据和个人数据，指定大数据是政府日常业务过程中收集到的数据，可以对所有人开放，而个人数据仅仅对某条数据所涉及的个人开放。

　　2018 年 5 月 23 日，英国正式通过新修订的《数据保护法》，加强数据主体对其个人数据的控制权、加强数据控制者义务。在脱欧之后，英国政府于 2020 年 9 月发布了《国家数据战略》，着眼于利用现有优势，促进政府、企业、社会团体和个人更好地利用数据，推动数字行业和经济的增长，改善社会和公共服务，并努力使英国成为下一代数据驱动创新浪潮的领导者。该《国家数据战略》还阐述了数据有效利用的核心支柱，确保数据可用性、安全可靠性。

5.10.4　其他国家

为确保大数据安全，世界主要国家将对大数据的重视提到前所未有的高度。德国于 2002 年通过《联邦数据保护法》，并于 2009 年进行修订。《联邦数据保护法》规定，信息所有人有权获知自己哪些个人信息被记录、被谁获取、用于何种目的，私营组织在记录信息前必须将这一情况告知信息所有人，如果某人因非法或不当获取、处理、使用个人信息而对信息所有人造成伤害，此人应承担责任。针对数据安全，德国《数字议程 2014—2017》，提出在变革中推动"网络普及""网络安全""数字经济发展"3 个重要进程，打造具有国际竞争力的"数字强国"。

澳大利亚政府于 2012 年 7 月发布了《信息安全管理指导方针：整合性信息的管理》，为大数据整合中所涉及的安全风险提供了最佳管理实践指导。2012 年 11 月 24 日，对 1988 年的《隐私法》进行重大修订，将信息隐私原则和国民隐私原则统一修改为澳大利亚隐私原则，并于 2014 年 3 月正式生效，规范了私人信息数据从采集、存储、安全、使用、发布到销毁的全生命周期。此外，澳大利亚的大数据发展战略明确规定，大数据受到该国《档案法》《信息自由法案》《证据法》《电子交易法》《财政管理责任法》《情报服务法》《刑法》《政府安全保护政策框架》《政府信息安全手册》《公共服务专员指南》等法规保护。

印度于 2012 年批准国家数据共享和开放政策，促进政府拥有的数据和信息得到共享和使用，还拟定一个非共享数据清单，保护国家安全、隐私、机密、商业秘密和知识产权等数据的安全；并于 2018 年下半年发布《个人数据保护法案》（PDP），一项综合性的个人数据保护法。该法案在欧盟 GDPR 颁布后做出了修改，同时，该法案已提交国会进行审议。该法案规定了个人数据采集、存储、处理和传输的方式。

新加坡于 2012 年公布《个人数据保护法》，旨在防范对国内数据以及源于境外的个人资料的滥用行为。新加坡作为全球金融中心之一，被誉为"世界上最安全的国家之一"。新加坡的安全，不仅在于人身安全，还在于对个人信息数据的保障。新加坡当局于 2012 年出台《个人数据保护法》后，为了更好地执行《个人数据保护法》，新加坡个人数据保护委员会出台了一系列条例及指引。其中包括 2013 年《个人数据保护（违法构成）条例》、2013 年的《个人数据保护（禁止调用注册表）条例》、2014 年的《个人数据保护（执行）条例》，上述三项条例与 2014 年的《个人数据保护条例》一起于 2014 年 7 月 2 日起实施。此外，还包括 2015 年 1 月 23 日开始实施的《个人数据保护（上诉）条例》。

日本于 2015 年 4 月 23 日审议《个人信息保护法》和《个人号码法》修正案，以推动并规范大数据的利用；此外，日本公布了"创建最尖端 IT 国家宣言"，明确阐述了开放公共数据和大数据保护的国家战略。

韩国于 2013 年对个人信息领域的限制做出适当修改，制定了以促进大数据产业发展，并兼顾对个人信息保护的数据共享标准。

俄罗斯 2015 年实行新法规定，互联网企业需将收集的俄罗斯公民信息存储在俄罗斯国内。

巴西于 2013 年 9 月出台规定，强制要求所有巴西境内运作的企业，必须将有关巴西人的数据存储在巴西国内，并要求在巴西提供永久网络、电子邮箱及搜索引擎等服务的外国互联网公司，都必须在巴西本土建立数据中心。例如，巴西法院要求谷歌公司就其街景地图在拍摄过程中非法收集私人局域网数据做出解释，否则将处以数万美元罚款。2018 年 8 月，巴西通过第一部综合性的数据保护法：the general data protection law（GDPL）。GDPL 将依然受限于已经获得通过的近 200 条修正案，这些修正案关系到数据保护立法基础、公共主体数据保护法律适用以及数据安全的技术标准等实质问题。

泰国政府于 2018 年 9 月向国会提交了包含 GDPR 特色的个人数据保护法（PDPA）草案，2019 年 2 月，泰国国会审议通过了该法案，并将于政府公报一年后（2020 年 5 月下旬）开始施行，这也是泰国第一部规范私人数据采集、使用、披露的法律，具有极其重要的意义。

5.10.5　中国

我国是全球范围内数据量最大、数据类型最丰富的国家之一。随着数据量的不断增加，我们的大数据安全问题日益凸显。作为数据大国，为了应对数据安全问题，目前我国大数据安全领域顶层制度设计已经基本完成，配套制度正在不断推进，相关执法实践也逐步走向常态化，诉讼案例逐渐丰富。整体来看，我国的大数据安全管理体系正在逐步完善。我国应对大数据安全的主要举措包括：

（1）加强顶层设计，引领大数据安全发展。我国高度重视大数据发展，在安全与发展双重领域都加强了顶层设计。2014 年，中央网络安全和信息化领导小组（2018 年改为中央网络安全和信息化委员会）成立，习近平总书记任组长。国家先后出台了《国务院关于促进云计算创新发展培育信息产业新业态的意见》《国务院办公厅关于运用大数据加强对市场主体服务和监管的若干意见》《促进大数据发展行动纲要》《国民经济和社会发展第十三个五年规划纲要》《大数据产业发展规划（2016—2020 年）》等一系列大数据发展规划、产业政策和实施方案。在 2016 年 4 月 19 日网络安全和信息化工作座谈会上，习近平总书记指出"安全是发展的前提，发展是安全的保障，安全和发展要同步推进。"党的十八届五中全会、促进大数据发展行动纲要、"十三五"规划纲要都对实施网络强国战略作了部署。2017 年 12 月 8 日，习近平总书记在中共中央政治局第二次集体学习时强调，应"推动实施国家大数据战略，加快完善数字基础设施，推进数据资源整合和开放共享，保障数据安全，加快建设数字中国"。2018 年 4 月 20 日，习近平总书记在全国网络安全和信息化工作会议讲话中强调，"没有网络安全就没有国家安全"，标志着我国将大数据安全提升到新的战略高度。

（2）健全政策法规，防范大数据安全风险。近年来，我国陆续出台相关法律政策，统筹发展和安全，推动数据安全建设。《中共中央 国务院关于构建更加完善的要素市场化配置体制机制的意见》明确要求加强数据安全。《中共中央关于制定国民经济和社会发展第十四个五年规划和二〇三五年远景目标的建议》明确提出：保障国家数据安全，加强个人信息保护。于 2021 年 9 月 1 日正式施行的《数据安全法》，旨在明确数据安全主管机构的监管职责，建立健全数据安全协同治理体系，提高数据安全保障能力，促进数据出境安全和自由流动，促进数据开发利用，保护个人、组织的合法权益，维护国家主权、安全和发展利益，让数据安全有法可依、有章可循，为数字化经济的安全健康发展提供了有力支撑。于 2021 年 11 月 1 日开始实施的《个人信息保护法》，建立了一整套个人信息合法处理的规则。随着《国家安全法》《网络安全法》《民法典》《密码法》《数据安全法》《个人信息保护法》（常简称为"五法一典"）出台，我国数据安全法制化建设不断推进，监管体系不断完善，安全由"或有"变"刚需"。结合顶层设计、法律法规，数据安全新监管同时体现对过程和结果的合规要求。数据处理者既应当从过程方面积极履行数据安全保护义务，也要对数据安全防护的最终结果负责。

（3）构建标准体系，引领大数据规范发展。近年来，大数据标准体系的建设得到国家的高度重视。2013 年，全国首个个人信息保护国家标准《信息安全技术公共及商用服务信息系统个人信息保护指南》颁布实施，表明我国个人信息保护工作正式进入"有标可依"阶段。2014 年底，全国信息技术标准化技术委员会大数据标准工作组成立，主要职责是制定和完善我国大数据领域标准体系，开展大数据相关技术和标准的研究，推动国际标准化。2017 年 4月，《大数据安全标准化白皮书（2017）》正式发布，从法规、政策、标准和应用等角度，勾画了我国大数据安全的整体轮廓，综合分析了大数据安全标准化需求、所面临的安全风险和挑战，制定了大数据安全标准化体系框架，提出了开展大数据安全标准化工作的建议。2017年 5 月，全国信息安全标准化技术委员会发布了《信息安全技术大数据安全管理指南》征求意见稿，标志着我国大数据标准化迈上一个新台阶，为我国后续的大数据安全标准化工作提供指导。

5.11 本章小结

人类进入大数据时代，数据安全问题开始引起广泛关注。大数据安全问题，不仅关系到公民的个人隐私，更关系到社会安全甚至国家安全。大数据时代，数据量更大，安全风险更多，一旦发生安全问题，带来的后果更加严重。本章从传统数据安全切入，讨论了大数据安全和传统数据安全的不同点，并以"棱镜门"、Facebook 数据滥用事件、12306 囤票事件等为案例，展现了数据安全问题的严峻性。在大数据保护方面，本章给出了四大基本原则——数据主权原则、数据保护原则、数据自由流通原则和数据安全原则。在大数据安全实践方面，本章重点介绍了欧盟、美国、英国、中国以及其他国家在保护大数据安全方面所做的大量工作。

5.12 习题

1. 请阐述传统的数据安全的威胁主要包括哪些。

2. 请阐述大数据安全与传统数据安全的不同。

3. 请阐述大数据时代数据安全面临的挑战有哪些。

4. 请阐述大数据安全风险有哪些不同的形式。

5. 请列举几个大数据安全问题的实例。

6. 请阐述大数据保护的基本原则。

7. 请阐述大数据时代数据安全与隐私保护的对策。

8. 请阐述欧盟的 GDPR 对个人用户在隐私数据方面享有的权利做了哪些说明。

9. 请阐述美国在保护数据安全方面的具体做法。

10. 请阐述英国在保护数据安全方面的具体做法。

11. 请阐述我国在保护数据安全方面的具体做法。

第 6 章
大数据思维

在大数据时代，数据就是一座"金矿"，而思维是打开矿山大门的钥匙，只有建立符合大数据时代发展的思维，才能最大程度地挖掘大数据的潜在价值。所以，大数据的发展，不仅取决于大数据资源的扩展，还取决于大数据技术的应用，更取决于大数据思维的形成。只有具有大数据思维，才能更好地运用大数据资源和大数据技术。也就是说，大数据发展必须是数据、技术、思维三大要素的联动。知名投资人孙正义对于大数据时代的发展提出："要么数字化，要么死亡。"直接地表达出大数据思维目前所处的地位。

本章首先介绍传统的思维方式，并指出大数据时代需要新的思维方式，然后介绍大数据思维方式，包括全样而非抽样、效率而非精确、相关而非因果、以数据为中心、"人人为我，我为人人"等，最后给出运用大数据思维的具体实例。

6.1　传统的思维方式

机械思维可以追溯到古希腊，表现为思辨的思想和逻辑推理的能力，通过这些从实践中总结出基本的定理，然后通过逻辑继续延伸，最具代表性的是欧几里得的几何学和托勒密的地心说。

不论经济学家还是之前的托勒密、牛顿等人，他们都遵循着机械思维。如果我们把他们的方法论做一个简单的概括，其核心思想有如下两点：首先，需要有一个简单的元模型，这个模型可能是假设出来的，然后再用这个元模型构建复杂的模型；其次，整个模型要和历史数据相吻合。这在今天动态规划管理学上还被广泛地使用，其核心思想和托勒密的方法论是一致的。

后来人们将牛顿的方法论概括为机械思维，其核心思想可以概括成以下三点：

第一，世界变化的规律是确定的。

第二，因为有确定性做保障，因此规律不仅是可以被认识的，而且可以用简单的公式或者语言描述清楚。这一点在牛顿之前，大部分人并不认可，而是简单地把规律归结为神的作用。

第三，这些规律应该是放之四海而皆准的，可以应用到各种未知领域指导实践，这种认识是在牛顿之后才有的。

这些其实是机械思维中积极的部分。机械思维更广泛的影响力是作为一种准则指导人们的行为，其核心思想可以概括成确定性（或者可预测性）和因果关系。牛顿可以把所有天体运动的规律用几个定律讲清楚，并且应用到任何场合都是正确的，这就是确定性。类似地，当我们给物体施加一个外力时，它就获得一个加速度，而加速度的大小取决于外力和物体本身的质量，这是一种因果关系。没有这些确定性和因果关系，我们就无法认识世界。

6.2　大数据时代需要新的思维方式

从牛顿开始，人类社会的进步在很大程度上得益于机械思维，但是到了信息时代，它的局限性也越来越明显。首先，并非所有的规律都可以用简单的原理来描述；其次，像过去那样找到因果关系已经变得非常困难，因为简单的因果关系规律性都已经被发现了，剩下那些没有被发现的因果关系规律性，具有很强的隐蔽性，发现的难度很高。另外，随着人类对世界认识得越来越清楚，人们发现世界本身存在着很大的不确定性，并非如过去想象的那样一切都是确定的。因此，在现代社会里，人们开始考虑在承认不确定性的情况下如何取得科学上的突破，或者把事情做得更好，这也就导致一种新的方法论的诞生。

　　不确定性在我们生活的世界里无处不在。我们经常可以看到这样一种怪现象，很多时候专家们对未来各种趋势的预测是错的，这在金融领域尤其常见。如果读者有心统计一些经济学家们对未来的看法，就会发现它们基本上是对错各一半。这并不是因为他们缺乏专业知识，而是由于不确定性是这个世界的重要特征，以致于我们按照传统的方法——机械论的方法，很难做出准确的预测。

　　世界的不确定性来自两方面。首先是当我们对这个世界的方方面面了解得越来越细致之后，会发现影响世界的变量其实非常多，已经无法通过简单的办法或者公式算出结果，因此我们宁愿采用一些针对随机事件的方法来处理它们，人为地把它们归为不确定的一类。不确定性的第二个因素来自客观世界本身，它是宇宙的一个特性。在宏观世界里，行星围绕恒星运动的速度和位置是可以计算的，是确定的，从而可以画出它的运动轨迹。可是在微观世界里，电子在围绕原子核做高速运动时，我们不可能同时准确地测出它在某一时刻的位置和运动速度，当然也就不能描绘它的运动轨迹了。科学家们只能用一种密度模型来描述电子的运动，在这个模型里，密度大的地方表明电子在那里出现的机会多，反之，则表明电子在那里出现的机会少。

　　世界的不确定性，折射出在信息时代的方法论：获得更多的信息，有助于消除不确定性，因此，谁掌握了信息，谁就更容易获取财富，这就如同在工业时代，谁掌握了资本谁就更容易获取财富一样。

　　当然，用不确定性眼光看待世界，再用信息消除不确定性，不仅能够获取财富，而且能够把很多智能型的问题转化成信息处理的问题，具体而言，就是利用信息来消除不确定性的问题。例如下象棋，每一种情况都有几种可能，却难以决定最终的选择，这就是不确定性的表现。再例如要识别一个人脸的图像，实际上可以看成是从有限种可能性中挑出一种，因为全世界的人数是有限的，这也就把识别问题变成了消除不确定性的问题。

　　数据科学家认为，世界的本质是数据，万事万物都可以看作可以理解的数据流，这为我们认识和改造世界提供了一个从未有过的视角和世界观。人类正在不断地通过采集、量化、计算、分析各种事物，来重新解释和定义这个世界，并通过数据来消除不确定性，对未来加以预测。现实生活以及为适应大数据时代的需要，使得我们不得不转变思维方式，努力把身边的事物量化，以数据的形式加以对待，这是实现大数据时代思维方式转变的"核心"。

　　现在的数据量相比过去大了很多，量变带来了质变，思维方式、做事情的方法就应该和以往有所不同。这其实是帮助我们理解大数据概念的一把钥匙。在有大数据之前，计算机并不擅长解决需要人类智能来解决的问题，但是今天这些问题换个思路就可以解决了，其核心就是变智能问题为数据问题。由此，全世界开始了新的一轮技术革命——智能革命。

　　在方法论的层面，大数据是一种全新的思维方式。按照大数据的思维方式，我们做事情的方式与方法需要从根本上改变。

6.3　大数据思维方式

　　大数据，不仅是一次技术革命，同时也是一次思维革命。从理论上说，相对于人类有限的数据采集和分析能力，自然界和人类社会存在的数据是无限的。以有限对无限，如何才能慧眼识珠，找到我们所需的数据，无疑需要一种思维的指引。因此，就像经典力学和相对论的诞生改变了人们的思维模式一样，大数据也在潜移默化地改变着人们的思维。

　　维克托·迈尔·舍恩伯格在《大数据时代：生活、工作与思维的大变革》一书中明确指出，大数据时代最大的转变就是思维方式的 3 种转变：全样而非抽样、效率而非精确、相关而非因果。此外，人类研究解决问题的思维方式，正在朝着"以数据为中心"以及"我为人人，人人为我"的方向迈进。

6.3.1　全样而非抽样

　　过去，由于数据采集、数据存储和处理能力的限制，在科学分析中，通常采用抽样的方法，即从全集数据中抽取一部分样本数据，通过对样本数据的分析，来推断全集数据的总体特

征。抽样的基本要求是要保证所抽取的样品单位对全部样品具有充分的代表性。抽样的目的是从被抽取样品单位的分析、研究结果来估计和推断全部样品特性，是科学实验、质量检验、社会调查普遍采用的一种经济有效的工作和研究方法。通常，样本数据规模要比全集数据小很多，因此，可以在可控的代价内实现数据分析的目的。例如，要计算洞庭湖的银鱼的数量，我们可以事先对 10 000 条银鱼打上特定记号，并将这些鱼均匀地投放到洞庭湖中。过一段时间进行捕捞，在捕捞上来的 10 000 条银鱼中，发现其中有 4 条银鱼有特定记号，那么我们可以得出结论，洞庭湖大概有 2 500 万条银鱼。

　　但是，抽样分析方法有优点也有缺点。抽样保证了在客观条件达不到的情况下，可能得出一个相对"靠谱"的结论，让研究有的放矢。但是，抽样分析的结果具有不稳定性，例如，在上面的洞庭湖银鱼的数量分析中，有可能今天捕捞到的银鱼中存在 4 条打了记号的银鱼，明天却捕捞到 400 条打了记号的银鱼，这给分析结果带来了很大的不稳定性。

　　现在，我们已经迎来大数据时代，大数据技术的核心就是海量数据的实时采集、存储和处理。感应器、手机导航、网站点击和微博等能够收集大量数据，分布式文件系统和分布式数据库技术，提供了理论上近乎无限的数据存储能力，分布式并行编程框架 MapReduce 提供了强大的海量数据并行处理能力。因此，有了大数据技术的支持，科学分析完全可以直接针对全集数据而不是抽样数据，并且可以在短时间内迅速得到分析结果，速度之快，超乎我们的想象。例如谷歌公司的 Dremel 可以在 2~3 秒内完成 PB 级别数据的查询。

6.3.2　效率而非精确

过去，我们在科学分析中采用抽样分析方法，就必须追求分析方法的精确性，因为，抽样分析只是针对部分样本的分析，其分析结果被应用到全集数据以后，误差会被放大，这就意味着，抽样分析的微小误差，被放大到全集数据以后，可能会变成一个很大的误差，导致出现"失之毫厘，谬以千里"的现象。因此，为了保证误差被放大到全集数据时仍然处于可以接受的范围，就必须确保抽样分析结果的精确性。正是由于这个原因，传统的数据分析方法往往更加注重提高算法的精确性，其次才是提高算法的效率。现在，大数据时代采用全样分析而不是抽样分析，全样分析结果就不存在误差被放大的问题，因此，追求高精确性已经不是其首要目标；相反，大数据时代具有"秒级响应"的特征，要求在几秒内就迅速给出针对海量数据的实时分析结果，否则就会丧失数据的价值，因此，数据分析的效率成为关注的核心。

例如，用户在访问"天猫"或"京东"等电子商务网站进行网购时，用户的点击流数据会被实时发送到后端的大数据分析平台进行处理，平台会根据用户的特征，找到与其购物兴趣匹配的其他用户群体，然后，再把其他用户群体曾经买过而该用户还未买过的相关商品，推荐给该用户。很显然，这个过程的时效性很强，需要"秒级"响应，如果要过一段时间才给出推荐结果，很可能用户都已经离开网站了，这就使得推荐结果失去意义。所以，在这种应用场景当中，效率是被关注的重点，分析结果的精确度只要到达一定程度即可，不需要一味苛求更高的准确率。

此外，在大数据时代，我们能够更加"容忍"不精确的数据。传统的样本分析师们很难容忍错误数据的存在，因为他们一生都在研究如何防止和避免错误的出现。在收集样本的时候，统计学家会用一整套的策略来减少错误发生的概率。在结果公布之前，他们也会测试样本是否存在潜在的系统性偏差。这些策略包括根据协议或通过受过专门训练的专家来采集样本。但是，即使只是少量的数据，这些规避错误的策略实施起来还是耗费巨大。尤其是当我们收集所有数据的时候，这就行不通了。不仅是因为耗费巨大，还因为在大规模的基础上保持数据收集标准的一致性不太现实。我们现在拥有各种各样、参差不齐的海量数据，很少有数据完全符合预先设定的数据种类，因此，我们必须要能够容忍不精确数据的存在。

因此，大数据时代要求我们重新审视精确性的优劣。如果将传统的思维模式运用于数字化、网络化的 21 世纪，就会错过重要的信息。执迷于精确性是信息缺乏时代和模拟时代的产物。在那个信息贫乏的时代，任意一个数据点的测量情况都对结果至关重要，所以，需要确保每个数据的精确性，才不会导致分析结果的偏差。而在今天的大数据时代，在数据量足够多的情况下，这些不精确数据会被淹没在大数据的海洋里，它们的存在并不会影响数据分析的结果及其带来的价值。

6.3.3　相关而非因果

过去，数据分析的目的，一方面是解释事物背后的发展机理，例如，一个大型超市在某个地区的连锁店在某个时期内净利润下降很多，这就需要 IT 部门对相关销售数据进行详细分析找出发生问题的原因；另一方面是用于预测未来可能发生的事件，例如，通过实时分析微博数据，当发现人们对雾霾的讨论明显增加时，就可以建议销售部门增加口罩的进货量，因为，人们关注雾霾的一个直接结果是，大家会想到购买一个口罩来保护自己的身体健康。不管是哪个目的，其实都反映了一种"因果关系"。但是，在大数据时代，因果关系不再那么重要，人们转而追求"相关性"而非"因果性"。例如，我们去淘宝网购物时，当我们购买了一个汽车防盗锁以后，淘宝网还会自动提示你，与你购买相同物品的其他客户还购买了汽车坐垫，也就是说，淘宝网只会告诉你"购买汽车防盗锁"和"购买汽车坐垫"之间存在相关性，但是，并不会告诉你为什么其他客户购买了汽车防盗锁以后还会购买汽车坐垫。

在无法确定因果关系时，数据为我们提供了解决问题的新方法。数据中包含的信息帮助我们消除不确定性，而数据之间的相关性在某种程度上可以取代原来的因果关系，帮助我们得到想要知道的答案，这就是大数据思维的核心。从因果关系到相关性，并不是抽象的，而是已经有了一整套的方法能够让人们从数据中寻找相关性，最后去解决各种各样的难题。

6.3.4 以数据为中心

在科学研究领域，在很长一段时期内，无论是做语音识别、机器翻译、图像识别的学者，还是做自然语言理解的学者，分成了界限明确的两派，一派坚持采用传统的人工智能

方法解决问题，简单来讲就是模仿人，另一派在倡导数据驱动方法。这两派在不同的领域力量不一样，在语音识别和自然语言理解领域，提倡数据驱动的一派比较快地占了上风；而在图像识别和机器翻译方面，在较长时间里，数据驱动这一派处于下风。这里面主要的原因是，在图像识别和机器翻译领域，过去的数据量非常小，而这种数据的积累非常困难。图像识别领域以前一直非常缺乏数据，在互联网出现之前，没有一个实验室有上百万张图片。在机器翻译领域，所需要的数据除了一般的文本数据，还需要大量的双语（甚至是多语种）对照的数据，而在互联网出现之前，除了《圣经》和少量联合国文件，再也找不到类似的数据了。

由于数据量有限，在最初的机器翻译领域，学者较多采用人工智能的方法。计算机研发人员将语法规则和双语词典结合在一起。1954 年，IBM 以计算机中的 250 个词语和六条语法规则为基础，将 60 个俄语词组翻译成了英语，结果振奋人心。事实证明，计算机翻译最初的成功误导了人们。1966 年，一群机器翻译的研究人员意识到，翻译比他们想象得更困难，他们不得不承认他们的失败。机器翻译不能只是让计算机熟悉常用规则，还必须教会计算机处理特殊的语言情况。毕竟，翻译不仅仅只是记忆和复述，也涉及选词，而明确地教会计算机这些，是非常不现实的。在 20 世纪 80 年代后期，IBM 的研发人员提出了一个新的想法。与单纯教给计算机语言规则和词汇相比，他们试图让计算机自己估算一个词或一个词组适合于用来翻译另一种语言中的一个词和词组的可能性，然后再决定某个词和词组在另一种语言中的对等词和词组。20 世纪 90 年代，IBM 的这个 Candide 项目花费了大概十年的时间，将大约有 300 万句之多的加拿大议会资料译成了英语和法语并出版。由于是官方文件，翻译的标准就非常高。用那个时候的标准来看，数据量非常之庞大。统计机

器学习从诞生之日起，就聪明地把翻译的挑战变成了一个数学问题，而这似乎很有效。计算机翻译在短时间内就提高了很多。

在 20 世纪 90 年代互联网兴起之后，由于数据的获取变得非常容易，可用的数据量愈加庞大，因此，从 1994 年到 2004 年的 10 年里，机器翻译的准确性提高了一倍，其中 20% 左右的贡献来自方法的改进，80% 则来自数据量的提升。虽然在每一年，计算机在解决各种智能问题上的进步幅度并不大，但是十几年量的积累，最终形成了质变。

数据驱动方法从 20 世纪 70 年代开始起步，在 80—90 年代得到缓慢但稳步的发展。进入 21 世纪后，由于互联网的蓬勃发展，使得可用的数据量剧增，数据驱动方法的优势越来越明显，最终完成了从量变到质变的飞跃。如今很多需要类似人类智能才能做的事情，计算机已经可以胜任了，这得益于数据量的增加。

全世界各个领域数据不断向外扩展，渐渐形成了另外一个特点，就是很多数据开始出现交叉，各个维度的数据从点和线渐渐连成了网，或者说，数据之间的关联性极大地增强，在这样的背景下，就出现了大数据，使得"以数据为中心"的思考解决问题的方式优势逐渐得到显现。

6.3.5　我为人人，人人为我

"我为人人，人人为我"是大数据思维的又一体现，城市的智能交通管理便是一个例子。在智能手机和智能汽车（特斯拉等）出现之前，世界上的很多大城市虽然都有交通管理（或者控制）中心，但是它们能够得到的交通路况信息最快也有 20 分钟滞后。如果没有能够跟踪足够多的人出行情况的实时信息的工具，一个城市即使部署再多的采样观察点，再频繁地报告各种交通事故和拥堵的情况，整体交通路况信息的实时性也不会比 2007 年有多大改进。

但是，在能够定位的智能手机出现后，这种情况得到了根本的改变。由于智能手机足够普及并且大部分用户开放了他们的实时位置信息（符合大数据的完备性），使得做地图服务的公司，例如 Google 或者百度，有可能实时地得到任何一个人口密度较大的城市的人员流动信息，并且根据其流动的速度和所在的位置，很容易区分步行的人群和行进的汽车。

由于收集信息的公司和提供地图服务的公司是一家，因此从数据采集、数据处理，到信息发布中间的延时微乎其微，所提供的交通路况信息要及时得多。使用过 Google 地图服务或者百度地图服务的人，对比十几年前，都很明显地感到了其中的差别。当然，更及时的信息可以通过分析历史数据来预测。一些科研小组和公司的研发部门，已经开始利用一个城市交通状况的历史数据，结合实时数据，预测一段时间以内（如一个小时）该城市各条道路可能出现的交通状况，并且帮助出行者规划最好的出行路线。

上面的实例很好地阐释了大数据时代"我为人人、人人为我"的全新理念和思维，每个使用导航软件的智能手机用户，一方面共享自己的实时位置信息给导航软件（例如百度地图）公司，使得导航软件公司可以从大量用户那里获得实时的交通路况大数据，另一方面，每个用户又在享受导航软件公司提供的基于交通大数据的实时导航服务。

6.4 运用大数据思维的具体实例

为了进一步强化对大数据思维的理解，这里给出相关代表性实例，如表 6-1 所示。

表 6-1　大数据思维及其代表性实例

思 维 方 式	具 体 实 例
全样而非抽样	商品比价网站 谷歌流感趋势预测
效率而非精确	谷歌翻译
相关而非因果	啤酒与尿布 零售商 Target 的基于大数据的商品营销 吸烟有害身体健康的法律诉讼 基于大数据的药品研发
以数据为中心	基于大数据的谷歌广告 搜索引擎"点击模型" 大数据的简单算法比小数据的复杂算法更有效
我为人人，人人为我	迪士尼 MagicBand 手环

6.4.1　商品比价网站

美国有一家创新企业，可以帮助人们做购买决策，告诉消费者什么时候买什么产品，什么时候买最便宜，预测产品的价格趋势。这家公司背后的驱动力就是大数据。他们在全球各大网站上搜集数以十亿计的数据，然后帮助数以万计的用户省钱，为他们的采购找到最好的时间点，提高效率，降低交易成本，为终端的消费者带去更多价值。

微视频
6-4
运用大数据思维的具体实例（一）

在这类模式下，尽管一些零售商的利润会进一步受到挤压，但从商业本质上来讲，可以把钱更多地放回到消费者的口袋里，让购物变得更理性。这是依靠大数据催生出的一项全新产业。这家为数以万计的客户省钱的公司，后来被 eBay 以高价收购。

6.4.2　啤酒与尿布

再回顾一下前面介绍过的"啤酒与尿布"的故事。沃尔玛的工作人员在按周期统计产品的销售信息时，发现了一个非常奇怪的现象：每到周末的时候，超市里啤酒和尿布的销量就会突然增大。为了搞清楚其中的原因，他们派出工作人员进行调查。通过观察和走访之后，他们了解到，在美国有孩子的家庭中，太太经常嘱咐丈夫下班后要为孩子买尿布，而丈夫们在买完尿布以后又顺手带回了自己爱喝的啤酒（休息时喝酒是很多男人的习惯），因此，周末时啤酒和尿布销量一起增长（见图 6-1）。弄明白原因后，沃尔玛打破常规，尝试将啤酒和尿布摆在一起，结果使得啤酒和尿布的销量双双激增，为公司带来了巨大的利润。通过这个故事可以看出，本来尿布与啤酒是两个风马牛不相及的东西，但如果关联在一起，销量就增加了。

交易号	产品
T01	啤酒
T01	尿布
T02	啤酒
T02	尿布
T03	尿布

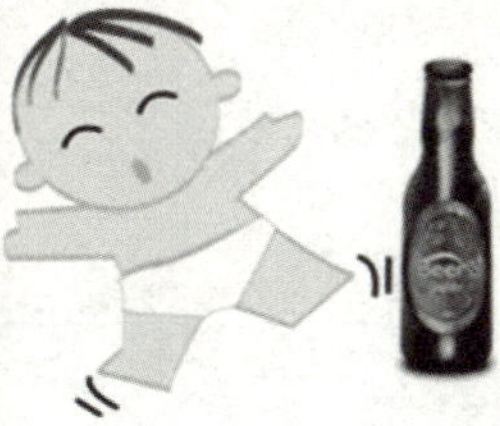

图 6-1　在超市里啤酒与尿布常常被一起购买

6.4.3　零售商 Target 的基于大数据的商品营销

美国人逛超市，除了大家熟悉的沃尔玛，还有美国第三大零售商 Target，来这里逛的人特别多。一个真实的故事：一天，一名美国男子闯入他家附近的 Target，抗议说超市竟然给他的女儿发婴儿尿布和童车的优惠券，这是赤裸裸的侮辱，他要起诉超市。店铺经理就立刻跑出来承认错误，懵懂的经理也不知道发生了什么事。一个月以后这位父亲又跑来道歉，这个时候他才知道他的女儿的确怀孕了。Target 比他的父亲知道他女儿怀孕足足早了一个月，那 Target 是怎么知道的呢？他的女儿也没有买过任何母婴用品啊？原来这就是神秘的大数据起的作用。Target 做了什么呢？它从数据仓库中挖掘出了 25 项与怀孕高度相关的商品，制作了一个怀孕预测的指数，根据指数能够在很小的误差范围内预测顾客有没有怀孕。实际上他的女儿只是买了一些没有味道的湿纸巾和一些补镁的药品，就被 Target“锁定”了。

6.4.4　吸烟有害身体健康的法律诉讼

在过去，由于数据量有限，而且常常不是多维度的，这样的相关性很难找得到，即使偶尔找到了，人们也未必接受，因为这和传统的观念不一样。20 世纪 90 年代中期，在美国和加拿大围绕香烟是否对人体有害这件事情的一系列诉讼上，如何判定吸烟是否有害是这些案子的关键，是采用因果关系判定，还是采用相关性判定，决定了那些诉讼案判决结果。

在今天看来，吸烟对人体有害，这是板上钉钉的事实，如图 6-2 所示为导致肺癌的危险因素的统计数据。例如美国外科协会的一份研究报告显示，吸烟男性肺癌的发病率是不吸烟男性的 23 倍，女性则是 13 倍，这从统计学上讲早已经不是随机事件的偶然性了，而是存在必然的联系。但是，就是这样看似如山的铁证，依然“不足够”以此判定烟草公司就是有罪，因为它们认为吸烟和肺癌没有因果关系。烟草公司可以找出很多理由来辩解，例如说一些人之所以要吸烟，是因为身体里有某部分基因缺陷或者身体缺乏某种物质；而导致肺癌的，是这种基因缺陷或者某种物质的缺乏，而非烟草中的某些物质。从法律上讲，烟草公司的解释很站得住脚，美国的法律又是采用无罪推定原则，因此，单纯靠发病率高这一件事是无法判定烟草公司有罪的。这就导致了在历史上很长的时间里，美国各个州政府的检察官在对烟草公司提起诉讼后，经过很长时间的法庭调查和双方的交锋，最后结果都是不了了之。其根本原因是提起诉讼的原告一方（州检察官和受害人）拿不出足够充分的证据，而烟草公司又有足够的钱请到很好的律师为他们进行辩护。

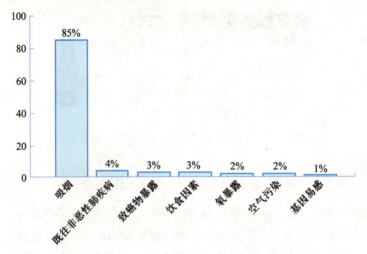

图 6-2　导致肺癌的危险因素

　　这种情况直到 20 世纪 90 年代中期美国历史上的那次世纪大诉讼才得到改变。1994 年，密西西比州的总检察长麦克·摩尔（Michael Moore）又一次提起了对菲利普·莫里斯等烟草公司的集体诉讼，随后，美国 40 多个州加入了这场有史以来最大的诉讼行动。在诉讼开始以前，双方都清楚官司的胜负其实取决于各州的检察官们能否收集到让人信服的证据，来证明是吸烟而不是其他原因导致了很多疾病（如肺癌）更高的发病率。

　　我们在前面讲了，单纯讲吸烟者比不吸烟者肺癌的发病率高是没有用的，因为得肺癌可能是由其他更直接的因素引起的。要说明吸烟的危害，最好能找到吸烟和得病的因果关系，但是这件事情短时间内又做不到。因此，诉讼方只能退而求其次，他们必须能够提供在（烟草公司所说的）其他因素都被排除的情况下，吸烟者发病的比例依然比不吸烟者要高很多的证据，这件事做起来远比想象的困难。虽然当时全世界的人口多达 60 亿，吸烟者的人数也很多，得各种与吸烟有关疾病的人也不少，但是在以移民为主的美国，尤其是大城市里，人们彼此之间基因的差异相对较大，生活习惯和收入状况也千差万别，即使调查了大量吸烟和不吸烟的样本，能够进行比对的、各方面条件都很相似的样本也并不多。不过在 20 世纪 90 年代的那次世纪大诉讼中，各州的检察长下定决心要打赢官司，而不再是不了了之，为此他们聘请了包括约翰·霍普金斯大学在内的很多大学的顶级专家作为诉讼方的顾问，其中既包括医学家，也包括公共卫生专家。这些专家们为了收集证据，派工作人员到世界各地，尤其是第三世界国家的农村地区（包括中国的西南地区），去收集对比数据。在这样的地区，由于族群相对单一（可以排除基因等先天的因素），收入和生活习惯相差较小（可以排除后天的因素），有可能找到足够多的可对比的样本，来说明吸烟的危害。

　　各州检察官们和专家们经过三年多的努力，最终让烟草公司低头了。1997 年，烟草公司和各州达成和解，同意赔偿 3 655 亿美元。在这场历史性胜利的背后，靠的并非检察官们找到了吸烟对人体有害的因果关系的证据，而依然是采用了统计上强相关性的证据，只是这一次的证据能够让陪审团和法官信服。在这场马拉松式的诉讼过程中，其实人们的思维方式已经从接受因果关系，转到接受强相关性上来了。

如果在法律上都能够被作为证据接受，那么把相关性的结果应用到其他领域更是顺理成章的事情。

6.4.5　基于大数据的药品研发

通过因果分析找到答案，进而研制出治疗某种疾病的药物，是传统的药物研制方式，青霉素的发明过程就非常具有代表性。首先，在 19 世纪中期，奥匈帝国的塞麦尔维斯、法国的巴斯德等人发现微生物细菌会导致很多疾病，因此人们很容易想到杀死细菌就能治好疾病，这就是因果关系。不过，后来弗莱明等人发现，把消毒剂涂抹在伤员伤口上并不管用，因此就要寻找能够从人体内杀菌的物质。最终在 1928 年弗莱明发现了青霉素，但是他不知道青霉素杀菌的原理。而牛津大学的科学家钱恩和亚伯拉罕搞清楚了青霉素中的一种物质——青霉烷，其能够破坏细菌的细胞壁，才算搞清楚青霉素有效性的原因，到这时青霉素治疗疾病的因果关系才算完全找到，这时已经是 1943 年，离赛麦尔维斯发现细菌致病已经过去近一个世纪。两年之后，女科学家多萝西·霍奇金（Dorothy Hodgkin）搞清楚了青霉烷的分子结构，并因此获得了诺贝尔奖，这样到了 1957 年终于可以人工合成青霉素。当然，搞清楚青霉烷的分子结构，有利于人类通过改进它来发明新的抗生素，亚伯拉罕就因此而发明了头孢类抗生素。

在整个青霉素和其他抗生素的发明过程中，人类就是不断地分析原因，然后寻找答案（结果）。当然，通过这种因果关系找到的答案非常让人信服。

其他新药的研制过程和青霉素类似，科学家们通常需要分析疾病产生的原因，寻找能够消除这些原因的物质，然后合成新药。这是一个非常漫长的过程，而且费用非常高。在约 10 年前，研制一种处方药往往已经需要花费 10 年以上的时间，投入约 10 亿美元的科研经费，如今，时间和费用成本都进一步提高；一些专家，例如斯坦福大学医学院院长米纳（Lloyd Minor）教授估计平均需要 20 年的时间、20 亿美元的投入。这也就不奇怪为什么有效的新药价格都非常昂贵，因为如果不能在专利有效期内赚回高昂的成本，就不可能有公司愿意投入资金研制新药了。

按照因果关系，研制一种新药就需要如此长的时间、如此高的成本。这显然不是患者可以等待和负担的，也不是医生、科学家、制药公司想要的，但是过去没有办法，人们只能这么做。

如今，有了大数据，寻找特效药的方法就和过去有所不同了。美国一共只有 5 000 多种处方药，人类会得的疾病大约有一万种。如果将每一种药和每一种疾病进行配对，就会发现一些意外的惊喜。例如斯坦福大学医学院发现，原来用于治疗心脏病的某种药物对治疗某种胃病特别有效。当然，为了证实这一点，需要做相应的临床试验，但是这样找到治疗胃病的药只需要花费 3 年时间，成本也只有约 1 亿美元。这种方法，实际上依靠的并非因果关系，而是一种强关联关系，即 A 药对 B 病有效。至于为什么有效，接下来 3 年的研究工作实际上就是在反过来寻找原因。这种先有结果再反推原因的做法，和过去通过因果关系推导出结果的做法截然相反。无疑，这样的做法会比较快，当然，前提是有足够多的数据支持。

6.4.6 基于大数据的谷歌广告

这里介绍一个谷歌广告的例子，它告诉我们谷歌怎样利用数据提升广告的效果。谷歌的关键词广告系统 AdWords 不仅是世界上最赚钱的产品，对广告商来说也是广告效果最好的平台。谷歌是怎么兼顾自己和广告商的利益呢？它巧妙地利用数据来形成双赢甚至多赢的格局，做法是收集大量的数据然后利用这些数据。例如说它掌握了广告被点击的数据，那么它的算法在展示广告的时候，如果一个广告很少被点击谷歌就会尽量少地展示这个广告。带来的结果是什么？对广告主来说省钱了，因为不用花钱在无用的广告上面，对谷歌来说，不展示这些广告那就可以把有限而宝贵的搜索流量留给那些可能被点击的广告，从而增加自己的收入。对用户来说，人们也不会看到自己不想看并且跟自己没关系的广告，提升了用户的体验。这就是用数据来获得智能。

6.4.7 搜索引擎"点击模型"

各个搜索引擎都有一个度量用户点击数据和搜索结果相关性的模型，通常被称为"点击模型"。随着数据量的积累，点击模型对搜索结果排名的预测越来越准确，它的重要性也越来越大。今天，它在搜索排序中至少占 70%~80% 的权重，也就是说搜索算法中其他所有的因素加起来都不如它重要。换句话说，在今天的搜索引擎中，因果关系已经没有数据的相关性重要了。

当然，点击模型的准确性取决于数据量的大小。对于常见的搜索，例如"虚拟现实"，积累足够多的用户点击数据并不需要太长的时间。但是，对于那些不太常见的搜索（通常也被称为"长尾搜索"），例如"毕加索早期作品介绍"，需要很长的时间才能收集到足够多的数据来训练模型。一个搜索引擎使用的时间越长，数据的积累就越充分，对于这些长尾搜索就做得越准确。微软的搜索引擎在很长的时间里做不过 Google 的主要原因，并不在于算法本身，而是因为缺乏数据。同样的道理，在中国，一些小规模的搜索引擎相对百度最大的劣势也在于数据量上。

当整个搜索行业都意识到点击数据的重要性后，这个市场上的竞争就从技术竞争变成了数据竞争。这时，各公司的商业策略和产品策略就都围绕着获取数据、建立相关性而开展了。后进入搜索市场的公司要想不坐以待毙，唯一的办法就是快速获得数据。

例如微软通过接手雅虎的搜索业务，将"必应"的搜索量从原来 Google 的 10% 左右陡然提升到 Google 的 20%~30%，点击模型准确了许多，搜索质量迅速提高（必应和谷歌的标志见图 6-3）。但是即使做到这一点还是不够的，因此一些公司想出了更激进的办法，通过搜索条（toolbar）、浏览器甚至输入法来收集用户的点击行为。这种办法的好处在于它不仅可以收集到用户使用该公司搜索引擎本身的点击数据，而且还能收集用户使用其他搜索引擎的数据，例如微软通过旧浏览器收集用户使用 Google 搜索时的点击情况。

这样一来，如果一家公司能够在浏览器市场占很大的份额，即使它的搜索量很小，也能收集大量的数据。有了这些数据，尤其是用户在更好的搜索引擎上的点击数据，一家搜索引

微软　　　　　　　　谷歌

图 6-3　微软和谷歌的搜索引擎标志

擎公司可以快速改进长尾搜索的质量。当然，有人诟病"必应"的这种做法是"抄"Google的搜索结果，其实它并没有直接抄，而是用 Google 的数据改进自己的点击模型。这种事情在中国市场上也是一样，因此，搜索质量的竞争就成了浏览器或者其他客户端软件市场占有率的竞争。虽然在外人看来这些互联网公司竞争的是技术，但更准确地讲，它们是在数据层面竞争。

6.4.8　迪士尼 MagicBand 手环

美国迪斯尼公司投资了 10 亿美元进行线下顾客跟踪和数据采集，开发出 MagicBand 手环，如图 6-4 所示。表面上看，MagicBands 就像用户已经习惯佩戴的普通健康追踪器。实质上，MagicBands 是由一排射频识别芯片和无线电频率发射器来发射信号的，信号全方位覆盖 40 英尺（1 英尺＝0.3048 m）范围，就像无线电话一样。游客在入园时佩戴上带有位置采集功能的手环，园方可以通过定位系统了解不同区域游客的分布情况，并将这一信息告诉游客，方便游客选择最佳游玩路线。此外，用户还可以使用移动订餐功能，通过手环的定位，送餐人员能够将快餐送到用户手中。利用大数据不仅提升了用户体验，也有助于疏导园内的人流。而采集得到的顾客数据，可以用于精准营销。这是一切皆可测的例子——线下活动也可以被测量。

图 6-4　迪士尼 MagicBand 手环

6.4.9　谷歌流感趋势预测

以流感为例，很多国家都有规定，当医生发现新型流感病例时需告知疾病控制与预防中心。但由于人们可能患病不及时就医，同时信息传回疾控中心也需要时间，因此，通告新流感病例时往往会有一定的延迟。

谷歌的工程师们很早就发现，某些搜索字词非常有助于了解流感疫情：在流感季节，与流感有关的搜索会明显增多；到了过敏季节，与过敏有关的搜索会显著上升；而到了夏季，与晒伤有关的搜索又会大幅增加。这是很容易理解的，一般的人没有什么生病的症状，是不会去主动查那些与疾病相关的内容的。于是，2008年谷歌开发了一个可以预测流感趋势的工具——谷歌流感趋势，它采用大数据分析技术，利用网民在谷歌搜索引擎输入的搜索关键词来判断全美地区的流感情况。谷歌把5 000万条美国人最频繁检索的词条和美国疾控中心在2003—2008年间季节性流感传播时期的数据进行了比较，并构建数学模型实现流感预测。

谷歌流感趋势预测并不是依赖于对随机抽样的分析，而是分析了整个美国几十亿条互联网检索记录而得到结论。分析整个数据库，而不是对一个样本进行分析，能够提高微观层面分析的准确性，甚至能够推测出任何特定尺度的数据特征。

6.4.10　大数据的简单算法比小数据的复杂算法更有效

大数据在多大程度上优于算法这个问题，在自然语言处理（这是关于计算机如何学习和领悟我们在日常生活中使用语言的学科方向）上表现得很明显。在2000年的时候，微软研究中心的米歇尔·班科（Michele Banko）和埃里克·布里尔（Eric Bill）一直在寻求改进Word程序中语法检查的方法。但是他们不能确定是努力改进现有的算法、研发新的方法，还是添加更加细腻精致的特点更有效。所以，在实施这些措施之前，他们决定往现有的算法中添加更多的数据，看看会有什么不同的变化。很多对计算机学习算法的研究都建立在百万字左右的语料库基础上。最后，他们决定往4种常见的算法中逐渐添加数据，先是一千万字，再到一亿字，最后到十亿字。

结果有点令人吃惊。他们发现，随着数据的增多，4种算法的表现都大幅提高了。当数据只有500万的时候，有一种简单的算法表现得很差，但数据达10亿的时候，它变成了表现最好的，准确率从原来的75%提高到了95%以上。与之相反，在少量数据情况下运行得最好的算法，当加入更多的数据时，也会像其他的算法一样有所提高，但是却变成了在大量数据条件下运行得最不好的算法，它的准确率从86%提高到94%。

后来，班科和布里尔在他们发表的研究论文中写道："如此一来，我们得重新衡量一下，更多的人力物力是应该消耗在算法发展上，还是在语料库发展上。"

所以，数据多比少好，更多数据比算法系统更智能还要重要。因此，大数据的简单算法比小数据的复杂算法更有效。

6.4.11　谷歌翻译

2006年，谷歌公司也开始涉足机器翻译。这被当作实现"收集全世界的数据资源，并让人人都可享受这些资源"这个目标的一个步骤。谷歌翻译开始利用一个更大更繁杂的数据库，也就是全球的互联网，而不再只利用两种语言之间的文本翻译。谷歌翻译系统为了训练计算机，会吸收它能找到的所有翻译。它会从各种各样语言的公司网站上去寻找联合国和欧洲委员等这些国际组织发布的官方文件和报告的译本。它甚至会吸收速读项目中的书籍翻译。谷歌的翻译系统不会像Candide一样只是仔细地翻译300万句话，它会掌握用不同语言翻译的质量参差不齐的数十亿页的文档。不考虑翻译质量的话，上万亿的语料库就相当于950亿句英语。尽管其输入源很混乱，但较其他翻译系统而言，谷歌的翻译质量相对而言还是最好的，而且可翻译的内容更多。到 2012 年年中，谷歌数据库涵盖了 60 多种语言，甚至能够接受 14 种语言的语音输入，并有很流利的对等翻译。之所以能做到这些，是因为它将语言视为能够判别可能性的数据，而不是语言本身。

谷歌的翻译之所以更好，并不是因为它拥有一个更好的算法机制，而是因为谷歌翻译增加了很多各种各样的数据。从谷歌的例子来看，它之所以能获得更好的翻译效果，是因为它接受了有错误的数据，不再只接受精确的数据。2006 年，谷歌发布的上万亿的语料库，就是来自互联网的一些废弃内容。这就是"训练集"，可以正确地推算出英语词汇搭配在一起的可能性。

20 世纪 60 年代，拥有百万英语单词的语料库——布朗语料库，算得上这个领域的开创者，而如今谷歌的这个语料库则是一个质的突破，后者使用庞大的数据库使得自然语言处理这一方向取得了飞跃式的发展。从某种意义上，谷歌的语料库是布朗语料库的一个退步。因为谷歌语料库的内容来自未经过滤的网页内容，所以会包含一些不完整的句子、拼写错误、语法错误以及其他各种错误。况且，它也没有详细的人工纠错后的注解。但是，谷歌语料库是布朗语料库的好几百万倍大，这样的优势完全压倒了缺点，所以才获得了更好的翻译效果。

6.4.12　基于大模型、大数据和大算力的 ChatGPT

ChatGPT 是美国 OpenAI 公司研发的聊天机器人程序，于 2022 年 11 月 30 日发布。ChatGPT 是人工智能技术驱动的自然语言处理工具，它能够通过理解和学习人类的语言来进行对话，还能根据聊天的上下文进行互动，真正像人类一样来聊天交流，甚至能完成撰写邮件、视频脚本、文案、代码、论文以及翻译等任务。ChatGPT 是一个靠大算力、高成本，用大规模的数据"喂"出来的 AI 模型。在算法层面，ChatGPT 的基础是世界上最强大的 LLM（large language models，大语言模型）之一——GPT-4，同时引入了基于人类反馈的强化学习方法，提高了对话的质量。AI 的训练和使用也需要强大的算力支持。ChatGPT 的训练是在微软云上进行的，在全球云计算市场，微软云的市场份额排名第二。高水平、高市场份额，再加上芯片技术的高速发展，这都为 ChatGPT 的横空出世奠定了坚实的算力基础。除了算法和算力，AI 大模型的进步迭代，需要大量的数据进行训练，通常需要万亿级别的语料，ChatGPT 的训练语料含有约 3000 亿个词元，其中，60% 来自 2016—2019 年的 Common Crawl 数据集，22% 来自 Reddit 链接，16% 来自各种书籍，3% 来自维基百科。2023 年发布的 GPT-4，其训练参数量已经达到了惊人的 1.6 万亿个，大量的数据被反复"喂"给 ChatGPT。

6.5　本章小结

大数据，不仅是一次技术革命，同时也是一次思维革命。按照大数据的思维方式，我们做事情的方式与方法需要从根本上改变。大数据时代最大的转变就是思维方式的 5 种转变：全样而非抽样、效率而非精确、相关而非因果、以数据为中心以及"我为人人，人人为我"。

本章内容介绍了五种思维方式，并给出了相应的具体实例。大数据不仅将改变每个人的日常生活和工作方式，也将改变商业组织和社会组织的运行方式。只有我们的思维升级了，我们才可能在这个时代透过数据看世界，比别人看得更加清晰，从而在大数据时代有所成就。

6.6　习题

1. 请阐述机械思维的核心思想。
2. 请阐述大数据时代为什么需要新的思维方式。
3. 请阐述大数据时代人类思维方式的转变主要体现在哪些方面。
4. 请根据自己的生活实践举出一个大数据思维的典型案例。
5. 请阐述"啤酒和尿布"描述的是什么样的商业故事，并说明它属于哪种大数据思维方式。
6. 请阐述搜索引擎是如何利用大数据改进搜索结果质量的。
7. 请阐述谷歌流感趋势预测和传统的流感预测方式的不同。
8. 请阐述谷歌翻译是如何利用大数据提升翻译质量的。

第7章
大数据伦理

　　大数据不仅大大扩展了信息量，改变了社会，也深刻改变了人们的思维方式和行为。但是也应看到，技术是把"双刃剑"，大数据一方面为人们的生活提供了诸多便利和无限可能，另一方面，大数据在产生、存储、传播和使用过程中，可能引发伦理失范问题。因此，在当今的大数据时代，新技术在发挥巨大能量的同时，也带来了负面效应，例如个人信息被无形滥用，生活隐私被窥探利用，数据安全的漏洞造成危害，以及信息垄断挑战公平等，由此引发的社会问题层出不穷，影响日趋增大，对当代社会秩序与人伦规范形成了严重冲击。我们必须高度重视这些新的伦理问题，并积极寻找行之有效的方案对策，努力引导技术为人类更好地谋福利。

　　本章首先介绍大数据伦理的概念，并给出与大数据伦理相关的典型案例，然后指出大数据伦理问题的表现，并讨论大数据伦理问题产生的原因，最后，给出大数据伦理问题的治理对策。

7.1　大数据伦理概念

在西方文化中，伦理一词的词源可追溯到希腊文"ethos"，具有风俗、习性、品性等含义。在中国文化中，伦理一词最早出现于《乐纪》："乐者，通伦理者也。"我国古代思想家们都对伦理学十分重视，"三纲五常"就是基于伦理学产生的。最开始对伦理学的应用主要体现在对于家庭长幼辈分的界定，后又延伸至社会关系的界定。

"伦理"与"道德"的概念不同。哲学家认为"伦理"是规则和道理，即人作为总体，在社会中的一般行为规则和行事原则，强调人与人之间、人与社会之间的关系；而"道德"是指人格修养、个人道德和行为规范、社会道德，即人作为个体，在自身精神世界中心理活动的准绳，强调人与自然、人与自我、人与内心的关系。道德的内涵包含了伦理的内涵，伦理是个人道德意识的外延和对外行为表现。伦理是客观法，具有律他性，而道德则是主观法，具有律己性；伦理要求人们行为基本符合社会规范，而道德则是表现人们行为境界的描述；伦理义务对社会成员的道德约束具有双向性、相互性特征。

这里所讨论的"伦理"是指一系列指导行为的观念，是从概念角度上对道德现象的哲学思考。它不仅包含着对人与人、人与社会和人与自然之间关系处理中的行为规范，而且也深刻地蕴含着依照一定原则来规范行为的深刻道理。现代伦理已然不再是简单的对传统道德的法则的本质功能体现，它已经延伸至不同的领域，因而也越发具有针对性，引申出了环境伦理、科技伦理等不同层面的内容。

科技伦理是指科学技术创新与运用活动中的道德标准和行为准则，是一种观念与概念上的道德哲学思考。它规定了科学技术共同体应遵守的价值观、行为规范和社会责任范畴。人类科学技术的不断进步，也带来了一些新的科技伦理问题，因此，只有不断丰富科技伦理这一基本概念的内涵，才能有效应对和处理新的伦理问题，提高科学技术行为的合法性和正当性，确保科学技术能够真正做到为人类谋福利。

这里的"大数据伦理问题"，就属于科技伦理的范畴，指的是由于大数据技术的产生和使用而引发的社会问题，是集体和人与人之间关系的行为准则问题。作为一种新的技术，大数据技术像其他所有技术一样，其本身是无所谓好坏的，而它的"善"与"恶"全然取决于大数据技术的使用者，即使用者想要通过大数据技术所要达到怎样的目的。一般而言，使用大数据技术的个人、公司都有着不同的目的和动机，由此导致了大数据技术的应用既会产生积极影响也会产生消极影响。

7.2　大数据伦理典型案例

这里介绍一些大数据伦理问题的典型案例，包括徐玉玉事件、大麦网"撞库"事件、大数据"杀熟"、隐形偏差问题、魏则西事件、信息茧房等。

7.2.1　徐玉玉事件

"诈骗"作为当下社会关注的热点并不是这个时代所特有的现象，只是随着大数据技术的兴起并被不法分子所利用，诈骗形式和手段发生了重大改变，这一现象才显得尤为突出。"精准诈骗"是"通过深入利用用户个人信息实施的诈骗"，有别于以往的"盲骗"，其最大特征是掌握了受害者的有效信息，并据此编造契合目标对象的诈骗剧本，往往成功率高且令人难以防范。

2017 年山东临沂女孩徐玉玉被骗身亡事件是精准诈骗中的典型案件。徐玉玉事件中，第一个关键性案件便是"黑客"案，从社会大众视角来看，"黑客"是徐玉玉被骗的始作俑者。报道显示，犯罪嫌疑人杜天禹，即所谓的"黑客"，作为一名程序技术员，业余时间经常浏览一些网站并测试其"安全性"，一旦发现漏洞便利用木马侵入内部，打包下载个人信息、账号、密码。徐玉玉的个人信息正是来自"山东省 2016 高考网上报名信息系统"的"战利品"，最终杜天禹以"侵犯公民个人信息"一案作为独立案件单独移送并起诉。徐玉玉事件中的另一起关键性案件是电信诈骗案。诈骗分子冒充教育局的人，谎称向徐玉玉发放助学金，在拨打了虚假的"教育局"提供的"财政局"电话后，徐玉玉按照对方以"激活账户"为由发出的指令，将为上大学准备的 9900 元学费打入了骗子提供的账号。案件侦破过程显示，这起诈骗案并非只针对徐玉玉一人，在侦案中被检察机关查实认定的被骗考生多达 20 余人，其中绝大部分是山东籍考生，这一切均始于诈骗分子购买了被黑客所窃取的山东省高考学生信息。

在这一事件中，"数据"无疑发挥了重要的作用，它存在于黑客窃取和转卖个人信息、诈骗团伙设计并分工实施诈骗等诸多环节。在精准诈骗中，由于不法分子掌握了受害者的详细数据，受害者往往失去了原本该有的辨识和反思意识，从而导致骗子屡屡得手。然而，"诈骗"并不是大数据技术的"原罪"，透过两起案件中暴露的大数据公开与共享中的一系列隐私问题，我们仍可以体会到对大数据技术进行伦理探究的紧迫性。

7.2.2　大麦网"撞库"事件

所谓的"撞库"是黑客通过收集互联网已泄露的用户和密码信息，生成对应的字典表，尝试批量登录其他网站后，得到一系列可以登录的用户。很多用户在不同网站使用的是相同的账号和密码，因此黑客可以通过获取用户在 A 网站的账户从而尝试登录 B 网站，这就可以理解为撞库攻击。也就是说对撞库简单的理解就是：黑客"凑巧"获取到了一些用户的数据（用户名、密码），再应用到其他网站登录系统。

2016 年，票务网站大麦网因账号信息被窃取，间接导致全国多地用户受骗。不法分子冒充大麦网工作人员，以误操作、解绑为由，诱导大麦客户进行银行卡操作，骗取用户资金。据报道，在这次事件中，造成经济损失的用户数量为 39 人，总金额超过 147 万元。

7.2.3　大数据"杀熟"

2018 年 2 月 28 日，《科技日报》报道了一位网友自述被大数据"杀熟"的经历。据了解，他经常通过某旅行服务网站订一个出差常住的酒店，常年价格在 380 元到 400 元。偶然一次，通过前台了解到，淡季的价格在 300 元上下。他用朋友的账号查询后发现，果然是 300 元；但用自己的账号去查，还是 380 元。

从此，"大数据杀熟"这个词正式进入社会公众的视野。所谓的"大数据杀熟"是指，同样的商品或服务，老客户看到的价格反而比新客户要贵出许多。实际上，这一现象已经持续多年。有数据显示，国外一些网站早就有之。在我国，有媒体对 2008 名受访者进行的一项调查显示，51.3%的受访者遇到过互联网企业利用大数据"杀熟"的情况。调查发现，在销售或预订机票、酒店、电影、电商、出行等多个价格有波动的平台都存在类似情况，且在线旅游平台较为普遍。

"大数据杀熟"总是处于隐蔽状态，多数消费者是在不知情的情况下"被溢价"了。大数据杀熟，实际上是对特定消费者的"价格歧视"，与其称这种现象为"杀熟"，不如说是"杀对价格不敏感的人"。而大数据可以帮企业找到那些"对价格不敏感"的人群。

7.2.4 隐性偏差问题

大数据时代，会不可避免地出现隐性偏差问题。美国波士顿市政府曾推出一款手机 App，鼓励市民通过 App 向政府报告路面坑洼情况，借此加快路面维修进展。但该款 App 的使用，却因为老年居民使用智能手机的比率偏低，导致政府收集到的数据多为年轻人反馈的数据，所以导致老人步行受阻的一些小型坑洼，反而长期得不到及时处理。

很显然，在这个例子中，具备智能手机使用能力的群体相对于不会使用智能手机群体而言，前者具有明显的比较优势，可以及时把自己群体的诉求表达出来，获得关注和解决，而后者的诉求则无法及时得到响应。

7.2.5 魏则西事件

百度是国内最大的搜索引擎服务供应商，具有大多数互联网企业不具备的数据优势。百度公司有一项服务——百度推广，每年可以给百度公司带来大量的营收。百度推广是由百度公司推出的网络营销服务，企业在向百度公司购买该项服务后，通过注册提交一定数量的关键词，其推广信息就会率先出现在网民相应的搜索结果中。简单来说就是，当用户利用某一关键词进行检索的时候，在检索结果页面会出现与该关键词相关的内容。例如企业主在百度注册提交"大数据"这个关键词，当消费者或网民寻找有关"大数据"的信息时，该企业就会优先被找到，显示在搜索结果页面的显著位置，百度按照实际点击量（潜在客户访问数）收费，每次有效点击收费从几毛钱到几块钱不等，由企业产品的竞争激烈程度决定的。

用户在使用百度搜索引擎搜索关键词时，不管用户是否接受，在返回的搜索结果当中，总会包含一些百度推广给出的营销内容，而"魏则西事件"更是使得百度的这一营销做法备受争议。"魏则西事件"是指 2016 年 4 月至 5 月初在互联网引发网民关注的一起医疗相关事件。2016 年 4 月 12 日，西安电子科技大学 21 岁学生魏则西因滑膜肉瘤病逝。他去世前在知乎网站撰写治疗经过时称，通过百度搜索了解到排名靠前的武警北京第二医院的生物免疫疗法，随后在该医院治疗后致病情耽误，此后了解到，该技术在美国已被淘汰。由此众多网友质疑百度推广提供的医疗信息有误导之嫌，耽误了魏则西的病情和最佳治疗时机，最终导致魏则西失去生命。

这个案例说明，当时的百度公司利用自己对网页数据的优势地位，在向网民呈现搜索结果时，并不是按照信息的重要性来对搜索结果进行排序，而是把一些百度推广的营销内容放在了搜索结果页面的最显著位置。

7.2.6 "信息茧房"问题

我们日常生活中的很多决策，都需要我们综合多方面的信息去做判断。如果对世界的认识存在偏差，做出的决策肯定也会有错误。也就是说，如果我们只是看某一方面的信息，对另一方面的信息视而不见，或者永远怀着怀疑、批判的眼光去看与自己观点不同的信息，那么，我们就有可能做出偏颇的决策。

现在的互联网，基于大数据和人工智能的推荐应用越来越多。每一个应用软件的背后，都有一个庞大的团队，时时刻刻在研究我们的兴趣爱好，然后为我们推荐喜欢的信息来迎合我们的需求，久而久之，我们一直被"喂食着"经过智能化筛选推荐的信息，就会导致我们被封闭在一个"信息茧房"里面，看不见外面丰富多彩的世界。

例如，我们日常生活中使用的"今日头条"等手机 App 就是典型的代表。"今日头条"是一款基于数据挖掘的推荐引擎产品，它为用户推荐有价值的、个性化的信息，提供连接人与信息的新型服务。今日头条的本质是：人与信息的连接服务，依靠的是数据挖掘，提供的是个性化、有价值的信息。用户在今日头条产生阅读记录以后，今日头条就会根据用户的喜好，不断推荐用户喜欢的内容供用户观看，把用户不喜欢的内容非常高效地屏蔽了，用户永远看不到他不感兴趣的内容。于是，在这类 App 中，我们的视野，就可能永远被局限在一个非常狭小的范围内，我们关注的那一方面内容，就成了一个"信息茧房"，把我们严严实实地包裹在里面，对于外面的一切，我们一无所知。时间一长，这类 App 不仅仅在取悦用户，同时也在"驯化"用户。用户在起初是主人，到了后来，就变成了"奴隶"。在 2019 年的全国政协会议上，全国政协委员、知名电视主持人白岩松就提出，要警惕沉迷于"投你所好式"网络，并把它上升到"民族危险"的高度。

实际上，在 2016 年的美国总统大选中（见图 7-1），很多美国人就尝到了"信息茧房"的苦果。当时，在选举结果揭晓之前，美国东部的教授、学生、金融界人士和西部的演艺界、互联网界、科技界人士，基本上都认为希拉里稳赢，在他们看来，特朗普没有任何胜算。希拉里的拥趸们，早早就准备好了庆祝希拉里获胜的庆典和所需物品，就等着投票结果出来。教授和学生们在教室里集体观看电视直播，等着最后的狂欢。但是，选举结果却完全出乎这些东西部的精英人士的意料，特朗普最终胜出当选总统。他们无论如何也无法搞懂，根据他们平时所接触到的信息来判断，几乎身边的所有人都喜欢希拉里，为什么赢的却是特朗普呢？这个问题的答案之一就在于，这些精英人士被关在了一个"信息茧房"里，因为他们喜欢希拉里，所以，Facebook 等网络应用都会为他们推荐各种各样支持希拉里的文章，自动屏蔽那些支持特朗普的文章，所以，他们全都坚定地认为，大部分人都支持希拉里，只有极少数人会支持特朗普。可是，事实的真相完全不是这样。根据美国总统大选期间的统计数字，就在 Facebook 上，特朗普的支持者数量远远超过这些东西部精英们的想象，只不过这些精英人士生活在一个"信息茧房"中，看不见特朗普支持者的存在。例如，有一篇名为《我为什么要投票给特朗普》的文章，在 Facebook 上被分享超过 150 万次，可是很多精英人士居然没有听说过这篇文章。所以，生活在大数据时代，我们一定要高度警惕自己落入"信息茧房"之中，不要让自己成为"井底之蛙"，永远只会看到自己头顶的一片天空。

图 7-1　2016 年美国总统大选

7.2.7　人脸数据滥用

当前，我国的人脸识别技术正在迅猛发展。据测算，这几年我国人脸识别市场规模以年均 50% 的速度增长。然而，人脸具有独特性、直接识别性、方便性、不可更改性、变化性、易采集性、不可匿名性、多维性等特征，这就决定了人脸识别技术具有特殊性和复杂性。人脸信息一旦被非法窃用，无法更改或替换，极可能引发科技伦理、公共安全和法律等众多方面的风险，危及公众人身与财产安全。2021 年央视"3·15"晚会的"第一弹"就指向人脸识别被商家滥用。央视调查报道中发现，滥用人脸识别，标注线下门店顾客，帮助零售企业进行客户管理，已经成为庞大的生态，有万掌门、优络客等服务提供商，也有科勒、宝马这样的全球品牌在采用，一家服务提供商就宣称自己已经搜集了上亿人脸数据，个人生物隐私信息被滥用，堪比十年前手机号被贩卖的乱象。"3·15"晚会暴露出触目惊心的隐私失序，有些大品牌在零售店中安装了连接人脸识别与客户关系管理软件的客户管理体系，能够对进店用户打上标签并进行精准识别，而在这一过程中，根本没有征得用户的同意。为了应对日益突出的人脸数据被滥用的问题，国家相关部门也出台了配套的法律。2021 年 7 月 28 日，最高人民法院举办新闻发布会，发布《最高人民法院关于审理使用人脸识别技术处理个人信息相关民事案件适用法律若干问题的规定》，对人脸数据提供司法保护，其中明确规定，人脸数据属于敏感个人信息中的生物识别信息，对人脸数据的采集、使用必须依法征得个人同意。在告知同意上，有必要设定较高标准，以确保个人在充分知情的前提下，合理考虑对自己权益造成的后果而做出同意。2021 年 11 月 1 日起施行的《中华人民共和国个人信息保护法》也针对滥用人脸识别技术做出明确规定，在公共场所安装图像采集、个人身份识别设备，应设置显著的提示标识，所收集的个人图像、身份识别信息只能用于维护公共安全的目的。

7.2.8　大数据算法歧视问题

随着数据挖掘算法的广泛应用，还出现了另一个突出的问题，即算法输出结果可能具有不公正性，甚至歧视性。2018 年，IG 电子竞技俱乐部夺冠的喜讯让互联网沸腾。IG 战队老板随即在微博抽奖，随机抽取 113 位用户，给每人发放 1 万元现金作为奖励。可是抽奖结果令人惊奇，获奖名单包含 112 位女性获奖者，但仅有 1 名男性获奖者。然而，官方数据显示，在本次抽奖中，所有参与用户的男女比率是 1∶1.2，性别比并不悬殊。于是，不少网友开始质疑微博的抽奖算法，甚至有用户主动测试抽奖算法，设置获奖人数大于参与人数，发现依然有大量用户无法获奖。这些无法获奖的用户很有可能已经被抽奖算法判断为"机器人"，在未来的任何抽奖活动中都可能没有中奖机会，因而引起网友们纷纷测算自己是否为被算法判定的"垃圾用户"。"微博算法事件"一时间闹得满城风雨。其实，这并非人们第一次质疑算法背后的公正性。近几年，众多科技公司的算法都被检测出带有歧视性。例如，在谷歌搜索中，男性会比女性有更多的机会看到高薪招聘信息；微软公司的人工智能聊天机器人 Tay 出乎意料地被"教"成了一个集性别歧视、种族歧视等于一身的"不良少女"……这些事件都曾引发人们的广泛关注。

7.2.9　菜鸟和顺丰事件

在我国，"数据垄断"一词是伴随着菜鸟和顺丰事件而兴起的。2017 年儿童节期间，菜鸟和顺丰在网络上开始隔空"掐架"。6 月 1 日下午，菜鸟官微发出一则"菜鸟关于顺丰暂停物流数据接口的声明"，称顺丰主动关闭了丰巢自提柜（由深圳顺丰投资有限公司控股的丰巢科技所提供的智能快递自提柜）和淘宝平台物流数据信息回传；随后，顺丰回应称，菜鸟以安全为由单方面切断了丰巢的信息接口，并指责菜鸟索要丰巢的所有包裹信息，认为菜鸟有意让其更换云服务。不过，监管部门并没有让这场"掐架"持续多久。在国家邮政局的调停下，6 月 3 日 12 点，菜鸟和顺丰握手言和，全面恢复了业务合作和数据传输。然而，这场突如其来的闹剧，最后却是由用户和卖家买单。在菜鸟和顺丰切断数据接口后，淘宝天猫的卖家无法通过后台录入顺丰快递单号，相当一部分卖家受到影响。根据菜鸟网络给出的说法，双方发生争执后，菜鸟收到了大量卖家和消费者的询问。受影响的卖家担心的是如果继续采用顺丰发货，可能造成财产损失，也会引起买家集中投诉。但是，由于顺丰在冷链物流配送的速度上遥遥领先于其他快递公司，要找到合适的替代者并不容易。菜鸟和顺丰事件引起了全民热议。在舆论发展过程中，讨论越来越集中于数据方面，"数据垄断"问题被提了出来。

7.3　大数据的伦理问题

大数据伦理问题主要包括隐私泄露问题、数据安全问题、数字鸿沟问题、数据独裁问题、数据垄断问题、数据的真实可靠问题、人的主体地位问题等。

7.3.1　隐私泄露问题

隐私伦理是指人们在社会环境中处理各种隐私问题的原则及规范的、系统化的道德思考。在对隐私的伦理辩护上，中西方是有差异的。西方学者从功利论、义务论和德性论三种不同

的伦理学说中寻求理论支撑。在中国则强调，"隐私问题实质上是个人权利问题，而由于中国历史上偏重整体利益传统的深远影响，个人权利往往在某些情况下被边缘化甚至被忽视。

大数据时代是一个技术、信息、网络交互运作发展的时代，在现实与虚拟世界的二元转换过程中，不同的伦理感知使隐私伦理的维护处于尴尬的境地。大数据时代下的隐私与传统隐私的最大区别在于隐私的数据化，即隐私主要以"个人数据"的形式出现。而在大数据时代，个人数据随时随地可被收集，它的有效保护面临着巨大的挑战。

进入大数据时代，就进入了一张巨大且隐形的监控网中，我们时刻被暴露在"第三只眼"的监视之下，并留下一条永远存在的"数据足迹"。利用现代智能技术，可以在无人的状态下每天 24 小时全自动、全覆盖地全程监控，毫无遗漏地监视着人们的一举一动。在大数据时代，我们的一切都被智能设备时时刻刻跟踪着。出行，上网，走过的每一寸土地，打开的每一个网页，都留下了痕迹，让人真正感受到被天罗地网所包围，一切思想和行为都暴露在"第三只眼"下。令人震惊的美国"棱镜门"事件是最典型的"第三只眼"的代表。美国政府利用其先进的信息技术对诸多国家的首脑、官员等进行了监控，收集了包罗万象的海量数据，并从这海量数据中挖掘出其所需要的各种信息。

大数据监控具有以下的特点：一是具有隐蔽性。部署在各个角落的摄像头、传感器以及其他智能设备，时时刻刻都在自动跟踪采集人类的活动数据，完全实现了没有监控者在场即可完成监控行为，所有的数据都被自动记录并自动传输给数据使用者。这种监控的隐蔽性，使得被监控人毫无察觉，这样就使得公众降低了对监控的一般防备心理及抵触心理。二是全局性，各种智能设备不间断地采集人们的活动数据，这与以往的人为监视有着本质区别。

除了被这些设计好的智能设备采集数据以外，人们在日常生活中，也会无意中留下很多不同的数据。我们每天使用搜索引擎（百度和谷歌等）查找信息，只要我们输入了搜索关键词，搜索引擎就会记录我们的搜索痕迹，并被永久保存，一旦搜索引擎收集了某个用户输入的足够数量的搜索关键词，搜索引擎就可以精确地刻画出该用户的"数字肖像"，从中了解该用户的个人真实情况、政治面貌、健康状况、工作性质、业余爱好等，而且完全可以通过大量的搜索关键词来识别出用户的真实身份，或者分析判定用户到底是一个什么样的人。我们在天猫、京东等网站购物，我们做出的每一次鼠标点击动作，都会被网站记录，用来评测你的个人喜好，从而为你推荐可能感兴趣的商品，为企业带来更多的商业价值。我们在 QQ、微博等发布的每条信息和聊天记录，都会被永久保存下来。这些数据有些是被系统强行记录的，有些是我们自己主动留下的。

在大数据时代，社会中的每一个公民都处在这样一种大数据的全景监控之下，无论其是否有所察觉，个体的隐私无所遁形。上述这些被记录的人类行为的数据，可以被视为个人的"数据痕迹"。大数据时代的"数据痕迹"和传统的"物理痕迹"有着很大的区别。传统的"物理痕迹"，例如雕像、石刻、录音带、绘画等，都可以被物理消除，彻底从这个世界上消

失。但是，"数据痕迹"往往永远无法彻底消除，会被永久保留记录。而这些关于个人的"数据痕迹"，很容易被滥用，导致个人隐私泄露，给个人带来无法挽回的影响甚至伤害。

这些直接被采集的数据，已经涉及个人的很多隐私，此外，针对这些数据的二次使用，还会给个体带来更多的隐私权侵犯。首先，通过数据挖掘技术，可以从数据中发现更多隐含价值信息。这种对大数据的二次利用，消解了在**积极隐私**中个体对个人信息数据的控制能力，从而产生了新的隐私问题。其次，通过数据预测，可以预测个体"未来的隐私"。马克尔·杜甘在《赤裸裸的人——大数据，隐私和窥探》一书中提到，未来利用大数据分析技术能够预测个体未来的健康状况、信用偿还能力等个体隐私数据。这些个体隐私数据对于一些商业机构制定差异化销售策略很有帮助。例如，保险机构可以根据个体身体情况及未来患有重大疾病的概率信息，来调整保险方案，甚至决定是否为个体提供保险服务；金融机构则能通过分析个体偿还能力来决定为其提供贷款的额度；国家安全部门甚至能够利用大数据预测出个体潜在的犯罪概率，从而对该类人群进行管控。可以说，我们在欢呼大数据带来各种便利的同时，也深刻体会到了各种危机的存在，让我们感受最为直接而深刻的就是隐私权受到了难以想象的威胁。大数据时代的到来为隐私的泄露打开方便之门，美国迈阿密大学法学院教授迈克尔·鲁姆金（Micheal Roomkin）在《隐私的消逝》一文中这样说道："你根本没隐私，隐私已经死亡"。

康德哲学认为，当个体隐私得不到尊重的时候，个体的自由就将受到迫害。而人类的自由意志与尊严，正是作为人类个体的基本道德权利，因此，大数据时代对隐私的侵犯，也是对基本人权的侵犯。

7.3.2　数据安全问题

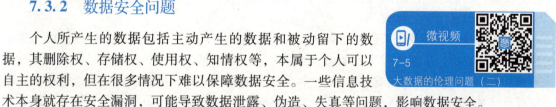

个人所产生的数据包括主动产生的数据和被动留下的数据，其删除权、存储权、使用权、知情权等，本属于个人可以自主的权利，但在很多情况下难以保障数据安全。一些信息技术本身就存在安全漏洞，可能导致数据泄露、伪造、失真等问题，影响数据安全。

在数据安全上，不论是互联网巨头 Facebook，还是打车应用 Uber、美国信用服务公司 Equifax 都曾曝出客户数据遭到窃取的事件，给不少用户造成了难以挽回的损失。此外，智能手机是当今泄露用户数据的重要途径。现在很多的 App 都在暗地里收集用户信息。不管是用户存储在手机中的文字信息和图片，还是短信记录（内容）、通话记录（内容），都可以被监控和监听。手机里装的 App 越多，数据安全风险就越高。

伴随着物联网的发展，各种各样的智能家电和高科技电子产品逐渐走进了我们的家庭生活，并且通过物联网实现了互联互通，例如，我们在办公室就可以远程操控家里的摄像头、空调、门锁、电饭煲等。这些物联网化的智能家居产品，为我们的生活增添了很多乐趣，提供了各种便利，营造出更加舒适温馨的生活氛围。但是，部分智能家居产品存在安全问题也是不争的事实，给用户的数据安全带来了极大的风险，造成用户隐私的泄露。例如，部分网络摄像头产品被黑客攻破，黑客可以远程随意查看相关用户的网络摄像头拍摄的视频内容。

7.3.3 数字鸿沟问题

"数字鸿沟"（digital divide）是 1995 年美国通信和信息管理局（national telecommunications and information）发布的《被互联网遗忘的角落——一项关于美国城乡信息穷人的调查报告》最早提出的。数字鸿沟总是指向信息时代的不公平，尤其在信息基础设施、信息工具以及信息的获取与使用等领域，或者可以认为是信息时代的"马太效应"，即先进技术的成果不能为人公正分享，于是造成"富者越富、穷者越穷"的情况。

虽然大数据时代的到来给我们的生产、生活、学习与工作带来了颠覆性的变革，但是数字鸿沟并没有因为大数据技术的诞生而趋向弥合。一方面，大数据技术的基础设施并没有在全国范围内全面普及，更没有在世界范围内全面普及，往往是城市优越于农村，经济发达地区优越于经济欠发达地区，富国优越于穷国。另一方面，即使在大数据技术设施比较完备的地方，也并不是所有的个体都能充分地掌握和运用大数据技术，个体之间也存在着严重的差异。

"数字鸿沟"正在不断地扩大，大数据技术让不同国家、不同地区、不同阶层的人们深深地感受到了不平等。根据 2023 年的互联网普及率调查报告显示，北欧 98% 的人口接入互联网，位居互联网普及率地区之首；而较为落后的中非地区，互联网普及率只有 25%。大数据技术深刻依赖于底层的互联网技术，因此，互联网普及率的不均衡所带来的直接结果就是数据资源接受的不均衡，互联网普及率高的地方，能够充分利用大数据资源来改善自己的生产和生活，而普及率低的地方则无法做到这一点。在某种程度上，这也是一个国家之所以能够富强的关键，特别是在当前的大数据时代。在我国，东、中、西部地区，城乡之间等，都可以明显感受到数字鸿沟的存在。

数字鸿沟是一个涉及公平公正的问题。在大数据时代，每一个人原则上都可以由一连串的数字符号来表示，从某种程度上来说，数字化的存在就是人的存在。因此，数字信息对于人来说就成为一个非常重要的存在。每一个人都希望能够享受大数据技术所带来的福利，而不仅仅只是某些国家、公司或者个人垄断大数据技术的相关福利。如果只有少部分人能够较好地占有并较完整地利用大数据资源，而另外一部分人却难以接受和利用大数据资源，则会造成数据占有的不公平。而数据占有的程度不同，又会产生信息红利分配不公平等问题，加剧群体差异，导致社会矛盾加剧。因此，必须要思考解决"数字鸿沟"这一伦理问题，实现均衡而又充分的发展。

7.3.4 数据独裁问题

所谓的"数据独裁"是指在大数据时代，由于数据量的爆炸式增长，导致做出判断和选择的难度陡增，迫使人们必须依赖数据的预测和结论才能做出最终的决策。从某个角度来讲，就是让数据统治人类，使人类彻底走向唯数据主义。在大数据时代，在大数据技术的助力之下，人工智能获得了长足的发展，机器学习和数据挖掘的分析能力越来越强大，预测越来越精准。例如，电子商务领域通过挖掘个人数据，给个体提供精准推荐服务，政府通过个人数据分析制定切合社会形势的公共卫生政策，医院借助医学大数据提供个性化医疗。对功利性

微视频
7-6
大数据的伦理问题（三）

的追求驱使人们越来越依据数据来规范指导"理智行为"，此时不再是主体想把自身塑造成什么样的人，而是客观的数据显示主体是什么样的人，并在此基础上来规范和设计，数据不仅成为衡量一切价值的标准，而且还从根本上决定了人的认知和选择的范围，于是人的自主性开始丧失。更重要的是，这种预测是把数学算法运用到海量的数据上来预测事情发生的可能性的，是用计算机系统取代人类的判断决策，导致人被数据分析和算法完全量化，变成了数据人。但是，并不是任何领域都适用于通过数据来判断和得出结论。过度依赖相关性，盲目崇尚数据信息，而没有经过科学的理性的思考，也会带来巨大的损失。因此，唯数据主义的绝对化必然导致数据独裁。在这种数据主导人们思维的情况下，最终将导致人类思维被"空心化"，进而是创新意识的丧失，还可能使人们丧失了人的自主意识、反思和批判的能力，最终沦为数据的奴隶。

7.3.5　数据垄断问题

在进入 21 世纪以后，我国的信息技术水平得到了快速提升，因此在市场经济的发展过程中，数据也成为可在市场中交易的财产性权利。数据这一生产要素与其他生产要素具有很大区别，这使得因数据而产生的市场力量与传统市场力量也具有很大区别。例如，数据要发挥最大作用，必须越多越好。因此，企业掌握的数据量越大，越有利于发挥数据的作用，也越有利于最大化消费者福利和社会福利。同样，企业如果横跨多个领域，并将这些领域的数据打通，使数据在多个领域共享，那么数据的效用也将得到更大化的发挥。这也是大型互联网公司能够不断进行生态化扩张的原因。从这个角度，企业掌握更多的数据对消费者和社会来说，在效率上是有利的。但是有些企业为了获取更高的经济利益，而故意地不进行数据信息的共享，将所有的数据信息掌握在自己的手中，就造成了数据垄断。随着当前大数据信息资源利用率的不断提升，当前市场运行过程中开始出现越来越多的数据垄断情形。这不仅会对市场的正常运行造成影响，还会导致信息资源的浪费。

因数据而产生的垄断问题，至少包括以下几类：一是数据可能造成进入壁垒或扩张壁垒，二是拥有大数据一方形成市场支配地位并滥用这一优势，三是因数据产品而形成市场支配地位并滥用这一优势，四是涉及数据方面的垄断协议，五是数据资产的并购。

一旦大数据企业形成数据垄断，就会出现消费者在日常生活中被迫地接受服务及提供个人信息的情况。例如，很多时候在使用一些软件之前，都有一条要选择同意提供个人信息的选项，如果不进行选择，就无法使用。这样的数据垄断行为，也对用户的个人利益造成了损害。其实这也间接地表明，当前社会需要良好的反垄断法治环境。

7.3.6　数据的真实可靠问题

如何防范数据失信或失真是大数据时代遭遇的基准层面的伦理挑战。例如，在基于大数据的精准医疗领域，建立在数字化人体基础上的医疗技术实践，其本身就预设了一条不可突破的道德底线——数据是真实可靠的。由于人体及其健康状态以数字化的形式被记录、存储和传播，因此形成了与实体人相对应的镜像人或数字人。失信或失真的数据，导致被预设为可信的精准医疗变得不可信。例如，如果有人担心个人健康数据或基因数据对个人职业生涯和未来生活造成不利影响，采取隐瞒、不提供或提供虚假数据来"玩弄"数据系统时，这种情况就可能出现，进而导致电子病历和医疗信息系统以及个人健康档案不准确。

7.3.7 人的主体地位问题

当前，数据的采集、传输、存储和处理方法，不断推陈出新。传感器、无线射频识别标签、摄像头等物联网设备及智能可穿戴设备等，可以采集所有人或物关于运动、温度、声音等方面的数据，人与物都转化为数据；智能芯片实现了数据采集与管理的智能化，一切事物都可映射为数据；网络自动记录和保存个人上网浏览、交流讨论、网上购物、视频点播等一切网上行为，形成个人活动的数据轨迹。在万物皆数据的环境下，人的主体地位受到了前所未有的冲击，因为人本身也可数据化。数据是实现资源高效配置的有效手段，人们根据数据运营一切，因此我们需要把一切事物都转化成为可以被描述、注释、区别并量化的数据，正如舍恩伯格所说："只要一点想象，万千事物就能转化为数据形式，并一直带给我们惊喜"。整个世界，包括人在内，正成为一大堆数据的集合，可以被测量和优化。于是在一切皆数据的条件下，人的主体地位可能逐渐弱化。

实际上，每个人都是独立且独一无二的个体，都有着仅属于自己的外在特征和内在精神世界，不同的场合有着不同的身份，扮演着不同的角色。我们从事什么职业、有什么生活习惯，这是我们自己生活的一部分，我们也许是变化莫测的，我们也有着真正属于自己多样的生活方式。而在大数据环境中，个体被数字化，当我们想快速去了解一个人的时候，不是通过和他交流相处，而是直接通过数据信息直观了解他的个人信息，从而对他的身份情况、相貌特征单方面下了简单的字面定义来辨识，例如，通过主体的网上购物爱好、交通信息、消费水平等来定义主体的基本信息。这就导致他真实的内心世界的想法无法被洞察，人格魅力被埋没。简而言之，在这种情形下，主体身份是大数据塑造的，主体身份是异化的，主体远离了自己本真的存在，被遮蔽而失去了自己的个性，就意味着被异化了。此外，通过大数据搜集到主体的基本信息以后，还可以有针对性地向主体推送广告。当主体时常收到类似有针对性的广告时，并不是巧合，长此以往，主体的生活选择被固化，对自己生活圈世界以外的事物一无所知，大数据把主体塑造成一个固化的对象，缩小了主体的表征。这是一种对主体不尊重、不公正的现象，大大限制了主体在他人心中的具体形象，且影响到主体的认知。总体而言，互联网的使用在悄悄地对人们的生活习惯和行为活动进行塑造，而人们对这种塑造所带来的伦理问题还没有充分的自觉。

7.4 大数据伦理问题产生的原因

大数据伦理问题的产生原因是多方面的，主要包括人类社会价值观的转变、数据伦理责任主体不明确、相关主体的利益牵涉、道德规范的缺失、法律体系不健全、管理机制不完善、技术乌托邦的消极影响和大数据技术本身的缺陷等。

1. 人类社会价值观的转变

从总体的发展趋势看，人类社会的价值观一直朝着更加个性、自由、开放的方向发展。

在个人追求自由和社会更加开放的大环境下，人们更加愿意在社会公众层面展示自己的个性化的一面。QQ、微博、微信、抖音等新型社交网络媒体的出现，更是给人们的自我展示提供了极大的便利，个人开始热衷于通过智能手机等终端设备向外界展示自己的生产、生活、学习、娱乐等活动。由此，各种组织能够很容易地全方位收集个人产生的海量数据。但是，个人大量分享个性化信息的同时，个人隐私也就随之暴露给外界，从而使自己的身份权、名誉权、自由意志等都有可能受到侵害。

2. 数据伦理责任主体不明确

数据在产生、存储、传播和使用过程中，都可能存在伦理失范问题。但是，数据权属的不确定性和伦理责任主体的模糊性，都给解决大数据相关的伦理问题增添了难度。在数据生成时，数据资产的所有权无法明晰，零散数据经过再加工和深加工后形成的大数据资产所有权归属，政府对用户信息的所有权，以及互联网公司对数据再加工后形成的信息产权等，都未做明确规定。此外，因数据的非法使用而引发的后果应该由哪些伦理责任主体来承担，目前尚未有相关的法律法规以及行业规范来界定。由于未明确数据伦理责任主体，这就意味着数据采集、存储和使用过程中，相关参与方不用对自己的行为负责，都不必遵守相关的伦理规范。

3. 相关主体的利益牵涉

虽然技术本身是中性的，但是相关主体的利益牵涉其中，大数据能够给不同的主体带来巨大的价值，这是大数据技术伦理问题形成的重要原因。在大数据的采集、存储和使用过程中，不同层次的组织与用户往往从自身的利益出发，以追求利益最大化为目标实施行动，这可能侵害到其他利益相关者的利益。企业具有"逐利"的天然本性，大数据恰恰可以给企业带来巨大的商业价值。借助于大数据技术，企业可以精准分析不同客户群体的个性化需求，并开展有针对性的营销，这样既可以为企业节省大量的成本，又可以精准地针对不同的群体研发新产品。因此，在利益的驱动下，企业可能有意无意地将法律抛诸脑后，或者利用法律漏洞，通过各种手段，私自收集公民的个人信息，并向第三方开放共享，甚至肆意买卖公民的个人隐私信息，导致公民的隐私权、知情权受到严重侵害。此外，还有一些不法分子通过非法手段窃取公民的个人信息并进行交易，使得网络诈骗等不法行为屡屡得逞。究其原因，这都是利益驱动的。

4. 道德规范的缺失

大数据时代的开启，引发了一系列新的道德问题，原有的关于"数据观""隐私权""网络行为规范"等社会道德规范，无法很好地适应大数据时代的新要求，已经不能有效地引导与制约大数据时代人们的社会价值观与社会行为，而符合大数据时代新要求的社会规范尚未建立，无法形成相应的约束力。

由于缺少大数据行业伦理规范，这就给各种组织留下了很大的自由把握空间。在大数据的采集、存储和使用环节，各种组织会更加倾向于采用符合自身利益的组织内部的标准，对个人的数据隐私权、信息安全和用户权利进行认定、监督和控制，而这种多重标准的情况往往容易引发伦理问题。此外，由于整个社会没有统一的大数据伦理行为规范，导致数据拥有者"无章可循、无法可依"，哪些数据可以发布，怎么发布，如何保护自己的隐私和数据权利等方面，也处于"失范"状态，从而导致伦理问题的发生。

5. 法律体系不健全

法律具有一定的特殊性，从提案起草、公示论证、收集意见完善草案，再到颁布执行需要较长的时间，因此，在某种程度上，法律制度的建设往往会滞后于技术的发展，尤其是大数据时代的到来，更是使法律制度建设的滞后性显露无遗。原有的大多数法律大都是为了原子的世界，而不是比特的世界而制定的。大数据技术创新导致了与之前迥异的伦理问题，以至于原有的法律法规已无法很好地解决大数据时代所产生的新的伦理问题。此外，法律往往是反应式的，而非预见式的，法律与法规很少能预见大数据的伦理问题，而是对已经出现的大数据伦理问题做出反应。这就意味着，在制定一个法律解决一个大数据伦理问题时，又可能会出现另一个新问题，这样就会导致在处理一些大数据伦理问题时，会出现无法可依的情况。

近几年我国陆续颁布了《互联网文化管理暂行规定》《互联网出版管理暂行规定》《互联网信息服务管理办法》《互联网电子公告服务管理规定》等法律法规。但是这些行政管理条例约束力是有限的，难以对大数据行业伦理规范的形成起到关键性的作用。随着大数据技术的快速发展，法律空白这一问题日益凸显。

6. 管理机制不完善

大数据技术伦理问题的产生也与社会管理机制建设的缺位密切相关。大数据可以给企业带来巨大的商业价值，企业逐利的本性，使得某些企业在追逐商业利益的同时忘却了基本的技术伦理。如果我们的社会管理机制对那些缺乏社会责任感的、做出违反大数据技术伦理的企业，不能给出严厉的惩罚，那么就会给社会产生一种不良导向，最终这种导向将被整合成一种群体行为，诱导更多的企业践踏技术伦理攫取大数据商业价值。因此，应该在大数据技术的研究、开发和应用阶段建立相应的评估、约束和奖惩机制，有效减少大数据伦理问题的发生。

7. 技术乌托邦的消极影响

之所以会出现"数据独裁"等伦理问题，技术乌托邦的消极影响是一个重要原因。技术乌托邦认为，人类决定着技术的设计、发展与未来，因此，人类可以按照自身的需求来创新科技，实现科技完全为人类服务的目的。正是在技术乌托邦的影响之下，认为大数据技术是完全正确的，不应加以任何的限制，它所涉及的伦理问题只是小问题，无关乎大数据技术发展。技术乌托邦所带来的消极影响是显而易见的，它过分地迷信技术，这是危险的，而它所造成的价值错位之一，就是催发了技术中心主义，使人把所有的希望都寄托于技术之上，最终使得人类的思维被大数据所主导，导致人类沦为"数据的奴隶"。

8. 大数据技术本身的缺陷

技术自身也是造成大数据技术伦理问题的一个根源。以数据安全伦理问题为例，日益增长的网络威胁正以指数级速度持续增加，各种网络安全事件层出不穷。据巴黎商学院的统计，约 59% 的企业成为持续恶意攻击的目标；许多大数据企业的 IT 计划是建立在不够成熟的技术基础上的，很容易出现安全漏洞；有约 25% 的组织有明显的安全技能短缺。这些技术的不足，很容易导致数据泄露的危险。

7.5 大数据伦理问题的治理

考虑到大数据伦理问题的复杂性，学术界形成了一个基本的共识，要彻底解决大数据伦理问题，单靠政府决策者、科学家或伦理学家都有局限，在探讨大数据治理对策时，应该通过跨学科视角建构大数据治理的框架，进而提出具有全面性和整体性的治理策略。

就目前阶段而言，治理大数据伦理问题，可以从以下几个方面着手：

- 提高保护个人隐私数据的意识；
- 加强大数据伦理规约的构建；
- 努力实现以技术治理大数据；
- 完善大数据立法；
- 完善大数据伦理管理机制；
- 引导企业坚持责任与利益并重；
- 努力弘扬共享精神化解数字鸿沟；
- 倡导跨行业跨部门合作。

1. 提高保护个人隐私数据的意识

在当前的大数据时代，公民作为产生数据的最初个体，拥有数据的所有权。大数据技术涉及的伦理问题中最为深层次的问题就是个人的数据隐私信息问题，能否直接处理好这一问题关系到大数据技术能否有一个良好的发展环境。个人隐私数据

信息与公民的利益是紧密相连的，因此，公民要努力提高保护个人数据隐私信息的意识，维护自己的合法权利。在"精准诈骗"中，之所以受害者放下戒备心理，让不法分子屡屡得逞，就是因为公民个人隐私信息被泄露，被不法分子利用。因此，要加强培养个人的信息权利意识，调整自我的隐私观念，个人作为大数据技术的发展应用过程中的个体参与者，要承担一定的责任，个人要根据道德规则对自身行为可预见的结果负责。例如，在 QQ、微信、微博、抖音等社交网络媒体谨慎发布信息，不要随意使用不明来路的 Wi-Fi 热点，涉及身份证、银行卡等信息的填写时，要格外小心，不要轻易泄露个人身份的关键信息等。

当遇到侵权行为时，要敢于维护自己的权益，与相关商家及时进行沟通，或者向消费者协会请求帮助，情节严重时，上诉法院，以维护自身的合法权益。面对大数据行业如此错综复杂的环境，公民只有提高保护个人数据隐私信息的意识，才能与大数据技术的发展相适应，才能有力地维护自己的利益。

公民也应当积极履行监督的义务，若发现有企业等机构侵犯隐私信息时，及时向有关部门举报。只有社会各界积极行动起来，才能够更好地减少侵犯隐私行为的发生，促进大数据行业的伦理规范的形成，从根本上解决大数据技术引发的伦理问题。

2. 加强大数据伦理规约的构建

为了防止大数据伦理问题的产生，需要在道德层面上制定大数据伦理规约，从社会层面

来约束人们在大数据采集、存储和使用过程中的不当行为。

首先，大数据应用过程中的个体参与者，需要承担一定的责任。公民自身要具备数据保护意识，要能提前预估到自己的不谨慎行为可能给自己带来的隐私信息泄露的严重后果。

其次，企业作为大数据应用过程的重要参与者，有责任去保护用户的数据隐私。在网络个人数据拥有者、数据服务提供商和数据消费企业之间建立一个共同认可的自律公约，是一个非常可行的方法。

最后，政府要履行行政责任。一是加强监管，坚决遏制大数据违法违规行为的发生；二是要缩小数据鸿沟，促进社会公平正义；三是政府在使用大数据技术进行决策时，需要考虑到公民个人的意志。

3. 努力实现以技术治理大数据

技术应用过程产生的问题，可以借助技术手段加以解决。加快技术创新，可以有助于规避大数据的各种风险，降低大数据治理成本，提高大数据治理的效率。例如，关于"禁止"的道德规范，在技术上可以通过"防火墙和过滤技术""网上监控""访问控制"来规避；对于"可控"的道德规范，可以采用"基于数据脱敏技术""数字水印技术""数据溯源技术"等解决。目前一些具有社会责任感的互联网企业，正在开发和利用"数据的确定性删除技术""数据发布匿名技术""大数据存储审计技术"和"密文搜索技术"来解决大数据的伦理问题。

4. 完善大数据立法

法律用于规定公民在社会生活中可进行的事务和不可进行的事务，是维护社会安定有序发展的制度规范。在解决大数据伦理问题的过程中，一方面要借助伦理道德形成道德自律，另一方面要制定法律法规形成强制约束力，通过二者的结合来起到规范、约束和引导大数据行为主体行为的作用。

首先，应进一步完善大数据立法。尽管国家先后出台了《关于加强网络信息保护的决定》和《网络安全法》等法规，但是都还是比较宏观，一些部分缺少实施细则，可操作性也有待检验，而且法律制度的建设往往会滞后于技术社会的发展，所以，在深入调研的基础之上，在法律层面及时补充细化相关条款是非常有必要的。

其次，在法律的基础上制定相关的规章制度，对相关主体的数据采集、存储和使用行为进行规范和约束。例如，明确大数据企业采集信息以及类似活动的法律法规，对于无必要提供个人信息的各种信息采集活动应当禁止。对企业运用大数据技术对客户数据进行挖掘时，应限制某些敏感隐私信息的使用途径，对于违反相关规定的数据挖掘者或使用者，采取更加严厉的处罚。

最后，应当通过立法明确公民对个人数据信息的权利。公民应当对个人数据信息享有决定权、更正权、删除权、查询权等基本权利。

5. 完善大数据伦理管理机制

首先，加强对专业人士的监管和教育。由于大数据技术涉及面广，人员复杂，就需要对专业人士的职业道德素养进行强化，从源头上把控好大数据技术的应用。其次，需要在大数据技术开发阶段建立伦理评估和约束机制。可以通过建立一种早

微视频

7-9
大数据伦理问题的治理（二）

期风险预警系统，来及时察觉大数据技术的风险，并根据早期预警对风险进行控制和引导，从而使风险最小化。再次，在大数据技术应用阶段应该建立奖惩机制。仅靠大数据技术主体自觉的道德力量，是无法有效阻止大数据技术伦理问题产生的，还必须建立有效的奖惩机制，对认真遵循大数据伦理规范的主体给予适当奖励，而对于那些肆意破坏大数据伦理规范的主体则给予严厉惩罚，积极引导大数据技术主体产生特定的道德习惯，最终形成一种集体的道德自觉。最后，在大数据技术的推广阶段推行安全港模式。安全港模式是指由政府执法机构对大数据行业内不同运营商的指引进行严格核查，每个大数据企业公布的行业指引可能不尽相同，但该指引只有符合政府关于大数据的立法标准时才能被允许通过。当指引核查符合标准后，就可被称为"安全港"，大数据运营商应自觉主动地按照该指引要求的行为方式，规范自己对大数据信息的收集行为。

6. 引导企业坚持责任与利益并重

毋庸置疑，在大数据时代，企业扮演着数据技术掌控者的角色，肩负着促进大数据技术健康稳妥发展的重责，企业接触用户信息并服务于用户。追求商业利益，是企业的天然本性，本身无可厚非。但是，当企业的利益和公民个人的利益冲突时，便要进行取舍。因此，大数据企业必须要坚持责任与利益并重的原则，切实承担起属于自己的社会责任，不能唯利是图。

企业的责任在于保护用户数据隐私，避免大数据资源被二次利用。掌握技术者有义务保护数据提供者的隐私信息，特别是掌握着海量用户信息的大型企业，更应当具备保护数据安全、保护用户隐私的责任意识。掌握技术的企业尽力为维护用户的个人隐私着想，企业才会得到用户的信任，赢得客户，打造互惠互利的社会关系，营造"共赢"局面。

此外，大数据行业伦理规范的形成，也要求企业遵循责任与利益并重的原则。行业伦理规范是公平公正的，不会损害企业的利益。这就意味着在行业内部要得到全体成员的一致认可并遵守，而且要给外界展示出一个良好的行业规范，如此，大数据行业才能为更多的人所信任。只有得到了公众充分的信任，数据的收集、分析和挖掘等各个环节才能更有效地进行，大数据行业的伦理规范方能尽快地形成。

7. 努力弘扬共享精神化解数字鸿沟

数据鸿沟是大数据技术面临的一个世界性和关乎全人类的价值伦理学难题，为了实现大数据时代的顺利发展，有必要对数字鸿沟进行伦理治理。只有相关利益主体都能够公平地参与到数据应用过程中，才有可能有效化解数字鸿沟问题。而为了实现大数据利益相关者都能够公平地参与和协作，关键还在于要努力弘扬共享精神。如果无法真正实现大数据的共享，那么必然会导致数据割据和数据孤岛现象，就无法从根本上解决数字鸿沟问题。因为数字鸿沟导致的消极后果，实际上就是大数据无法实现共享的结果。大数据时代的大数据不仅是信息，更是宝贵的资源，掌握了大数据就意味着拥有了资源优势，在大数据时代占据一定的主导地位。因此，要从根本上打破这种不公平的现象，就必须消除数据割据和数据孤岛，这就要求必须努力弘扬共享精神。

8. 倡导跨行业跨部门合作

应该在伦理学家、科学家、社会科学家和技术人员中建立更好的合作，实现跨行业、跨部门协同解决大数据伦理难题。

在美国，在美国国家科学基金会的支持下，大数据应用及研究人员和学术界人士成立了

"大数据、伦理和社会委员会"，委员会的任务是通过促进宏观的对话来帮助更多的人了解大数据可能引起的风险，并促使执行官和工程师思考他们在改善产品和增加营业收入的同时，如何避免涉及隐私以及其他棘手问题的灾难，最终促成从法律、伦理学和政治角度，分析大数据技术以及由此引发的安保、平等、隐私等问题，以帮助避免重复已知的错误。

我国也开始通过跨行业跨部门的协作来解决大数据的治理问题，主要的标志性事件是在2016 年 6 月，由国家自然科学基金委、复旦大学和清华大学主办召开了"大数据治理与政策"研讨会，会议邀请学术界、政府、企业代表就大数据的治理问题进行了探讨。这种跨行业、跨部门解决大数据治理问题的做法，符合目前学术界大部分学者的观点，即大数据伦理问题治理的过程需要技术专家、数据分析专家、业务人员以及管理人员的协同合作。

7.6　本章小结

运用大数据技术，能够发现新知识、创造新价值、提升新能力。大数据具有的强大张力，给我们的生产生活和思维方式带来革命性改变。但在大数据热中也需要冷思考，特别是正确认识和应对大数据技术带来的伦理问题，以更好地趋利避害。大数据技术带来的伦理问题主要包括以下几个方面：隐私泄露问题、数据安全问题、数字鸿沟问题、数据独裁问题、数据垄断问题、数据的真实可靠问题、人的主体地位问题。本章对这些大数据伦理问题进行的探讨，并给出了相关的典型案例和治理对策。

7.7　习题

1. 请阐述大数据伦理的概念。
2. 请列举大数据伦理的相关实例。
3. 请阐述大数据伦理问题具体表现在哪些方面。
4. 请阐述什么是"数字鸿沟"问题。
5. 请阐述什么是"数据独裁"问题。
6. 请阐述什么是"数据垄断"问题。
7. 请阐述什么是"人的主体地位"问题。
8. 请分析大数据伦理问题的产生原因。
9. 请阐述如何开展大数据伦理问题的治理。

第 8 章
数据共享

大数据可以是观察人类社会的"显微镜""透视镜""望远镜"，可以跟踪处理社会发展中不易被察觉的细节信息，可以通过数据融合获得数据背后的本质信息，更可以为科学决策提供参考信息，而大数据发挥这些功能的前提是要有大量的数据。大海之浩瀚，在于汇集了千万条江河，大数据之"大"，在于众多"小数据"的汇聚。但是，出于各种各样的原因，在企业和政府中存在着大量的"数据孤岛"，不同部门之间数据无法联通，存在"数据断头路"，导致数据无法汇聚，最终无法形成大数据的合力。

本章首先介绍数据孤岛问题，并给出产生数据孤岛问题的具体原因以及消除数据孤岛的重要意义，然后介绍实现数据共享所面临的相关挑战、推进数据共享开放应当采取的措施以及数据共享的原则，最后给出相关的数据共享案例。

8.1　数据孤岛问题

随着大数据产业的发展，政府、企业和其他主体掌握着大量的数据资源，然而由于缺乏数据共享交换协同机制，"数据孤岛"现象逐渐显现。所谓数据孤岛，简单来说，就是在政府和企业里，各个部门各自存储数据，部门之间的数据无法联通，这导致这些数据像一个个孤岛一样缺乏关联性，无法充分利用数据和发挥数据的最大价值。

1. 政府的数据孤岛问题

政府掌握着大量的数据资源，拥有其他社会主体不可比拟的数据资源优势。然而，目前一些地方数据联通、共享还存在较大的障碍，"数据孤岛"现象较为普遍。由于各政府部门建设数据库所采用的技术、平台及网络标准不统一，导致政府职能部门之间难以实现数据对接与共享。

大量数据资源毫无关联地沉淀在各部门的信息系统中，缺乏统一开发利用，难以发挥利民惠民、支撑政府决策的作用，成为政府治理能力现代化建设中的短板。部门的数据平台建设存在各类系统条块分割、纵向横向重复建设的问题。纵向上各级垂直管理部门建设的政府信息系统形成"数据烟囱"，横向上部门间各业务条块则自建系统形成"数据孤岛"，政府公共信息资源的存储彼此独立、管理分散。

由此可以看出，作为政府最重要资产之一的政务数据，因为数据量太大、太散、难以有效融合等问题，严重影响了数据价值的发挥，大大浪费了各地政府部门在信息化系统建设方面的大量投入。

2. 企业的数据孤岛问题

企业信息化建设突飞猛进，企业管理职能精细划分，信息系统围绕不同的管理阶段和管理职能展开，如客户管理系统、生产系统、销售系统、采购系统、订单系统、仓储系统和财务系统等，所有数据被封存在各系统中，让完整的业务链上孤岛林立，信息的共享、反馈难，所以数据孤岛问题是企业信息化建设中的一大难题。在企业内部如果数据不能互通共享，那么就有可能出现以下情况：销售部门制定销售计划不考虑车间的生产能力，车间生产不考虑市场的消化能力，采购部门也不依据车间的计划而自作主张盲目采购，市场部门不根据市场趋势盲目制定营销计划，研发部门不根据用户需求盲目设计产品。最后的结果只有一个，造成库存大量积压或者严重的断货事故。在这种情况下，企业中的各个部门就是一个个孤立的数据孤岛。

8.2　数据孤岛问题产生的原因

1. 政府数据孤岛的产生原因

政府数据无法联通、不能共享，原因是多方面的。有些政府部门将数据资源等同于一般资源，认为占有就是财富，热衷于搜集，但不愿共享；有些部门只盯着自己的数据服务系统，结果因为数据标准、系统接口等技术原因，无法与外单位、外部门联通；还有些地方，对大数据缺乏顶层设计，导致各条线、各部门本位主义盛行，壁垒林立，数据无法流动。当然，也有的情况是出于工作机密、商业机密的考虑，这种另当别论。

2. 企业数据孤岛的产生原因

企业数据孤岛包括两种类型，即企业之间的数据孤岛和企业内部的数据孤岛。不同企业之间，属于不同的经营主体，有着各自的利益，彼此之间数据不共享，产生企业之间的数据孤岛，这种是比较普遍的情况。而企业内部也往往会存在大量数据孤岛，这些数据孤岛的形成主要有两个方面的原因：

（1）以功能为标准的部门划分导致数据孤岛。企业各部门之间相对独立，数据各自保管存储，对数据的认知角度也截然不同，最终导致数据之间难以互通，形成孤岛。因此，集团化的企业更容易产生数据孤岛的现象。面对这种情况，企业需要采用制定数据规范、定义数据标准的方式，规范化不同部门之间对数据的认知。

（2）不同类型、不同版本的信息化管理系统导致数据孤岛。在企业内部（如图 8-1 所示），人事部门用 OA 系统，销售部门用 CRM 系统，生产部门用 ERP 系统，甚至一个人事部门使用一家的考勤软件的同时，财务部门却同时使用另一家的报销软件，后果就是一家企业的数据互通越来越难。

图 8-1　企业内部的"数据孤岛"

8.3　消除数据孤岛的重要意义

微视频

8-2

消除数据孤岛的重要意义

1. 对于政府的意义

加强政府数据共享开放和大数据服务能力，促进跨领域、跨部门合作，推进数据信息交换，打破部门壁垒，遏制数据孤岛和重复建设，有助于提高行政效率，转变思维观念，推动传统的职能型政府转型为服务型智慧政府。政府数据共享的重要意义表现在以下两个方面。

首先，有助于提升资源利用率。共享开放政府部门内部数据，可以消灭传统信息化平台建设中"数据孤岛"问题。通过共享开放平台整合人口基础信息资源库、法人基础信息资源库、地理空间信息资源库、电子证照信息资源库等基础库，以及整合产业经济、平安等主题库，为平台的各类应用及各委办局的应用提供基础数据资源，可以实现资源整合与利用率的提升。

其次，有助于推动政府转型。政府数字化转型的本质是基于数据共享的业务再造，没有数据共享，就没有数字政府。美国政府的共享平台原则是提倡降低成本，共享数据；英国数字化转型提倡更好地利用数据，开放共享数据；澳大利亚政府在数字化转型中提出基于共享线上服务设计方法和线上服务系统的数据共享；我国政府发布了《国务院办公厅关于印发政务信息系统整合共享实施方案的通知》《关于印发政务信息系统整合共享督查工作方案的通知》等政策文件，大力推动政务数据共享。

综上可知，数据共享是各国政府都极其重视的事情，是数字化转型的核心引擎，我国政府数字化转型应当坚持全局数据共享原则，充分发挥政府数据价值。

2. 对于企业的意义

首先，打通企业内部的数据孤岛，实现所有系统数据互通共享，对建立企业自身的大数据平台和企业信息化建设都有重大意义。在数据迅速增长的进程当中，企业信息化将企业的生产、销售、客户、订单等业务过程数字化并实现彼此互联互通，通过各种信息系统加工生成新的信息资源，供企业管理者和决策者洞察及分析，便于做出有利于生产要素组合优化的决策，使企业能够合理配置资源，实现企业利益最大化。

其次，打通企业之间的数据孤岛，实现不同企业的数据共享，有利于企业获得更好的经营发展能力。信息经济学认为，信息的增多可以增加做出正确选择的能力，从而提高经济运行效率，更好体现信息的价值。但是，每个企业自身的数据资源是有限的，在行为理性的假设前提下，企业要追求效用最大化，就需要考虑扩充自己的数据资源。企业有两种方式可以获得企业外部的数据资源，一是收集互联网数据，二是与其他企业共享数据。

8.4 实现数据共享所面临的挑战

8.4.1 在政府层面的挑战

政府作为政务信息的采集者、管理者和占有者，相对于其他社会组织而言，具有不可比拟的信息优势，其掌握着绝大多数的数据，是最大的数据拥有者。但由于信息技术、条块分割的体制等限制，政府部门之间的"数据孤岛"问题长期存在，相互之间的数据难以实现互通共享，导致目前政府掌握的数据大都处于割裂和休眠状态，政府数据共享始终处于较低的水平。我国政府数据开放现在主要面临以下四个方面的挑战：

（1）不愿共享开放。政府部门在数据开放和共享方面缺乏动力，在部门利益上存在本位思想，这既是认识的问题，也是利益分配的问题。同时，与其他部门共享数据或向公众开放数据，得不到相应的回报，这就使得在多数情况下，职能部门对于数据的共享和开放是消极的、被动的。另外，我国在数据共享开放方面的法律法规、制度标准建设还不完善，没有形成数据共享开放的刚性约束，市场不健全也导致了数据共享开放动力不足。

（2）不敢共享开放。由于相关制度、法律法规以及标准的缺失，政府部门往往不清楚哪些数据可以跨部门共享和向公众开放，担心政务数据共享开放会引起信息安全问题，担心数据泄密和失控，对数据共享开放具有恐惧感。政府数据不该共享开放而共享开放或者不该大范围共享开放而大范围共享开放可能会带来巨大的损失，甚至可能会危及国家安全，而其中的风险责任又往往难以确定，导致政府部门对共享开放数据持谨慎态度。

（3）不会共享开放。一方面，目前我国尚未出台法律对数据共享开放原则、数据格式、质量标准、可用性、互操作性等做出规范要求，导致政府部门和公共机构数据共享开放能力不强、水平不高、质量不佳，严重制约了大数据作为基础性战略资源的开发应用和价值释放。另一方面，各政府部门数据开放共享在技术层面也存在问题。由于缺乏公共平台，政府数据开放共享往往依赖于各部门主导的信息系统，而这些系统在前期设计时往往对开放共享考虑不足，因此，实现信息开放共享的技术难度较高。

（4）数据中心共享开放作用不强。在我国大数据产业发展迅猛的当下，大数据产业也存在资源开放共享程度低，数据价值难以被有效挖掘利用、安全性有待加强等问题。尤其是伴随着大数据热潮，重复建设问题也浮出水面：投建了大量数据中心，其中很多中心因为缺乏运营经验而处于闲置状态，很少发挥作用，而一些城市却仍在斥巨资建设新的数据中心。

8.4.2 在企业层面的挑战

消除数据孤岛、实现数据整合的挑战主要来自三个方面：

（1）系统孤岛挑战。企业内部系统多，系统间数据没有打通，消费者信息存储碎片化，没有完整的消费者视图，很难做跨渠道消费者洞察和管理。

（2）组织架构挑战。不同业务部门负责不同的系统，如何在一致的利益下搭建统一的消费者数据管理平台，挑战巨大。另外，不同的部门，在自己掌控的渠道去面对消费者时通常只考虑自己的需求，而不会站在全局的角度去考虑进行何种互动最合适。

（3）数据合作挑战。在国内，消费者数据大部分都在少数大公司手里，且数据交易市场尚不规范，企业缺少外部数据补充，如何联合外部各类数据拥有方，结合内部数据，拼接完整的消费者画像是必经之路。

8.5 推进数据共享开放的举措

8.5.1 在政府层面的举措

首要的是积极开放政府数据资源，提高政府职能部门之间和具有不同创新资源的主体之间的数据共享广度，促进区域内形成"数据共享池"。要改变政府职能部门"数据孤岛"现象，立足于数据资源的共享互换，设定相对明确的数据标准，实现部门之间的数据对接与共享，推进在制度创新方面的系统集成化，为科技创新提供必要条件。同时，要促进准确及时的数据信息传递，提高部门条线管理、"一站式"企业网上办事和政府服务项目"一网通办"的网络信息功能，提高数据质量的可靠性、稳定性与权威性，增加相关信息平台的使用覆盖面，让现存数据"连起来""用起来"。

具体而言，要进一步加强不同政府信息平台的部门连接性和数据反应能力的全面性，要使不同省、自治区、直辖市之间的数据实现对接与共享，解决数据"画地为牢"的问题，实现数据共享共用。通过数据共享共用，打破地区、行业、部门和区域条块分割状况，提高数据资源利用率，提高生产效率，更好地推进制度创新与科技创新。同时，通过政府数据的跨部门流动和互通，促进政府数据的关联分析能力的有效发挥，建立"用数据说话、用数据决策、用数据管理、用数据创新"的政府管理机制，实现基于数据的科学分析和科学决策，构建适应信息时代的国家治理体系，推进国家治理能力现代化。

目前，各地政府不同程度地制定了数据共享交换办法，明确了政府数据共享的类型、范围、共享义务主体、共享权利主体、共享责任和共享绩效考核评估办法。各级政府部门依据政府数据共享办法制定了本部门政府数据共享的具体目录，依据政府数据共享目录向其他政府部门提供政府数据共享服务；同时，明确了政府数据共享使用的方式，按照全公开使用、半公开使用、不公开使用等不同等级，界定对政府数据共享使用的数据公开范围，并规定了政府数据共享使用人的义务和责任。

各级政府在地方大数据规划中也对数据共享交换计划进行了明确规定，明确了政府数据共享的年度目标、双年度目标和中长期目标，确定了各政府部门为实现政府数据共享达标所应采取的具体措施和工作安排，明确了政府数据共享的具体程序和工作流程，以及政府数据共享的负责人员、责任部门和责任追究办法。

为推动政府信息共享交换工作的落实，多数地方政府制定了政府数据共享绩效考核管理办法，建立了政府数据共享评估指标体系，对各级政府部门提供政府数据共享服务的情况进行评估考核；同时，依托政府数据共享平台的统计和反馈功能，自动、逐项评价共享数据的数量、质量、类型和使用程序等情况；此外，许多地方政府还引入了第三方评估机构，对各级政府部门的政府数据共享计划及其执行情况进行评估评级，将评估评级结果纳入政府部门信息化工作考核报告，与电子政府项目立项申报关联起来，严格执行激励约束措施，推动共享数据滚动更新，提高共享数据质量，确保政府数据共享取得实效。

8.5.2　在企业层面的举措

（1）在企业内部，破除"数据孤岛"，推进数据融合。对于企业而言，信息系统的实施是建立在完善的基础数据之上的，而信息系统的成功运行则是基于对基础数据的科学管理。要想打破"数据孤岛"，必须对现有系统进行全面的升级和改造。而企业数据处理的准确性、及时性和可靠性是以各业务环节数据的完整和准确为基础的，所以必须选择一个系统化的、严密的集成系统，能够将企业各渠道的数据信息综合到一个平台上，供企业管理者和决策者分析利用，为企业创造价值效益。

（2）在不同企业之间，建立企业数据共享联盟。成立企业数据共享联盟，建立联盟大数据信息数据库，汇集来自各行业的数据资源，促进碎片数据资源进行有效的融合，并指导和带动联盟跨界数据资源的合理、有序分享和开发利用。

8.6　数据共享的原则

政府与企业之间的数据共享应遵循以下原则：

（1）可持续性。既要满足当前需要，又要着眼长远发展；共享机制的建立不是临时性的，可能使用一次或多次。

（2）协调性。当开放共享主体涉及多方时，要充分考虑多个利益方的利益诉求和群体态度，寻求利益的平衡点。

（3）互利性。要以效率优先、兼顾公平的原则，控制、降低成本的同时提高效率，争取以最小的成本投入获得最大的收益，不断激发各利益主体进行开放、参与共享的积极性；要承认对有关产品和服务的数据生成所做出的努力。

（4）透明性。应清楚地界定数据使用者的情况，希望获取数据的类型和详细程度，以及使用数据的目的等。

（5）良性竞争。在交换敏感数据时应促进良性竞争，保障数据提供方相关信息不被泄露。

以上是一般性原则，企业在将数据开放共享给政府时还应同时遵循以下原则：

（1）数据使用的相称性。使用企业数据应以公开透明的公共利益为目的，确保做到具体详细、相关联和数据保护；对于预期的共享收益，应保证企业成本的合理性。

（2）目的限制。应在合同或协议条款中明确限制企业数据使用的目的；规定数据使用的期限，同时要保证企业数据不被用于无关的行政或司法程序。

（3）不造成伤害。保护企业的商业机密及相应利益。

（4）数据再利用。企业与政府的合作应力求互惠互利，尤其在付酬金时也要考虑公共利益。当其他政府机构也有类似的数据需求时，企业应该无差别对待。

8.7　数据共享案例

本节给出几个数据共享带来商业价值和社会价值的具体案例，包括菜鸟物流、政府一站式服务平台"i厦门"以及浙江省打通政府数据"让群众最多跑一次"的实践。

8.7.1　案例1：菜鸟物流

2013年阿里巴巴集团联合多方力量联手共建"中国智能物流骨干网"（又称"菜鸟"），计划用8~10年的时间，建立一个能支撑日均300亿元（年度约10万亿元）网络零售额的智能物流骨干网络，支持数千万家新型企业成长发展，让全中国任何一个地区做到24小时内送

微视频
8-5
数据共享案例（一）

货必达。

目前，阿里巴巴旗下的天猫超市，其华北仓的辐射范围涵盖了华北及周边区域，这些地区约 90% 的包裹可以实现次日到达。那么菜鸟在整个流程中发挥了什么作用呢？概括而言，它会对后台电商和物流数据进行整合、分析和挖掘，例如根据既往的销售数据来分析预测下一个时期哪些商品需要提前备货及备货数量，给予仓储管理商相关的商品陈列建议，以及检测并分析包裹自下单到配送签收完成后，整个流转轨迹和链路合理性等。

菜鸟核心作用的发挥，关键在于其对多方物流数据的有效整合，也就是说，参与菜鸟的相关物流企业，都会把自己企业内部的物流数据（主要是包裹轨迹数据）共享出来，由菜鸟平台对电商和物流数据进行统一整合分析。截至目前，淘宝上相关的 10 余家快递公司的前台数据系统已经全部实现和菜鸟对接。这意味着菜鸟拥有了一张全国性的快递监控网络。打个比方，原来淘宝系的 10 余家快递公司，每家都在着力于建立自己的网络，而基于这个网络各家也只能知道自己的情况，而现在有了菜鸟的统筹，所有快递公司的信息能够统一起来，能看到全国通盘情况。菜鸟平台就相当于中枢协调机构，每个包裹、每家快递从仓库发货就开始介入，揽收、中转、派送的整个轨迹都可以显示，这将有利于菜鸟从全局层面帮助快递公司进行运力的统筹调配和规划。

菜鸟的物流预警雷达正是基于这些共享数据诞生的。2014 年"双 11"当天，阿里巴巴总部一台巨型显示屏吸引了众多关注的目光，这是一台综合物流信息大屏幕，上面汇集了 10 余家快递公司的所有包裹轨迹数据。如果一条路线出现拥堵提示，菜鸟就能发现到底是谁堵在哪里，然后给其他快递公司进行预先提示，提供新的路径建议，这就能化解较大的拥堵风险，避免"爆仓"。有一个形象的比喻可以用来形容菜鸟的作用：之前物流公司不掌握淘宝商家动态，导致包裹挤在几个重要的货物集散地出不来，就如几个小孩子一起从瓶子里同时拉不同颜色的彩球的游戏一样，都想赶紧拉出来，结果都挤在瓶口了，大家都拉不出来彩球。现在物流企业有了基于大数据技术提供的商家销售预测等方面信息，能及时调配配送比率与速度，"红球""蓝球""绿球"……就一个个有序地出来了，大大提高了运营速度。

8.7.2 案例 2：政府一站式平台

数字化转型已是社会发展的必然趋势，除了传统企业，政府同样面临着数字化升级的挑战。2016 年我国信息数据资源 80% 以上掌握在各级政府部门手里，如今随着各级政府积极推动公共数据资源的共享与开放，激活政府数据资产、打破数据孤岛，通过大数据的政用、商用、民用，真正实现百姓、企业、政府的三方共赢，已经成为政府信息化转型的重要目标，而厦门市在政府数据共享与开放方面已经走出了一条独具特色的道路，成为全国的一个重要典型。

厦门市信息化经过多年的发展，通过打通"数据孤岛"，破除"数据烟囱"，建成了全市统一的电子政务网络和集中共享的政务信息资源库（市民库、法人库、地理库），成为厦门引以为豪的信息化基础设施。近几年，厦门市以"信息惠民"为目标，按照"服务集成"的思路，致力推进集约化、协同化、一站式信息平台的建设，相继建成"i 厦门"一站式惠民服务平台、社区网格化平台和"多规合一"业务协同平台。

（1）"i 厦门"一站式惠民服务平台——服务融合。通过开放政府数据服务，整合孤立、分散的公共服务资源，逐步实现了公共服务事项和社会信息服务的全人群覆盖、全天候受理和"一站式"办理。目前，"i 厦门"平台（如图 8-2 所示）可提供政务、诚信、生活、健康、教育、文化、交通、社保、沟通等两百余项在线服务。2015 年 1 月，该平台在第五届中国智慧城市大会上获"最佳政务平台实践奖"。其中，于 2015 年 4 月上线运行的"外来员工随迁子女积分入学系统"，通过实时调用公安、人社、工商、计生、地税等多部门的数据信息，实现了入学积分的自动计算，减少了申请者来回跑路、政府窗口人满为患、相同信息多次录入的现象，很大程度地方便了办事百姓。另外，生育险在线领取系统通过打通公安、卫生、计生、社保、财政、银行等多部门业务系统，实现了准生证、出生证、住院记录、社保缴交记录等多种信息的跨部门查询，方便了产妇，使其在家可领取生育保险。

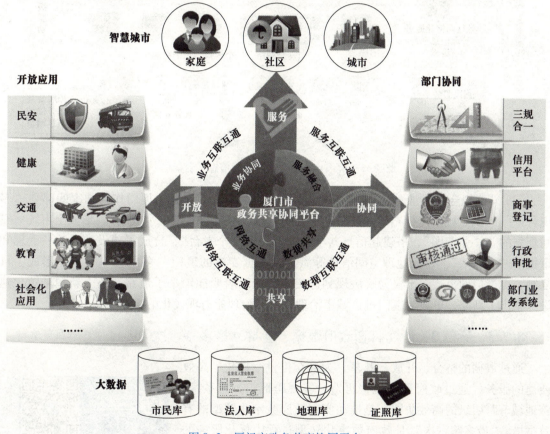

图 8-2　厦门市政务共享协同平台

（2）社区网格化服务管理信息平台——业务集成。如图 8-3 所示，平台按照"横向到边、纵向到底"的建设思路，一方面横向整合共享了公安、计生、人社、卫生、民政等部门的信息数据，另一方面纵向搭建了连通区、街（镇）、村（居）的市、区两级共享平台，实现了条、块信息系统的互联互通、信息共享和业务协同。系统通过打通部门间的行政壁垒，以服务基层、服务公众、服务社会为目标，理顺了社区治理关系，实现了厦门市基础社会治理的体制创新，成为厦门市信息化推进服务型政府建设的新模式。

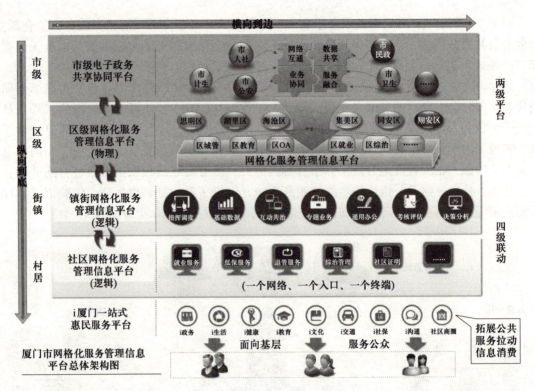

图 8-3　厦门市网格化服务管理信息平台架构

（3）"多规合一"业务协同平台——业务协同。2014 年 9 月，厦门作为国家四部委"多规合一"的试点城市先行先试，按照实施美丽厦门战略规划的"一个战略"，形成全市统一空间规划的"一张蓝图"，搭建起信息共享和管理的"一个平台"，合成了建设项目统一受理和审批的"一张表"。基于地理空间信息等海量大数据支撑的厦门"多规合一"工作形成了可复制、可推广的模式，不仅为解决规划冲突、转变政府职能铺平了道路，还为新型城镇化建设探索出了新路，更成为厦门推进城市治理体系和治理能力现代化的生动实践。

8.7.3　案例 3：浙江打通政府数据，让群众最多跑一次

通过数据的整合、开放、共享，为群众提供个性化、高效便捷的服务，通过政府部门流程再造，实现跨部门、跨系统、跨地域、跨层级的高效协同，是推动实现政府数字化转型的有效举措。"最多跑一次"是政府数字化转型过程中优化服务的很好诠释。要想实现"最多跑一次"，就要"让群众少跑腿、让数据多跑路"，这是我国新一轮行政体制改革的一大亮点。而要实现"让数据多跑路"，就必须让数据"有路可走"，因此，就必须打通不同部门的数据，消除数据"断头路"，实现数据在各部门之间的互联互通。打通不同部门的数据以后，我们普通公民去政务服务中心办事，就只要填一张表，输入姓名、身份证号以后，各种相关信息都可以自动获取，就不用我们到这个部门窗口填一张表，到那个部门窗口又填一张表。

近些年，浙江省加快推进"互联网+政务服务"实践，打通政府部门数据，促进数据共享，实现"最多跑一次"，让群众和企业到政府办事少跑甚至不跑，基于数据共享实现减材料、减环节、减时间，真正做到少跑、不跑。需要注意，最多跑一次有可能是群众不跑，工作人员在跑。如果能够实现基于数据共享，那么"最多跑一次"，就真的是群众和工作人员都不跑，而是让数据跑起来。为此，浙江省还专门成立了"最多跑一次改革办公室"（见图 8-4），获得了众多网友"点赞"。

图 8-4　浙江省最多跑一次改革办公室

这里给出浙江省在这方面的几个实际发生的场景：

（1）在社会参保单位办理参保登记方面，以前办理要交 6 份材料，现在只要交一份材料，即单位社会保险登记表，其他的材料通过数据共享获得，不再需要当事人提交。同时因为数据共享，也缩短了办理时间，原来办理时间按天计算，现在按照分钟计算。

（2）在办理不动产登记证方面，在数据共享改革之前，个人需要向国土、住建、地税三部门递交 65 份 600 页材料，数据共享后只需要递交 17 份 200 页材料，然后共享给住建和地税部门，因为是连办件，住建部门房产交易信息办完以后，就直接共享给地税部门用于税费核算缴费，再共享给国土部门用于不动产的办理，也就是说，整个过程当中既有受理材料共享，也有联办部门办理信息共享给下一个部门。基于这样的数据共享，办证时间大大缩短，实现"1 小时领证"。

（3）在外省就读学生学籍转入方面，让转学过程实现"最多跑一次"。浙江是地理意义的小省，地域小，资源少，但是浙江又是人口流入大省，人口流入数居全国省市前三，外来人口子女转学，一次性转学成功率只有 50% 多一点。主要原因在于信息没有办法核验，需要办事人员来回在学籍转出地和转入地奔波，转入时家长提交的学生信息，当地的教育部门没有办法核实，所以这个信息需要在两个地域之间不断地进行同步。现在，浙江省让教育部门数据跟公安部的人口数据打通，这样可以核验学生身份信息，下一步和教育部学籍中心打通，能够共享除了身份之外的所有学籍信息。通过这种方式，大大缩减了转学过程的时间，本来需要几天的来回奔波，现在则按秒核实信息。这个案例虽然很简单，却每年实实在在汇集了10 万的转学学生数据，避免了父母在转出地和转入地来回奔波。

8.8　本章小结

　　数据是信息时代一种特殊的社会资源，具有明显的潜在价值和可开发价值，并在应用过程中得以增值。大数据时代的到来使得数据成为一种资产，正成为与物质资产和人力资本相提并论的重要生产要素。但是，"数据孤岛"问题的存在极大制约了数据的自由流通和共享开放，数据这一生产要素如果不能自由流通，就会极大限制社会生产力的发展。本章介绍了数据孤岛问题，并分析了数据孤岛问题产生的原因，同时指出了消除数据孤岛、实现数据共享的重要意义。同时也要看到，我们实现数据共享的愿望是美好的，但是，在现实层面，无论是企业还是政府，都面临诸多的挑战。为了最大程度发挥数据价值，更好地服务人类的生产和生活，我们应该采取必要的措施积极推进数据共享。

8.9　习题

1. 请阐述什么是政府数据孤岛问题。
2. 请阐述什么是企业数据孤岛问题。
3. 请阐述政府数据孤岛产生的原因。
4. 请阐述企业数据孤岛产生的原因。
5. 请阐述消除数据孤岛对于政府和企业的重要意义。
6. 请阐述实现数据共享在政府和企业层面分别会面临哪些挑战。
7. 请阐述企业和政府应该采取何种措施加快推进数据共享。
8. 请阐述数据共享的原则有哪些。

第9章
数据开放

随着大数据时代的发展和智慧服务型政府的创建，数据作为最重要的基石和原料，正在得到各利益相关者的普遍重视，政府数据的资源优势和应用市场优势日益凸显，政府数据资源的共享与开放已成为世界各国政府的普遍共识。政府数据是指由政府或政府所属机构产生的或委托产生的数据与信息，政府数据开放，强调政府原始数据的开放。与传统的政府信息公开相比，政府数据开放更利于公众监督政府决策的合理性与决策依据，提升政府的管理水平和透明度，也有助于政府积累的大量数据资源可以被更好地再利用，以促进经济、社会的发展。

本章首先介绍政府开放数据的理论基础，并指出政府信息公开与政府数据开放的联系与区别，以及政府数据开放的重要意义，然后分别给出国外政府开放数据的经验和我国政府开放数据的现状，最后给出关于政府数据开放的几点启示。

9.1 政府开放数据的理论基础

政府开放数据的理论基础主要包括数据资产理论、数据权理论和开放政府理论。

9.1.1 数据资产理论

2004 年，一个牺牲的美国士兵的父亲，请求雅虎公司告知其儿子在雅虎的账号和密码，以便获取儿子在雅虎账号中留下的文字、照片、E-mail 等数据，以寄托对儿子的思念。雅虎公司以隐私协议为由拒绝了该请求，这位父亲无奈之下将雅虎公司告上法庭。这个事件引起了公众对个人数据财产、数据遗产的高度关注，可以说是一个历史性事件。

现在，我们已经身处大数据时代，数据已经被当作一种重要的战略资源，也可以成为一种资产。在 2002 年由英国标准协会制定的信息安全管理体系标准 BS7799 中指出，数据是一种资产，像其他重要的业务资产一样，对组织具有价值，因此需要妥善保护。2012 年，瑞士达沃斯经济论坛的一份报告指出，"数据已经成为一种同货币和黄金一样的新型经济资产类别"。2013 年发布的《英国数据能力发展战略规划》和 2014 年 5 月美国发布的《大数据：抓住机遇，保存价值》（即《美国大数据白皮书》）均使用了"数据资产"的表述。

数据资产是无形资产的延伸，是主要以知识形态存在的重要经济资源，是为其所有者或合法使用者提供某种权利、优势和效益的固定资产。数据资产的通用属性包括：① 数据资产是供不同用户使用的资源，不具有实物形态，不能脱离物质载体但独立于物质载体；② 数据资产具有归属权和责任方；③ 数据资产具有共享性，可由多个主体共同拥有；④ 数据资产在可确认的时间内或作为可确认事件的结果而产生或存在，同时也应该在可确认的时间内作为可确认事件的结果而被破坏或终止；⑤ 数据资产有效期不确定，会受技术和市场的影响；⑥ 数据资产具有价值和使用价值，通过数据资产产生的价值应大于其生产、维护的成本，且具有外部性，不仅给直接消费者和生产者带来收益和成本，还给其他人带来收益和成本；⑦ 数据资产是有生命周期的。

数据资产的类型有很多，常见的数据资产包括书面技术新材料、数据与文档、技术软件、物理资产（主要指通信协议类）、员工与客户（包括竞争对手）、企业形象和声誉以及服务等。同其他资产一样，数据资产也是企业价值创造的工具和资本。随着网络技术的发展以及信息的广泛传播和使用，人们渐渐认识到数据的重要性和巨大价值。尤其在大数据环境下，数据已经渗透到各个行业，已经成为政府和企业的重要资产。作为现代企业和政府，拥有数据的规模、活性，以及收集、运用数据的能力，将决定企业和政府的核心竞争力。

与数据资产相关的概念包括数字资产和信息资产，这三者是从不同层面看待数据的。其中，信息资产对应着数据的信息属性，数字资产对应着数据的物理属性，数据资产对应着数据的存在。另外，资产与资源、资本等术语紧密关联，于是就有了信息资产、信息资源、信息资本、数据资产、数据资源、数据资本、数字资产、数字资源、数字资本等比较接近的概念，在很多场合下，这些概念会被相互替代地使用。

政府数据资产是数据资产的一个重要类别。在全球范围内，政府数据资产的管理和价值发挥开始受到广泛重视。2013 年美国时任总统奥巴马发表的《开放数据政策——将信息作为资产管理》的备忘录中指出，信息是国家的宝贵资源，也是联邦政府及其合作伙伴、公众的战略资产。这份备忘录成为美国政府数据资产管理的纲领性文件。随着大数据价值的逐步显现，越来越多的国家把大数据作为重要的资本看待。如美国联邦政府就认为"数据是一项有价值的国家资本，应对公众开放，而不是把其禁锢在政府体制内"。在我国，最早开始使用"政府数据资产"这一表述的是于 2017 年 7 月 10 日正式发布实施的《贵州省政府数据资产管理登记暂行办法》，其中规定，政府数据资产是指由政务服务实施机构建设、管理、使用的各类业务应用系统，以及利用业务应用系统依法依规直接或间接采集、使用、产生、管理的，具有经济、社会等方面价值，权属明晰、可量化、可控制、可交换的非涉密政府数据。

从政府数据资产的领域特征来看，其具有与政府职能相结合后的突出特征，包括：① 具有经济效益和社会效益的双重价值；② 权属更为明晰，主要涉及政府机构自身、法人和个人的各类数据；③ 可根据应用需求对各种格式和类型的政府数据资产进行量化处理；④ 政府机构依其职能可通过多种有效手段和机制，对其加以合理、及时的管控；⑤ 可在全社会领域范围内，进行跨行业、跨组织、跨系统的数据交换和传输。另外，成为政府数据资产的数据，对涉及国家机密、商业机密和个人隐私的内容，需要加强审核和脱敏处理，以确保在充分发挥政府数据资产社会公益价值的同时，不损害国家安全、企业利益和个人的合法权益。

政府数据资产包含多种不同类型，依据政府数据资产的产生方式，可将其划分为 5 个类别，包括：① 政府才有权利采集的政府数据资产，如资源类、税收类和财政类等政府数据资产；② 政府才有可能汇总或获取的数据资产，如农业总产值、工业总产值等政府数据资产；③ 由政府管理或主导的活动产生的数据资产，如城市基建、交通基建、医院、教育师资等数据资产；④ 政府监管职责所拥有的数据资产，如人口普查、金融监管、食品药品管理等数据资产；⑤ 由政府提供服务所产生的消费和档案数据，如社保、水电和公安等数据资产。

9.1.2　数据权理论

数据权的概念发起于英国，主要将其视为信息社会的一项基本公民权利，让政府拥有的数据集能够被公众申请和使用，并且按照标准公布数据。因此，早期的数据权理念强调的是公民利用信息的权利。数据开放运动的兴起，推动了世界各国建设数据网、保障公民应用数据权利的数据民主浪潮。

但是，随着数据的进一步开放，大型网络公司对于历史文献资料的数据化，商业集团对于客户资料的搜集，政府部门对于个人信息的调查与掌握，社会化媒体对于社会交往的渗透与呈现，使国家和政府加强了对数据主权的关注，并将其纳入到数据主权的范畴。数据主权源于信息主权。信息主权是国家主权在信息活动中的体现，国家对于政权管辖地域内任何信息的制造、传播和交易活动，以及相关的组织和制度拥有最高权力。因为数据主权中的数据指的是原始数据，所以数据的外延要大于信息主权的概念。鉴于数据的重要性，各国都在积极加强数据的安全和保护。

数据权包括两个方面：数据主权和数据权利。数据主权的主体是国家，是一个国家独立自主对本国数据进行管理和利用的权力。目前，大数据已经成为全球高科技竞争的前沿领域，以美国、日本等国为代表的发达国家，已经展开了以大数据为核心的新一轮信息战略。一国所拥有数据的规模、活性以及解释、运用数据的能力，从大型复杂的数字、数据集中提取知识和观点的能力，将成为国家的核心竞争力。国家数据主权，即对数据的占有和控制，将成为继边防、海防、空防之后，另一个大国博弈的空间。数据权利的主体是公民，是相对于公民数据采集义务而形成的对数据利用的权利，这种对数据的利用又是建立在数据主权之下的。只有在数据主权法定框架下，公民才可自由行使数据权利。公民的数据权利，是一项新兴的基本人权，它是信息时代的产物，是公民个人的基本权利。公民数据权的保护，不仅具有正当合理性，而且已经成为一种人权保障的世界性趋势。戴维·卡梅伦在出任英国首相后，提出了数据权的概念，卡梅伦认为数据权是信息时代每一个公民拥有的一项基本权利，并郑重承诺要在全社会普及数据权。之后不久，英国女王在议会发表演讲，强调政府要全面保障公众的数据权。2011 年 4 月，英国劳工部、商业部宣布一个旨在推动全民数据权的新项目——我的数据，提出一个响亮的口号——你的数据，你可以做主！近年来，我国逐渐开始重视对客户数据所有权的保护。2015 年 7 月，阿里云在分享日上发起数据保护倡议：数据是客户资产，云计算平台不得移作他用。这份公开倡议书中明确指出，运行在云计算平台上的开发者、公司、政府、社会机构的数据，所有权绝对属于客户，云计算平台不得将这些数据移作他用。平台方有责任和义务，帮助客户保障其数据的私密性、完整性和可用性。这是中国云计算服务商首次定义行业标准，针对用户普遍关注的数据安全问题，进行清晰的界定。

9.1.3 开放政府理论

20 世纪 70 年代，西方世界掀起了新公共管理运动，这场世界性的运动涉及政府的各个方面，包括政府的管理、技术、程序和过程等。学者们也从不同的角度反思政府，提出了多种政府理论，如有限政府理论、无缝隙政府理论、责任政府理论、服务型政府理论等。随着政府改革实践的不断深入，越来越多的学者和政府深刻意识到，政府各种改革目标的实现，首先要的是政府的开放。

开放政府最早出现在 20 世纪 50 年代信息自由立法的介绍当中。1957 年帕克的论文《开放政府原则：依据宪法的知情权》中首次提出开放政府理念，其核心是关于信息自由方面的内容。帕克认为公众使用政府信息应该是常态，并且如果没有特殊情况都应该允许使用。在当时的背景下，帕克的观点引起了一场关于开放政府和需要政府将信息的提供作为默认状态的辩论，尤其是关于问责理念的认识。在 1966 年美国政府通过了信息自由法案之后，开放政府的理论就很少有人问津了。

随着很多国家对信息法案的修订，尤其在 2009 年奥巴马政府公布了《开放政府指令》后，开放政府的理论又被重新提起。奥巴马政府认为，开放政府是前所未有的透明政府，是能为公众信任、积极参与和协作的开放系统，其中，开放是民主的良药，能提高政府的效率并保障决策有效性。对于开放政府的提出，得到了包括我国在内的很多国家的学者的认同，国内有学者认为，美国的开放政府启示我国在电子政府发展过程中，要强化政府服务意识，以用户为中心，关注用户体验，围绕政府职责与任务，形成与企业、公众良好的互动，促进数据开发与应用共享，同时需要重视资源整合，提供整体解决方案，开展一站式服务。

当然，奥巴马政府所指的开放政府和帕克当时所指的开放政府有很大的差别。奥巴马政府提出的开放政府是在大数据环境下，政府的开放与信息技术结合起来，并且在原有"透明政府"的基础上，增加了促进政府创新、合作、参与、有效率和灵活性等因素，进一步丰富了开放政府的内涵。

自 2009 年开放政府理念被重新提起后，世界各国都在努力使用信息技术革新政府。2011 年，建立了以美国领导的"开放政府联盟"。开放政府联盟的主要目标是：联盟的国家和政府要为促进透明、赋权公民、反腐败和利用新的技术加强治理付诸行动和努力。在其纲领性文件《开放政府宣言》中，该组织的第一承诺就是：向本国社会公开更多的信息。宣言书中还特别强调，要用系统的方法来收集、公开关于各种公共服务、公共活动的数据，这种公开不仅要及时主动，还要使用可供重复使用的格式。

近年来，随着大数据时代的发展和智慧服务型政府的创建，数据作为最重要的基石和原料正在得到各利益相关者的普遍重视，政府数据的资源优势和应用市场优势日益凸显，政府数据资源的共享与开放已成为世界各国政府的普遍共识。自 2009 年开始，以美国、英国、加拿大、法国等为代表的发达国家相继加入政府数据开放运动并蓬勃发展，2011 年以来，以中国、印度、巴西等为代表的发展中国家也陆续加入进来，2012 年 6 月，以上海市政府数据服务网的上线为标志，我国也开始了政府数据开放的实践。截至 2018 年，全球已有 139 个国家提供了政府数据开放平台或目录，我国已有 46 个地市级以上政府数据开放平台。

9.2　政府信息公开与政府数据开放的联系与区别

政府信息公开与政府数据开放是一对既相互区别又相互联系的概念。数据是没有经过任何加工与解读的原始记录，没有明确的含义，而信息是经过加工处理，被赋予一定含义的数据。政府信息公开主要是实现公众对政府信息的查阅和理解，从而监督政府和参与决策。政府数据开放是以开放型政府、服

微视频
9-2
政府信息公开与政府数据开放
的联系与区别

务型政府和智慧型政府为目标的开放政府运动的必然产物。2009 年，奥巴马签署的《透明和开放政府备忘录》确定了透明、参与和协作三大原则，这就决定了政府数据开放超越了对公众知情权的满足而上升至鼓励社会力量的参与和协作，推进政府数据的增值开发与协作创新。政府信息公开主要是为了对公众知情权的满足而出现的，信息公开既可以理解为一项制度，又可以理解为一种行为。作为一项制度，主要是指国家和地方制定并用于规范和调整信息公开活动的法规规定；作为一种行为，主要是指掌握信息的主体，即行政机关、单位向不特定的社会对象发布信息，或者向特定的对象提供所掌握的信息的活动。政府数据开放是政府信息公开的必然趋势，将开放对象延伸至原始数据的粒度。政府数据开放强调的是数据的再利用，公众可以分享数据利用创造的经济和社会价值，并且可以根据对数据的分析判断政府的决策是否合理。政府信息公开更侧重将与公众相关信息通过报纸、互联网、电视等媒体发布，更强调程序公开。而政府数据开放更侧重数据利用层面和公有属性，更强调数据开放的格式、

数据更新的频度、数据的全面性、API 调用次数、数据下载次数、数据目录总量、数据集总量等指标，当然也包含了政府在透明性、公众参与性方面的价值追求。

9.3　政府数据开放的重要意义

生产资料是劳动者进行生产时所需要使用的资源或工具。如果说土地是农业生产中最重要的生产资料，机器是工业社会最重要的生产资料，那么信息社会最重要的生产资料是数据。因此，数据已经成为当今社会一种独立的生产要素。世界经济论坛 2012 年曾指出，大数据是新财富，价值堪比石油。麦肯锡说，大数据是下一个创新竞争生产力提高的前沿，数据就是生产资料。

大数据作为无形的生产资料，它的合理共享和利用将会创造出巨大的宝贵财富。但是，大数据的一个显著特征就是价值密度很低，也就是说，在大量的数据里面，真正有价值的数据可能只是很少的一部分。为了充分发挥大数据的价值，就需要更多的参与方从这些"垃圾"里找出有价值的东西。所以，政府开放数据，可以让社会更多地去参与从大数据中"挖掘金矿"。

世界银行在 2012 年发表的《如何认识开放政府数据提高政府的责任感》报告中指出：政府开放数据是开放数据的一部分，是指政府所产生的、收集和拥有的数据，在知识共享许可下发布，允许共享、分发、修改，甚至对其进行商业使用的具有正当归属的数据。政府开放数据不仅有利于促进透明政府的建设，在经济发展、社会治理等方面同样具有重要的意义。

9.3.1　政府开放数据有利于促进开放透明政府的形成

政府开放数据是更高层次的政府信息公开，而政府信息公开也将推动政府民主法治进程。知情权是公民的基本权利之一，也是民主政府建设的前提。1789 年法国政府颁布了《人权宣言》，其中就规定了公众有权知晓政府工作。随着政府民主进程的推进，政府事务不断增加，涉及民生的公共活动也不断增多。随着互联网的快速发展，一方面使得政府能方便快捷地了解、掌握各种公共及个人信息，另一方面公众也提出了要求更多了解、监督政府公共活动的新需求，政府信息公开的程度也成了判断政府法治程度的依据。很多国家出台了信息公开制度并实施，例如美国出台了《信息自由法》。近年来，我国也越来越重视政府信息公开，2007年我国颁布了《中华人民共和国政府信息公开条例》，确立了对公民知情权的法律保障。党的十八大报告中提出要保障人民知情权、参与权、表达权、监督权。

如果说政府信息公开还是处于起步阶段，那么政府开放数据则是更高层次的政务公开。原始数据的开放是政府信息资源开放和利用的本质要求，因为，原始数据经不同的分析处理可得到不同的价值，在大数据时代，原始数据的价值更加丰富。

数据是政府手中的重要资源，政府开放数据的范围、程度、速度都代表着政府开放的程度。一般来说，政府开放数据的范围越广、程度越深、速度越快，就越有助于提高政府的公信力，从而增加政府的权威，以及提高公众参与公共事务的程度。政府开放数据在政治上最大的意义，就是促进政府开放透明。因此，在大数据的环境下，政府有必要通过完善政府信息公开制度来进一步扩大数据开放的范围，从而保障公民的知情权。

9.3.2　政府开放数据有利于创新创业和经济增长

政府开放数据对经济的促进作用明显，企业可以从数据中挖掘对企业自身发展有价值的信息，提升竞争力。随着大数据时代的到来，美国政府通过政府开放数据取得了巨大的经济效果。例如，美国是气象灾害频发的国家，为减少气象灾害带来的严重损失，2014 年 3 月，美国白宫宣布美国国家海洋大气局、美国国家航空航天局、美国地质调查局以及其他联邦机构进行合作，将各自所拥有的气象数据发布在某网站上。除了基本的气象数据之外，各机构还在该网站的站点上提供了若干工具和资源来帮助参与者更好地发掘数据背后的价值。美国政府希望通过这项数据开放计划让更多的社会机构和研究团体参与到气候研究中来，进而降低极端天气事件带来的损失。随后，与气象相关的企业服务应运而生，包括各种气象播报、气象顾问、气象保险等，形成了一个新的产业链，创造出了极高的经济价值。又如美国政府向社会开放了原先用于军事的 GPS 系统，随后美国乃至全世界各国都利用这个系统开发、创新了很多产品，包括飞机导航系统，以及目前非常流行的基于位置的移动互联网服务，不仅带来了经济效益，还增加了就业岗位。

政府数据的再利用，在欧洲也创造出很高的经济价值。2010 年欧盟公布的数据显示，欧洲利用政府公开的数据创造出的价值就达到 320 亿欧元，同时带来了更多的商业和就业机会。英国的国家健康服务机构通过收集和开放很多医疗机构的数据，让公众了解相关信息，获得最佳服务，同时公众反馈的很多建议也提高了医疗机构的效率。

9.3.3　政府开放数据有利于社会治理创新

在传统的以政府为中心的社会管理体制下，政府数据的流通渠道并不畅通，民众与政府之间存在信息壁垒，导致民众不了解行政程序，无法监督行政行为，利益诉求也无法表达，更谈不上参与社会治理。

政府数据的开放不仅打破了政府部门对数据的垄断，促进了数据价值的最大限度发挥，同时也构建起了政府同市场、社会、公众之间互动的平台。数据分享和大数据技术应用，不仅可以有效推动政府各部门在公共活动中实现协同治理，提高政府决策的水平，也能够充分调动各方的积极性来完成社会事务，实现社会治理机制的创新，给公众的生活带来便利，比如缓解交通压力、增强食品安全、解决环境污染等。

在创新社会治理方面，欧洲很多城市已经从政府数据开放中受益。比如欧洲一些政府向社会开放交通流量数据，公众可以凭借这些数据选择最佳驾车路径，回避高峰路段，极大地改善了交通拥堵的状况。当然，在这个方面，美国政府依然走在世界的前列，在美国政府开放数据后，美国出现了很多的 App 应用。其中，一个名为 Raidsonline 的 App 就很受美国公众的欢迎，该应用通过对政府开放的数据进行分析，告知公众在哪些区域容易出现抢劫、盗窃等犯罪现象，公众根据这些信息可以提前做好预防或者减少在这些区域的活动，从而明显地降低了犯罪率，增加了社会的安全性。又如美国交通部通过开放全美航班数据，有程序员利用这些数据开发了航班延误时间的分析系统，并向全社会免费开放，任何人都可以通过它查询分析全国各次航班的延误率及机场等候时间，为用户出行节省了时间，创造了极大的社会效益。

9.4 国外政府开放数据的经验

从国家层面而言，政府数据作为公共资源，在不危害国家安全、不侵犯商业机密和个人信息的前提下，将其最大限度地开放给社会进行增值利用，有利于增加政府透明度，激发社会创新活力，提高公共服务水平，促进经济转型发展，提升政府治理能力。因此，开放政府数据已经成为很多国家的共识。

9.4.1 概述

1. 开放数据发展的 3 个时期

国外从政府信息资源开发利用到开放数据发展分为 3 个时期，如图 9-1 所示。第一时期的特点是被动开放数据，主要从 20 世纪 60 年代到 21 世纪初，各国发展状况差距不大。第二时期的特点是主动开放数据，从 2009 年美国推出《开放政府指令》开始，持续时间很短，到 2011 年结束。第三时期的特点是挖掘数据价值，从 2012 年开始，大数据应用成为热点，这时候政府已经开始认识到数据的重要性，开始着手政府数据的开放，目前本时期的发展进入起步阶段。可见，政府开放数据的发展历史不长。

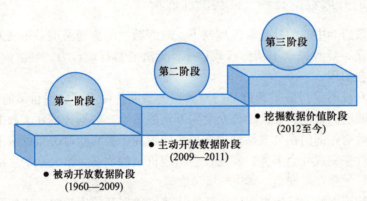

图 9-1　开放数据发展的三个阶段

2. 开放数据的路径探索

面对大数据浪潮的来袭，很多国家都深刻地认识到大数据的重要性，都开始从国家层面重视数据价值的挖掘。如美国政府在 2012 年推出"大数据研究与开发计划"。除此之外，英国、日本等国家也开始着手开放政府数据。

目前，国外政府在以下几个方面探索政府开放数据。第一是政府开放数据的范围，即政府开放数据程度上应把握的分寸。第二是政府开放数据的开放许可证，即由谁来负责政府数据的开放。第三是政府开放数据后的数据安全，即如何避免数据关联后带来的新风险。第四是政府开放数据的质量，即如何减少不同部门由于统计口径不同而带来的数据不一致的问题。第五是政府开放数据的形式，即如何让公众读懂这些数据。第六是政府开放数据实施的方法，即通过何种途径、手段来开放数据。第七是政府开放数据的技术，即通过哪种技术来开放数据。

3. 开放数据的特点

国外开放数据呈现出以下特点：第一，出台战略和政策，以一定的格式开放政府数据，使开放数据成为默认的规则；第二，纷纷建设开放数据门户，分类开放数据集；第三，注重数据的再利用，采取鼓励措施激发企业和创新者利用数据开发更多应用，促进经济增长和就业；第四，通过示范和典型案例引导数据的开放和开发利用；第五，在开放数据的同时，注重数据的安全、隐私保护和保密，完善相关法律制度。

9.4.2　G8 数据开放原则

2013 年 6 月，美、英、法、德、意、加、日、俄召开八国集团首脑会议，八国领导人在北爱尔兰签署了《八国集团开放数据宪章》（简称《宪章》）。

微视频
9-5
国外政府开放数据的经验（一）

《宪章》明确了 5 大原则、14 个重点开放领域和 3 项共同行动计划，其宗旨就是推动政府更好地向公众开放数据，挖掘政府拥有的公共数据的潜力，促进经济增长的创新，提高政府的透明度和责任感。"5 大原则"包括开放数据成为规则、注重数量和质量、让所有人都可用、为改善治理发布数据、为激励创新发布数据。14 个重点开放领域包括：公司、犯罪与司法、地球观测、教育、能源与环境、财政与合同、地理空间、全球发展、政府问责与民主、健康、科学与研究、统计、社会流动性与福利、交通运输与基础设施等，并提供相关的数据集实例，如表 9-1 所示。3 项行动计划包括：G8 国家的行动计划、发布高价值的数据和元数据的映射。

表 9-1　14 个重点领域

数 据 分 类	数据集实例
公司	公司/企业登记
犯罪与司法	犯罪统计、安全
地球观测	气象/天气、农业、林业、渔业和狩猎
教育	学校名单、学校表现、数字技能
能源与环境	污染程度、能源消耗
财政与合同	交易费用、合约、招标、地方预算、国家预算（计划和支出）
地理空间	地形、邮政编码、国家地图、本地地图
全球发展	援助、粮食安全、采掘业、土地
政府问责与民主	政府联络点、选举结果、法律法规、薪金（薪级）、招待/礼品

续表

数 据 分 类	数据集实例
健康	处方数据、效果数据
科学与研究	基因组数据、研究和教育活动、实验结果
统计	国家统计、人口普查、基础设施、财产、从业人员
社会流动性与福利	住房、医疗保险和失业救济
交通运输与基础设施	公共交通时间表、宽带接入点及普及率

9.4.3　美国开放数据国家行动计划

在大数据时代到来之前，美国就陆续通过了《信息自由法》《隐私法》《信息自由法修正案》《版权法》等法律法规，对公共数据公开的范围、时限、查询费用等方面做出了详细的规定，将公民对公共信息的知情权以法律形式明确下来。同时，美国又是最早认识到大数据对政府公共数据开放具有划时代意义的国家，提出了信息高速公路计划，通过了《电子信息自由法令》《数据质量法》《开放政府数据法案》等法案。2006 年，奥巴马更是将政府公共数据开放提升到前所未有的高度，他作为联邦参议员推出了第一份法案《联邦资金责任透明法案》，签署了第一份总统备忘案——《透明和开放的政府》，任命了历史上第一位首席信息官和首席技术官，并建立了联邦政府数据门户网站，正式提出了大数据战略，同时牵头成立了"开放政府联盟"。图 9-2 显示了美国开放政府数据的大体发展过程。

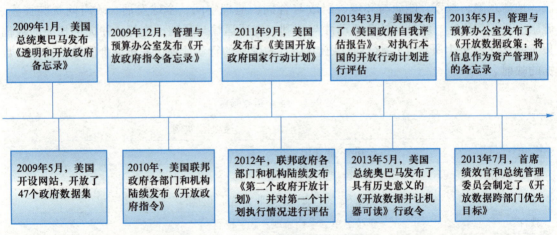

图 9-2　美国开放政府数据进展大事记

9.4.4　英国开放数据国家行动计划

英国政府将数据比拟为 21 世纪的"新石油"，主张以数据驱动式创新带动所有部门经济的发展。其开放数据的准备度、执行力、影响力 3 项指标已超越美国，排名世界第一。图 9-3 显示了英国开放政府数据的发展历程。

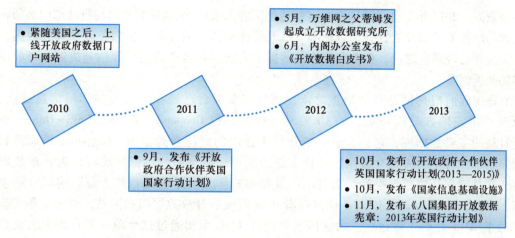

图 9-3　英国开放政府数据进展大事记

2010 年英国政府开放数据门户网站正式上线以来，英国政府开放数据范围已涵盖福利待遇、法律、交通、教育学习、公民权利、工作求职、税收、移民签证等 15 个领域，涉及人们日常生活的各方面，其中最重要的是将政府财政税收和公务员收入完全公开与透明化，以达到迎接社会挑战、打击腐败和加强民主、增强政府诚信的目的。

英国政府在 2013 年 11 月发布《八国集团开放数据宪章：2013 年英国行动计划》（G8 Open Data Charter：UK Action Plan 2013）中做出了 6 项承诺：一是英国将发布《八国集团开放数据宪章：2013 年英国行动计划》中明确的高价值数据集；二是确保所有的数据集都通过国家数据门户网站来进行发布；三是通过与社会、机构、公众沟通来明确应该优先公布哪些数据集；四是将通过分享经验和工具来支持国内外开放数据创新者；五是将为英国的开放数据工作设定一个清晰的前进方向，所有政府部门在 2014 年 6 月前更新其部门的开放数据战略；六是英国政府将为政府数据建立一个国家级的信息基础设施。

9.4.5　德国政府开放数据行动

德国政府组织架构为联邦政府，下设 16 个州，包括柏林、汉堡、不来梅等 3 个市州及其他 13 个州，为欧盟中人口最多的国家。同时，德国还是世界第二移民目的地，仅次于美国。
2017 年 5 月，在万维网基金会发布的《开放数据晴雨表：全球报告》中，德国在全世界综合排名第十四。

2010 年 9 月，德国发布《政府计划：网络型与透明型行政管理》，强调公共行政需要网络连接与透明度。这是因为公共信息的透明度能提高问责、促进公众参与，有助于不同团体的互动，进行公共事务的决策，提高行政效率和公共行政绩效。该报告还认为，开放政府的推动需要行政部门之间相互理解并分享，构建公开透明、公众参与及信息安全的配套机制。为此，各级政府部门应当在法律范围内界定开放数据，如公共部门的职能、规划目标及其所能搜集或处理的相关数据。2010 年 9 月，德国信息技术规划委员会发布"国家电子政务战略"，将"促进开放政府"的项目作为实施电子政务战略计划七个重点项目之一，主要重点在于开放政府数据。2014 年 2 月，德国发布《塑造德国的未来》，强调联邦政府与行政部门必须在符合法律的前提下推动开放数据，以标准、机器可读格式，通过开放授权条款来释放数据，并在相关法律法规通过之前，在符合法律的前提下完成联邦各个部门的评估与决策，释放越来越多的数据。

在德国政府门户网站开放数据之前，德国许多平台已经在释放公共部门信息或数据，但仅限于州或地方政府层级，如 GENESIS‑Online 和 Geoportal 等。GENESIS‑Online 是联邦统计局的主要数据库，它包含官方统计结果在内的广泛专题范围。Geoportal 是地理数据的搜索引擎，可提供从能源到保护各种主题的地图、航空照片。德国政府认为开放政府的基础工作是建立开放数据平台，而且不能发布那些涉及可追溯到自然人及影响国家利益的数据。因此，2013 年 2 月 19 日，德国推出 Beta 版政府开放数据门户网站，经过 2 年实验阶段以后于 2015 开始正常运行。大量国家部门以及 10 个州通过这个单一平台提供大量数据集，该网站的营运由联邦与部分州、地方政府负责。德国开放政府数据门户网站不只发布国内相关数据，而且包括国外相关比较数据，如经济合作与发展组织（OECD）成员国在所有教育领域有关教育机构支出占各国国内生产总值百分比、OECD 国家在不同教育领域有关教育机构支出占各国国内生产总值百分比等。截至 2017 年 10 月，该网站已有 20 781 个数据集，涵盖 13 个德国公共部门，主要包括 14 个数据集分类，分别为：人口，教育与科学，地理学、地质学和地理空间数据，法律与正义，健康，基础设施、建筑和生活，文化、休闲、体育和旅游，公共行政、预算和税收，政治与选举，社会，运输，环境与气候，消费者保护，经济与工作等。

9.4.6　日本政府开放数据行动

与美国、英国等国家相比，亚洲国家在政治、法律等层面的文化相对保守，再加上第二次世界大战的经验教训，使得日本对开放政府数据持怀疑态度，导致其开放政府数据的进程比较缓慢。真正开始推进日本开放政府数据的事件是 2011 年 3 月发生的大地震，这次地震给日本在救援以及灾后重建等方面带来了巨大困难，促使日本开始重视数据，并认识到数据流通和利用的重要性。

日本推动开放政府数据的政策，可追溯至 2010 年 5 月信息通信技术战略本部（IT 战略本部）所发布的《新信息通信技术战略》，其旨在促进执政透明化、鼓励公民参与公共政策决策，其核心在于创造以公民为中心的电子政府。

2012 年 7 月，IT 战略本部发布《开放政府数据战略》，以公共数据为公民资产以及推动开放政府与促进公共数据利用为主旨，以机器可读为基本方向，主张公私合作的创新，提供多元价值的公共服务，并在经济、行政效率层面，希望通过开放政府数据来加速整体经济及政府的行政效率。该文件提出创建开放数据使用案例及改善开放数据利用环境的实施策略，并以电子政府的开放数据官员会议来推广系统的开发。2013 年 6 月，安倍内阁正式发布《世界最先进的 IT 国家宣言》，并于 2016 年 5 月 20 日发布修订版，该宣言以世界最高水平的广泛运用信息技术的社会作为国家未来十年目标，阐述 2013 年至 2020 年期间以发展开放政府数据和大数据为核心的日本新 IT 国家战略。该报告强调，通过政府所持有的公共数据与其他数据（如地理空间数据、采购数据、消费者数据等），鼓励各界利用开放数据与大数据，搭配其他存在于社会和市场中的大数据进行对接与再利用。

为落实政府数据开放的应用，日本 IT 战略本部在《开放政府数据战略》所制定的基本方向的基础上于 2013 年 6 月发布《开放数据推动发展蓝图》。该报告强调推动开放数据的重要性在于，发展处理和利用大数据的技术，以及利用公共数据形成新的服务。在推动公共数据时，应当注意数据再利用的规则，包括采用机器可读格式以及考虑以营利为目的的利用。在推动过程中，该报告也发现了一些有待解决的议题并提出相应对策，这些议题包括：数据再利用、数据结构与文件格式、开放数据平台的发展、公共数据范围的扩展以及普及、启发与评价。

日本政府以各种计划与试行的方式推动开放数据。2009 年 3 月启动开放政府项目。2010 年 9 月，databox 计划对统计数据、开放数据与 API 等进行研究。2010 年 7 月，日本经济产业省创建开放政府实验室，它是一个实验性网站，先使用 databox 的数据来进行开放，并在开放数据方面为政府部门提供相关建议与咨询，成为政府数据汇集、政策宣传推广和产业合作的平台。2010 年 10 月，日本启动 ideabox 计划，旨在邀请各界针对开放数据进行讨论。2013 年 1 月，日本开放数据 METI 网站上线。2013 年 12 月 20 日，日本上线了政府数据开放平台 Beta 版。2014 年，日本进一步完成开放数据网站，开放包括人口统计、地理统计、灾害防治、政府程序等各方面数据，让民众可基于政府开放数据来进行创新应用。该平台作为中央政府、地方政府、独立行政机关或受委托提供公共服务的企业或组织所持有或所有的政府数据目录，为用户提供可以再利用的公共数据的查找与下载。

9.4.7 澳大利亚政府开放数据行动

澳大利亚政府积极推进政府数据开放，目前已经制定了多部有关政府数据开放的法规，并通过建设政府数据开放平台，努力扩大政府数据资产利用的社会影响。

澳大利亚于 2010 年出台了《开放政府宣言》，强调公众获取政府数据的权利，要求政府相关职能部门通过创新使政府数据更易于存取和使用，营造数据开放的文化环境。2011 年，澳大利亚信息委员会办公室制定了更为详细的政府信息开放方案，发布了《开放公共部门信息原则》，其核心要旨是：① 信息的默认状态应该是可以开放存取的；② 增强在线与公众的交流；③ 将政府信息作为核心战略资产进行管理，实现高效的信息治理；④ 确保信息被公众及时查找与方便利用；⑤ 明确公众对信息的再利用权利。

政府数据开放平台是促进政府数据开放利用的重要窗口，目前，澳大利亚的政府数据开放门户网站将数据按照主题分成商业、交通等 30 个类别，按区域细分为澳大利亚联邦、昆士兰、南澳大利亚等 9 个地区。在元数据标准上，该平台在都柏林核心元数据标准的基础上，制定了澳大利亚政府定位服务元数据标准。该标准将政府数据元数据集分为六大类并与其他模式进行映射，涵盖了丰富的属性及相关子属性，能够描述更多类别的资源，有利于跨组织、跨平台、跨类型的数据描述与共享。为提升政府数据被发现和被利用的效率，该平台提供了较为完善的检索功能，包括浏览式检索和关键词检索。检索结果包括每条数据的名称、来源机构、类目和格式，并为机构和类目设置了相应的链接，可以扩展显示整个机构或类目的数据集。

9.5 国内政府开放数据

政府数据资源是体量大、集中度高、辐射范围广、与社会公众关联紧密、开发利用价值高、集聚带动效应明显的大数据资源。推进落实政府数据开放建设工程，逐步实现政府数据向社会开放，是建立健全数据驱动型增长新模式，推动经济社会全面发展，促进治理能力现代化的重要抓手。在我国政府职能转变和产业转型发展的背景下，在《中华人民共和国政府信息公开条例》的基础上，面对大数据时代社会公众对政府数据的强烈需求，我国政府正在逐步从日趋成熟的"政府信息公开"向蹒跚起步的"政府数据开放"探索前进。

9.5.1　概述

2015 年两会上，时任国务院总理李克强指出，政府掌握的数据要公开，除依法涉密的之外，数据要尽最大可能地公开，以便于云计算企业为社会服务，也为政府决策、监管服务。随后，国务院办公厅印发《2015 年政府信息公开工作要点》，要求政府数据全面公开。这些都表明，大数据时代政府数据开放是时代发展的新要求。

大数据被看作是信息化时代的"石油"。政府是数据最大的生产者和拥有者，政府数据约占整个社会数据的 80% 以上，通过开放数据来挖掘数据价值的思维和应用已经逐渐渗透到国家治理的范畴内。在全面深化改革的过程中，我们面临着政策不透明、信息不对称、资源不均衡、财富不平均、机会不均等诸多问题，这些问题导致了政府公信力减弱，社会信用缺失，人们幸福感下降。开放数据，是治理这些问题的一剂良药。

由于政府数据开放十分有限，部门之间的数据保密与数据隔阂，不仅制约了政府协同治理水平的提升，也限制了公众参与国家治理的程度。在现有体制下，一些政府部门因自身利益扩张，故意隐瞒或删改数据，掩饰公共利益部门化的弊端。一些地方政府利用数据不开放的机制弊端，虚报反映政绩的数据如 GDP、工业产值、财政收入等，甚至故意瞒报数据如常住人口、事故死亡人数等，造成人均数据虚高的假政绩。政府数据开放度不高，数据加工失真，也影响了学术界经济社会研究成果的实用价值，阻碍了基于大数据分析的智库建设。通过开放决策过程数据，可以提高政府的公信力。通过开放商业数据，可以驱动经济转型。通过开放各类奖惩信息，可以提高社会信用。通过开放社会统计基础数据，可以促进社会发展科学化。政府开放数据对国家治理理念、治理范式、治理内容、治理手段等都能产生积极的影响。然而，与发达国家政府开放数据、挖掘数据资源能力相比，我国还存在很多瓶颈，对政府开放数据的担忧、对政府开放数据路径的茫然，严重制约着我们跟上数据时代的步伐，需要尽快研究并提出对策。

9.5.2　我国政府数据开放制度体系

我国的政府数据开放制度建设起步相对较晚。2015 年《促进大数据发展行动纲要》颁布实施，政府数据开放上升为国家

微视频

9-7
我国政府数据开放制度体系

战略。地方立法层面，贵州作为地方政府数据开放重镇先行先试，《贵州省大数据发展应用促进条例》《贵阳市政府数据共享开放条例》和《贵阳市大数据安全管理条例》已先后实施，为国家层面的修法立法提供了重要参考。

法规条例是制度的重要反映和体现。目前，我国以《中华人民共和国政府信息公开条例》（以下简称《政府信息公开条例》）和《促进大数据发展行动纲要》等一系列国家政策文件为核心，围绕建设政府数据开放监督制度、行为制度、保障制度和内容制度，共同构建并形成了我国政府数据开放制度体系，如图 9-4 所示。

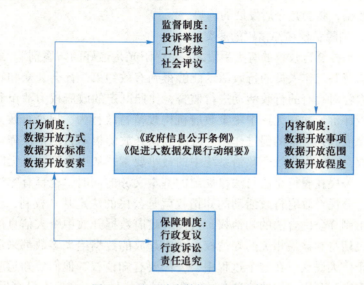

图 9-4　我国政府数据开放制度体系

由图 9-4 可知，我国政府数据开放监督制度包括投诉举报、工作考核和社会评议等内容，行为制度由政府数据开放方式、标准以及要素等内容构成，保障制度含行政复议、行政诉讼和责任追究等措施，内容制度涵盖政府数据开放的事项、范围以及程度等各个方面。我国开放政府数据的主题思想是，政府机关在政府数据开放的过程中，必须依法严格按照条例规定对需要开放的信息进行开放，不得编造政府数据，不得以各种理由拒绝、拖延政府数据开放，对于不开放政府数据或违法违规开放政府数据的单位，一经查实，必将受到司法部门的追责与制裁。《政府信息公开条例》中详细界定了政府数据开放的范围、方式和程序，以及政府数据开放的监督和保障机制。

9.5.3　当前数据开放存在的主要问题

1. 数据开放存在安全性问题

现有的政府数据开放平台，不管是国外的还是国内的，都是基于传统方法来存储数据，将数据以文件存储、将相关信息以数据库存储，这种方式虽然简单方便，但是安全性极差，极易被黑客或别有用心的不法分子利用和篡改。另外，现有的政府数据开放平台的数据都是免费的数据，政府对于开放平台的管理还处于起步阶段，对于数据的流通还没有明确的法律法规。目前，中国进入了经济发

微视频

9-8
当前数据开放存在的主要问题（一）

展的新阶段，大数据作为经济增长的新动力、政府科学决策的新方法，迫切需要探索一种新的政府大数据管理和使用模式，制定一定的规范，使政府大数据既可以方便群众、构建一个更高效更透明的政府，又可以创造一定的价值和收益，带来一定的经济效益，进而不断推动政府开放更多更有价值的数据出来。

数据作为一种资源和资产，只有共享才能发挥出它的潜在价值。当前由政府主导的政府数据开放平台的运行，仍处于不成熟的阶段，很多有价值的数据都还没有开放，主要原因在于政府对于数据开放后数据安全的考虑。因此，如何能在确保数据安全的前提下，开放更多更有价值的政府数据，将会是今后发展的趋势。

2. 数据开放面临隐私权和知情权的冲突

政府数据开放是控制行政权的有力手段之一，"阳光是最好的防腐剂"。通过推行政府数据开放，政府机构及其工作人员的行政活动能够得到有效约束。社会公众和媒体舆论将通过比对数据开放的内容对政府的行政活动进行监督，比照既定的政府权力清单和义务清单对政府的施政业绩给予评价，这在无形中鞭策政府机构规范行政行为、提高行政效率，也对发展和完善民主政治制度起到一定的促进作用。政府数据开放的根本目的是保障社会公众对政府行政活动的知情权，公民作为社会政治系统中的最小要素，从出生到死亡无时无刻不与政府行政活动打交道。公民在履行宪法与法律规定的基本义务的同时，也享有宪法与法律赋予的政治权利与自由。公民对政府行政活动的知情权就是公民的法定基本权利，任何人、任何机构不得以任何理由剥夺公民合法的知情权，公民对政府数据开放中个人信息的收集和使用的知情，就是与公民切身利益最相关的知情权。政府开放的数据绝大多数都来源于公民的个人信息，又要服务于广大民众。在这个过程中，公民要有知情权，他们要知道政府是否利用了他们的信息，政府究竟利用他们的信息在做什么，是怎样做的，政府有没有侵犯他们的隐私，政府的这些做法到底产生了什么样的社会效益。但是，目前政府对公民隐私的侵犯时有发生，其具体表现形式是对公民知悉权、支配权、修改权、保障权和救济权这几种隐私权利的侵犯。

（1）知悉权是隐私权利人具有的依法了解自身信息资料是否被行政主体利用的权利，在这种政府主导的数据开放体制下，公民难以知道自己的隐私信息有没有被行政主体利用，更难以确定自己的隐私信息有没有被泄露。

（2）支配权是隐私权利人的基本权利之一，隐私权利人对自己的个人信息的收集、储存、传播、使用、开放等享有支配权。值得注意的是，由于政府数据开放的内容来源于个人信息，个人信息数据在很多情况下都是以服从政府数据开放为由，或以服务于公共利益为由，在不征求公民个人同意的情况下直接向社会传播和开放，这在一定程度上侵犯了公民的隐私权。

（3）修改权是指公民发现有行政部门将个人的信息记载有误时，有权要求主管部门对行为事实进行调查、复议并及时对有误的个人信息修改更正。在政府数据开放中，政府数据开放涉及的信息资料数量多、内容杂，政府工作人员普遍任务重、压力大，再加上政府工作人员队伍素质参差不齐，业务操作不规范，难免会发生政府数据开放中涉及公民个人的信息资料记载有误，或政府提供的信息资料与个人实际情况不符的情况，甚至会有扭曲公民本人实际情况等影响本人切身利益且对公民造成实质性伤害的事件发生。

（4）保障权是指公民有权要求政府在数据开放的过程中保障涉及其个人隐私的信息资料不被开放、不被滥用和不被泄露。受传统行政观念和责任意识淡薄的影响，部分政府工作人员在政府数据开放过程中无视公民的隐私权，对于涉及公民隐私的信息不加处理，直接将其纳入政府数据开放的内容中，导致公民的隐私信息不知不觉地"被开放"。

（5）救济权是公民在自身的合法权益受到侵害时，按照法定程序采取法律手段维护自身权益的权利。救济权是隐私权保护的最后一道关卡，也是隐私权的捍卫之盾。目前，当公民因隐私受到侵害而向行政主体上级部门提请行政复议时，有些行政主体机关常以各种理由和借口推脱、拒绝，要么以公民所提供的证据不足为由，要求公民掌握充足的侵权证据以后再去申诉，要么以不在自己管辖和权限范围内为由，相互推诿、拖延时间，这在一定程度上给公民的救济权实现带来了严重阻碍和困扰。

3. 政策与立法滞后

首先，国家层面数据开放共享政策滞后。目前，美国政府已经构建了由五大政策领域组成的政策系统，包括权利保障、数据收集、数据发布、数据质量、隐私安全等。在这一政策系统内，政策与政策之间具备较强的协同效应，形成了"安全开放"的数据开放政策体系。与美国相比，我国在数据开放共享政策体系方面则处于起步阶段，在部门、地方、国家三个层面的政策缺少协同发展的有效机制。在国家层面上，我国缺乏顶层设计，数据开放共享政策比较缺乏。到目前为止，在已经出台的数据开放政策中，有80%都是属于地方及政府部门的政策，国家层面的政策仅占20%。而且，在国家层面的政策中，大多数都集中在对政府数据开放的解释及开放过程中的处理意见，而不是规划性强、具有较好前瞻性的政策，这就直接影响了政府数据开放的进程。

其次，缺乏完善的法律保障体系。目前，国家层面的政府数据开放基本法仍然比较缺乏，法规单一且分散，现行法律法规中，也没有对政府数据开放信息质量与信息共享做出明确的规定。贵州省作为全国大数据产业发展的先行先试者，在政府数据开放的地方性法律法规方面，做出了有益的尝试和探索。2017年4月，贵州省发布了《贵阳市政府数据共享开放条例》，这是我国第一部地方性政府数据开放法规。该条例使得贵阳市在数据开放、数据使用、数据采集汇聚、数据共享等方面实现有法可依，为国内其他地方政府起到了引领和示范的作用。

4. 缺乏统一的数据管理机构，各自为政

迄今为止，全国至少共有20个省、市、区建立了23家大数据管理机构。虽然我国各地先后成立了数据管理机构，但是条块分割问题严重，中央未建立统一的组织机构进行管理，缺乏统一调度和规划。省、市、区级数据管理机构缺乏有效的协调管理机制，导致在实现数据管理跨部门、跨地区整体协同推进方面出现诸多困难。目前，国内大数据管理机构大多数隶属于各省市经济和信息化委员会或工业和信息化厅（如广东省大数据管理局，成都市大数据管理局），不由中央统一机构进行增设，且大数据管理局内设电子政务办公室、数据资源处、人才处、信息化推进处等部门。部门与部门之间存在信息不对称、利益冲突、缺乏交流合作等问题。部分地区到目前为止尚未设立专门的大数据管理机构，而是由经信部门负责管理。例如，处于政府数据开放综合开放水平领头羊位置的上海市，直接由上海市政府办公厅、上海市经信办牵头建设上海市政府数据服务网。由于缺乏中央统一机构的协调，导致目前国内存在着数据管理机构各自为政、管理混乱的局面。

5. 数据利用价值低，难回应公民需求

首先，各地方平台开放格式数据集及应用接口数量少，数据利用价值低。在2017数博会中国地方政府数据开放指数发布暨交流论坛上，由复旦大学和提升政府治理能力大数据应用技术国家工程实验室，联合发布了《2017中国地方政府数据开放平台报告》（以下简称《报告》），公布了中国"开放数林指数"，上海和贵阳获"树开叶茂大奖"，在政府数据开放方面进入"全国第一梯队"，其次是青岛、北京、东莞、武汉、佛山等地，这些城市是我国地方政府数据开放的引领者。根据《报告》统计，如图9-5所示，在评估的19个各级地方政府数据开放平台中，其中武汉开放有效数据集总量最多，领先于其他城市。上海、贵阳开放的有效数据集都超过了1 000个。但是，这些开放的数据集中，能真正符合完整的、原始的、可机读的、非专属的、以接口形式提供等开放数据标准的数据集仍然偏少。不符合标准要求的数据集比比皆是，或为加工归总后的统计报表，或为非结构化的、不可机读的文本内容，或为拆分后或未整合的单行数据，甚至还有的数据集名称下面不存在可获取的数据集。这些数据集无法被利用，更不可能产生价值，将会使数据开放最终流于形式，使得数据利用价值无法得到充分发挥。

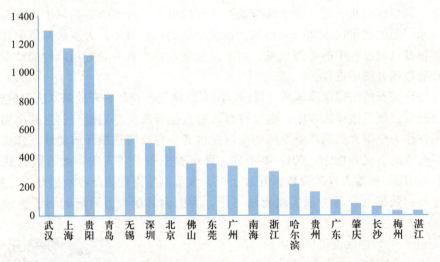

图9-5　各地平台上开放的数据集总量

其次，数据更新频率慢，难以回应公民的需求。《报告》对各地平台开放的数据集所承诺的更新频率进行了分析，其中，不更新、不定期更新、每年或每半年更新的数据集，被视为相对静态数据，每季度、每月、每周、每日与实时更新的数据集，被视为相对动态数据。据《报告》统计结果显示，我国约77%的数据集为相对静态数据，约23%的数据集为相对动态数据。在相对静态数据中，按年更新的数据占了59%，不定期更新数据占13%。承诺按日更新比例最高的地方分别为广州、佛山，其次是浙江、青岛、上海等地，多数平台上的数据仍然以承诺按年或者不定期更新为主。还有一些地方平台没有更新任何数据集，处于僵尸状态，数据更新频率慢，难以及时回应公民的数据需求。

再次，数据开放领域不全面，难以全面满足公民需求。开放各个领域的数据集有利于提高数据的广度和覆盖面，有利于数据利用者充分获取和融合来自多个领域的数据，进行深度

的挖掘利用。现在各地方开放平台开放的领域主要集中在财政税收、交通服务、贸易物流、文体娱乐、医疗健康、教育科技、社会民生、生态农业等 14 个领域。贸易物流、社会民生、医疗健康领域开放数据集较多，生态农业、财政税收等开放数据集偏少。就全国而言，北京市政府数据开放平台开放领域最广，涉及 13 个领域，而大部分地方平台开放的数据领域范围小，涉及领域不到 8 个。

6. 平台功能不健全，缺乏人才支撑

首先，数据开放平台起步较晚，功能不健全。目前，我国政府数据开放平台的建设仍然处于起步阶段，很多数据开放平台的功能还不够完善。我国政府数据开放平台主要为分类、检索、应用程序上传与下载、交流互动、建议反馈等功能。很多平台没有构建起高效的分类和检索功能，致使用户在平台上寻找数据时存在诸多困难，需要花费大量时间精力查找自己想要的数据，因而阻碍了数据价值的发挥。另外，由于缺乏国家层面的统一数据开放平台，导致各地方政府自行建设、各自为政、整合困难。

其次，开放平台缺乏技术与人才支撑。政府数据开放平台的运营离不开科学技术和复合型人才的强有力支撑，但是，现状是我国在数据处理技术、平台建设技术等方面缺少技术积累，能够熟悉数据采集、数据清洗、数据处理、统计分析、数据可视化、数据安全等技术知识的大数据复合型人才，仍然比较匮乏。大数据作为一种新兴的事物，世界各国都在争先恐后投入大量的财政资源进行数据领域的技术研究与人才培养，但专业人才短缺成为全球数据开放国家面临的一个共性问题，同时也是我国政府数据开放中的难题之一。科学技术和人才短缺的问题得不到解决，政府数据开放就难以摆脱现状、有所发展。

7. 基础数据库运行缺乏整体协同

基础数据库为政府数据开放系统运行提供了强有力保障，它能提供海量的原始数据和实现资源的有效整合，为政府各部门数据资源共享和利用开发奠定了坚实的基础。我国基础数据库主要由基础信息库、单位基础信息库、宏观经济信息数据库、自然资源空间和地理基础信息数据库四个子系统构成。目前，我国基础数据库缺乏整体规划，子系统之间缺乏协同机制，数据之间缺少互通互联，基本处于"数据孤岛"状态。在四个子系统中，四个基础数据库发展长期存在相对不平衡的问题，除了自然资源空间和地理基础信息数据库基本建成外，其他三个数据库的建设进展一直比较缓慢，主要原因在于信息收集难、建设难度大、涉及多方利益分配等，这种发展不平衡成为基础数据库整体协同的重要制约因素。

9.5.4　各地政府数据开放实践

目前，我国各地政府数据开放进程都已起步。从地区来看，已有十余个省市依托各自的数据开放平台或专门网站开放了一批数据。如北京、上海、浙江、福建、贵州等试点地区，以及佛山、青岛、武汉、长沙等地区。截至 2018 年 1 月中旬，北京市数据开放平台已开放 42 个政务部门 18 个领域的 748 个数据集，上海市已开放 42 个政务部门 12 个领域的 1 564 个数据集，浙江省已经开放 39 个政府部门 8 个领域的 292 个数据集，贵州省已开放 58 个部门 13 个领域的 470 个数据集，福建省数据开放平台对既有开放数据和数据查询网站进行了整合。

2018 年 5 月 27 日，复旦大学联合提升政府治理能力大数据应用技术国家工程实验室、国

家信息中心数字中国研究院发布了《2018 中国地方政府数据开放报告》暨"中国开放数林"指数，如图 9-6 所示，对我国 46 个省级、副省级和地市级政府的数据开放情况进行了评估，上海市和贵阳市分别在省级和地市级（含副省级）指数排名中名列第一。

地方	数据层指数	数据层排名	平台层指数	平台层排名	准备度指数	准备度排名	开放数林指数	总排名
上海	59.50	1	54.30	2	69.76	1	60.76	1
贵州	55.35	2	54.30	2	68.86	2	58.47	2
山东	40.10	5	58.90	1	59.20	3	49.57	3
广东	44.26	3	42.60	6	45.50	6	44.16	4
北京	41.56	4	43.90	5	43.88	7	42.73	5
江西	28.71	6	39.40	7	47.00	5	35.95	6
浙江	27.57	7	23.80	8	57.44	4	34.09	7
宁夏	22.89	8	44.10	4	25.00	8	28.72	8

图 9-6 "中国开放数林"指数

1. 北京市政府数据开放实践

在我国，政府数据获取渠道主要有两种，分别是公众在政府网站申请和政府部门主动公开。北京市政府公开的数据主要发布在各政府部门官网、政府主导建设的对公众开放的数据库以及政府数据开放门户网站（北京市政务数据资源网）上。北

京市政务数据资源网由北京市经济和信息化委员会牵头建设，北京市各政务部门共同参与，于 2012 年 10 月开始试运行，提供北京市政务部门可开放的各类数据的下载与服务。

目前网站提供 15 款应用，主要针对安卓系统手机。关注程度最高的是关于路况查询和预测的应用，其次为食品安全相关应用、中小学对应学区房相关应用以及博物馆导览应用。网站还提供地图、搜索、公交服务、导航服务四个开放 API 以促进公众对地理信息在线服务的二次开发利用。

2. 上海政府数据开放实践

上海在国内率先启动了各政府部门向社会开放政府数据资源。上海市政府数据开放走在全国的前列。2011 年，上海市启动了《加快政府部门公共信息资源向社会开放，促进信息服务业发展》专题调研，市公安局、市工商局、市交通委等 9 家单位参与试点，建设了国内首个"上海政府数据服务网（一期）"。市民可以上网下载 9 家试点单位 212 项数据产品、30 项数据应用，涵盖地理位置、道路交通、公共服务、经济统计、资格资质和行政管理 6 大领域。其中，高德地图从中寻得商机，依据政府发布的道路交通数据库，开发了一系列市民出行的"手机向导"服务。经过几年的实践，上海市政府开放数据的实践又有新的发展。到 2014 年，涉及 28 个市级政府部门的 190 项数据内容已全库公开，涵盖公共安全、公共服务、交通服务、教育科技、健康卫生、文化娱乐等 11 个领域。这些数据经过国家安全、商业机密和个人隐私的审核，用户可以对数据进行预览，先行了解数据文件中所含的数据字段和样例，同时，为了跟踪开放数据的使用情况，为下一步数据的开放提供经验，用户需要注册后才可以下载利用。

我国"十四五"规划对政府数据资源的流通提出了新的要求，指出要"开展政府数据授权运营试点，鼓励第三方深化对公共数据的挖掘利用"，即通过一定方式授权给特定主体进行市场化运营，进一步带动市场活力。现阶段，国内各地政府均在积极推行管运分离的数据授权运营模式。2021 年 9 月发布的《上海市数据条例》研究创设公共数据授权运营机制，参照公共资源特许经营的模式，由市政府办公厅采用竞争方式确定被授权运营主体，授权其在一定期限和范围内以市场化方式运营公共数据，提供数据产品、数据服务并获得收益。

上海市政府开放数据体现以下几个特点。

（1）开放内容扩大。到 2014 年，政府数据开放内容进一步扩大，全面开放地理位置类数据资源，包括公共事务服务机构、各类功能园区、便民服务场所、文化场馆等的名称、地点、服务内容、服务时间等信息；市场监管类数据也成为开放重点。此外，还重点推进了交通数据资源的开放，包括掘路占路、封路、公路实时交通、停车场等数据资源。

（2）查询更为便捷。与传统的社会信息公开不同，开放政府数据资源不再是政府部门在网站上各自公开，公众查询不再需要"跑遍互联网"，而是汇总在统一的政府数据网上。公众查询到的信息不再只是一张信息列表，而是几乎与政府机构同等使用权限的整个数据库，不仅可查、可看，还可以自行下载使用，从中挖掘商机开发各种信息服务产品。

（3）新增互动平台。作为国内首个政府数据服务网，上海政府数据服务网已经具备数据查询、浏览、下载等功能，最近，将重点建设政府移动 APP 门户，开展整合跨部门的数据分析服务等。同时，新增政府与公众的互动功能，一方面，公众可以评价政府开放的各类数据和应用服务。另一方面，也可以在线提出政府数据资源需求，直接与各职能部门互动。

3. 贵州省政府的数据开放探索和创新

2014 年，贵州省宣布"云上贵州"系统平台正式上线。作为贵州大数据产业发展的重要基础设施，这一系统平台将为贵州省电子政务云、工业云、智能交通云等"7N"云工程提供云服务，将来贵州还有可能像供电一样向全国提供云计算、
云存储和宽带资源等服务。贵州也由此成为国内首个基于云计算建成省级数据统一管理、支持共享平台的省份。贵州省政府开放数据的创新之处突出表现在以下两个方面。

（1）多方参与，依托大数据产业共同打造政府云平台。2014 年 4 月，贵州省政府与阿里巴巴集团签署了《云计算和大数据战略框架合作协议》，其中包括贵州省利用阿里云的技术建设"云上贵州"系统平台。这一平台在 2014 年 10 月中旬上线，为贵州省电子政务云、工业云、智能交通云、食品安全云、智慧旅游云、环保云、电子商务云、北斗位置云等"7N"云工程提供云服务。

（2）给政府数据"脱敏"。政府掌握着最基本的数据，单一的企业掌握的数据远远比不上政府掌握的数据，如果政府不主动，数据开放的事情就不可能成功。在全国还在讨论政府数据开放之际，贵州省已经打开了政府数据开放的大门。然而，政府哪些数据公开、哪些数据不公开、公开到什么程度，是针对一家企业还是对所有企业公开，都在探索当中。贵州省七大部门培育的七家企业成为探索政府数据开放的先锋。他们在搭建并运营行业应用的过程中，不断拓展政府数据开放的边界。除了向上述 7 家企业开放政府数据，贵州省政府还承诺向参加大数据商业模式比赛的团队开放部分数据。在大赛官网上，贵州省政府公布了交通、旅游、工业、环保、食品安全、商务等 7 大部门梳理的数据目录，并公布了每项目录的数据提要。

4. 深圳市政府数据开放实践

2016 年 11 月，深圳市政府数据开放平台、深圳市统一移动互联网惠民服务平台正式发布，如图 9-7 所示。据介绍，深圳市政府数据开放平台为公众打造统一的开放数据访问门户，集中、免费开放政府数据资源。目前，平台已在道路交通、城市建设、公共安全、经济建设等 12 个领域向社会开放数据，涉及 550 项数据集、450 万条数据，提供数据浏览、查询、下载及 API 调用等服务。另外，通过市统一移动互联网惠民服务平台，市民在手机上可享受社保、公积金、水、电、气等民生领域信息查询、订阅服务，也可进行政府各部门公共服务事项的网上预约、在线办事、结果查询等一站式管理。

图 9-7 深圳市政府数据开放平台

5. 厦门市政府数据开放实践

厦门市不断夯实智慧城市建设基础，持续构建政务数据共享开放体系，依托重点项目致力提升公共服务水平，取得了显著成效，并获得"中国十大智慧城市""2017 中国智慧城市示范城市"等荣誉称号。厦门建设了"i 厦门"一站式惠民服务平台，如图 9-8 所示，各部门只需将已开发的应用软件直接部署在平台上，省钱又省力。"i 厦门"平台对接了 14 个政府部门的 50 多个业务应用，提供政务、生活、健康、教育、文化、交通、社保等 452 项在线惠民服务。业务流程在台前的顺畅，则来自于幕后推动部门数据共享和协同应用的努力。厦门市建成了城市基础数据库群，并搭建起全市跨部门、跨层级的信息共享、数据同步、业务协同的完整体系，此举不仅促进了政务部门的资源共享，也提供基础数据支撑政府向公众开放信息。

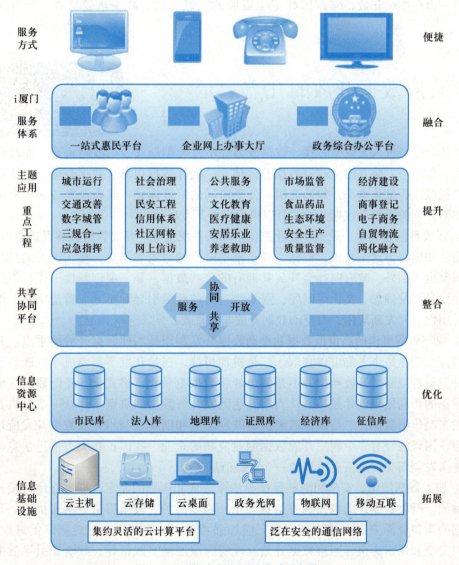

图 9-8　厦门市服务型政府建设架构

目前厦门城市基础数据库群中，**市民基础数据库**汇聚共 25 大类与市民相关的业务数据，覆盖全市 100% 人口，为 33 个部门、多个业务领域提供数据共享服务；**法人基础数据库**汇聚

10大类与法人相关的业务数据，覆盖全市100%企业，为31个部门、多个业务领域提供服务；空间数据库汇聚各类地图图层175个，为25个部门、多个业务领域提供服务；电子证照共享库共登记40个部门，为网上审批提供支撑。互联互通的大数据平台，为城市管理和政务服务架起了"高速公路"，亦有效节约了社会资源。在市民基础数据库的基础上，厦门率先建成了国内第一个基于健康档案的区域医疗卫生信息服务平台——厦门市民健康信息系统，为厦门市95%以上的常住人口建立了全方位、全周期的终身电子健康档案。医生可以直接从网上调看，避免患者转院时重复检查。这份电子健康档案不仅用于患者治疗用药提醒、检验检查结果共享等，也向市民开放，实现医疗卫生资源的互联互通，减少重复检查，节省医疗费用支出。

9.6　政府数据开放的几点启示

人类社会已经进入大数据时代，数据成为经济社会创新发展的战略资源，而政府是数据的最大拥有者之一，建立健全政府数据开放体系，消除数据孤岛、数据割据，激活数据创新应用，增强城市智慧化水平，塑造透明、公平协同的治理体系，成为世界各国政府的战略选择。总体而言，关于政府数据开放，可以得出以下几点启示。

（1）开放数据是技术、政策、文化三位一体的系统工程。开放数据能够促进政府的高效、透明、廉洁和创新，这是共识，但是，真正推动政府的透明和问责，存在很大的挑战，英美等发达国家也不例外。政府向社会开放其拥有的公共数据，是一项创新性工作，不仅涉及技术问题，而且涉及理念、文化等问题，需要强有力的政策引导和推动。营造文化、增强数据质量和可用性、开发新应用，对推动数据开放非常重要。

（2）发布机器可读的高价值数据和推动数据开发利用是当前数据开放的重点。开放数据有四大特征，一是每个人都可以获取，二是机器可读，三是获取不需要成本，四是对数据再使用和分发没有限制。开放数据并不是简单地将数据电子化、格式化，降低数据获取的难度和提高数据的再利用程度才是核心。当前发达国家开放数据的重点工作：一是以机器可读方式优先发布高价值数据；二是采取激励措施鼓励企业和创新者利用开放数据开发应用，发展数据产业，国外已经有多个利用开放数据创业成功的企业。我国正在大力推进信息消费，政府数据是激发创新和促进信息消费的一个重要信息来源。

（3）加大数据使用、安全和隐私保护等法律法规和规则的制定，以更好地迎接开放数据带来的挑战。开放数据运动也面临着信息安全、隐私保护、数据质量等诸多挑战。政府作为开放数据的重要资源来源和规则制定者，应加强相关立法，积极制定规则以促进数据开放，而不是以安全和保密为由，回避数据开放。政府应该加强实践指导，鼓励和引导数据的开放和开发利用。

（4）推进数据开放过程中应该注重政府和民间的合作。国外开放数据的成功案例表明，在推进政府数据开放过程中，应注重政府和企业、非营利组织的广泛合作。民间组织和结构对于推进数据的开发和再利用、促进创新和应用，能发挥重要的作用。

9.7　本章小结

政府数据开放已经成为世界各国政府的普遍共识。本章首先讨论了政府开放数据的理论基础，包括数据资产理论、数据权理论和开放政府理论，然后，介绍了政府信息公开与政府数据开放的联系与区别，并指出了政府数据开放的重要意义，包括有利于促进开放透明政府的形成、有利于创新创业和经济增长、有利于社会治理创新。在世界各国政府数据开放经验方面，简要介绍了欧盟、美国、英国、德国和日本等国的数据开放国家行动计划。在国内政府数据开放方面，讨论了我国政府数据开放制度体系和当前数据开放存在的主要问题，并以上海、贵州、深圳、厦门等为案例介绍了地方政府的数据开放实践。

9.8　习题

1. 请阐述政府开放数据的理论基础。
2. 请阐述政府信息公开与政府数据开放的联系与区别。
3. 请阐述政府数据开放的重要意义。
4. 请阐述八国集团的 G8 数据开放原则的具体含义。
5. 请阐述美国在政府数据开放方面的具体做法。
6. 请阐述英国在政府数据开放方面的具体做法。
7. 请阐述德国在政府数据开放方面的具体做法。
8. 请阐述日本在政府数据开放方面的具体做法。
9. 请阐述我国政府数据开放制度体系。
10. 请阐述厦门在政府数据开放方面的具体做法。

第 10 章
大数据交易

数据是继土地、劳动力资本和技术之后的第 5 种生产要素。随着云计算和大数据的快速发展，全球掀起了新的大数据产业浪潮，人类正从信息技术（IT）时代迅速向数据技术（DT）时代迈进，数据资源的价值也进一步得到提升。数据的流动和共享是大数据产业发展的基础，大数据交易作为一种以大数据为交易标的的商事交换行为，能够提升大数据的流通率，增加大数据价值。随着大数据产业的快速发展，大数据交易市场成为一个快速崛起的新兴市场，与此同时，随着数据的资源价值逐渐得到认可，数据交易的市场需求不断增加。

本章首先介绍了大数据交易的发展现状，然后讨论了大数据交易平台，包括交易平台的类型、数据来源、产品类型、平台所涉及的主要领域、交易规则、运营模式以及代表性的大数据交易平台，最后讨论了大数据交易在发展过程中出现的问题，并给出了推进大数据交易发展的对策。

10.1   概述

大数据交易应当是买卖数据的活动，是以货币为交易媒介获取数据这种商品的过程，具有三种特征：一是标的物受到严格的限制，只有经过处理之后的数据才能交易；二是涉及的主体众多，包括数据提供方、数据购买方、数据平台等；三是交易过程烦琐，涉及大数据的多个产业链，如数据源的获取、数据安全的保障、数据的后续利用等。

目前数据交易的形式有以下几种。

（1）大数据交易公司。这一形式又包括两种类型，一类是大数据交易公司主要作为数据提供方向买家出售数据，比如国内的数据堂公司；另一类是为用户直接出售个人数据提供场所的公司，比如美国的 personal. com 公司。

（2）数据交易所。以电子交易为主要形式，面向全国提供数据交易服务。比如贵阳大数据交易所、长江大数据交易中心（武汉）、上海数据交易中心、浙江大数据交易中心等。

（3）API 模式。通过向用户提供接口，允许其对平台的数据进行访问，而不是直接将数据传输给用户。

（4）其他。如中国知网、北大法宝等，通过收取费用向用户提供各种文章、裁判文书等内容，这类主体并非严格意义上的数据交易主体，但是其出售的商品属于现在数据平台所交易的部分数据。

大数据交易是大数据产业生态系统中的重要一环，与大数据交易相关的其他环节包括数据源、大数据硬件层、大数据技术层、大数据应用层、大数据衍生层等，如图 10-1 所示。其中，数据源是数据交易的起点，也是数据交易的基础。大数据硬件层包括了一系列保障大数据产业运行的硬件设备，是数据交易的支撑。大数据技术层为数据交易提供必要的技术手段，包括数据采集、存储管理、处理分析、可视化等。大数据应用层是大数据价值的体现，可以帮助实现数据价值的最大化。大数据衍生层是基于大数据分析和应用而衍生出来的各种新业态，如互联网基金、互联网理财、大数据咨询和大数据金融等。

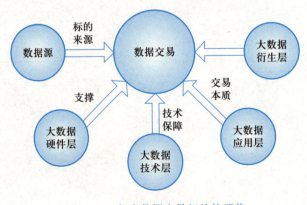

图 10-1   与大数据交易相关的环节

10.2　大数据交易发展现状

微视频

10-2

大数据交易发展现状

　　数据交易由来已久，并不是最近几年才出现的新型交易方式。早期交易的数据主要是个人信息，包括网购类、银行类、医疗类、通信类、考试类、邮递类信息等。进入大数据时代以后，大数据资源愈加丰富，如图 10-2 所示，从电信、金融、社保、房地产、医疗、政务、交通、物流、征信体系等部门，到电力、石化、气象、教育、制造等传统行业，再到电子商务平台、社交网站等，覆盖广泛。庞大的大数据资源为大数据交易的兴起奠定了坚实的基础。此外，在政策层面，我国政府十分重视大数据交易的发展，2015 年国务院出台的《促进大数据发展行动纲要》明确提出要引导培育大数据交易市场，开展面向应用的数据交易市场试点，探索开展大数据衍生品交易，鼓励产业链各环节的市场主体进行数据交换和交易，促进数据资源流通，建立健全大数据交易机制和定价机制，规范交易行为。2021 年 7 月发布的《深圳经济特区数据条例》，肯定了市场主体对合法处理形成的数据产品和服务享有的使用权、收益权和处分权，强调充分发挥数据交易所的积极作用。2021 年 11 月通过的《上海市数据条例》积极探索数据确权问题，明确了数据同时具有人格权益和财产权益双重属性，提出建立数据资产评估、数据生产要素统计核算和数据交易服务体系等。为了促进数据交易的发展，2021年 10 月发布的《广东省公共数据管理办法》在国内首次明确了数据交易的标的，并强调政府应通过数据交易平台加强对数据交易的监管。近年来，在国家及地方政府相关政策的积极推动与扶持下，全国各地陆续设立大数据交易平台，在探索大数据交易进程中取得了良好效果。

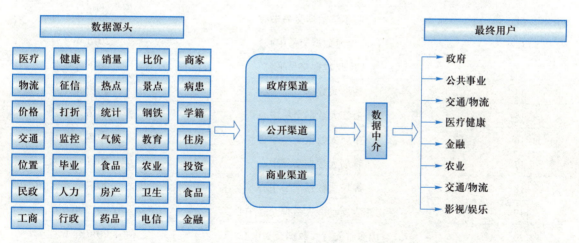

图 10-2　数据市场概貌

　　在相关政策的引导下，2014 年以来，国内不仅出现了数据堂、京东万象、中关村数海、浪潮卓数、聚合数据等一批数据交易平台，各地方政府也成立了混合所有制形式的数据交易机构，包括贵阳大数据交易所、上海数据交易中心、长江大数据交易中心（武汉）、浙江大数据交易中心、北京国际大数据交易所、北部湾大数据交易中心、湖南大数据交易所、北方大数据交易中心等（见表 10-1）。2021 年 7 月，上海数据交易中心携手天津、内蒙古、浙江、安徽、山东等 13 个省（自治区、直辖市）数据交易机构共同成立全国数据交易联盟，共同推动数据要素市场建设和发展，推动更大范围、更深层次的数据定价和数据确权。大数据交易所的繁荣发展，一定程度上也体现出我国大数据行业整体的快速发展。全国其他地区的大数据交易规模增长和变现能力的提升，也呈现出良好的态势。由此可以预见，随着中国大数据交易的进一步发展，大数据产业将成为未来提振中国经济发展的支柱产业，并将持续推动中国从数据大国向数据强国转变。

表 10-1　中国有代表性的大数据交易平台

序　号	名　　称	成立时间
1	中关村数海大数据交易平台	2014 年 1 月
2	北京大数据交易服务平台	2014 年 12 月
3	贵阳大数据交易所	2015 年 4 月
4	武汉长江大数据交易中心	2015 年 7 月
5	武汉东湖大数据交易中心	2015 年 7 月
6	西咸新区大数据交易所	2015 年 8 月
7	重庆大数据交易市场	2015 年 11 月
8	华东江苏大数据交易中心	2015 年 11 月
9	华中大数据交易平台	2015 年 11 月
10	河北京津冀大数据交易中心	2015 年 12 月
11	哈尔滨数据交易中心	2016 年 1 月
12	上海数据交易中心	2016 年 4 月
13	广州数据交易平台	2016 年 6 月
14	钱塘大数据交易中心	2016 年 7 月
15	浙江大数据交易中心	2016 年 9 月
16	中原大数据交易平台	2017 年 2 月
17	青岛大数据交易中心	2017 年 2 月
18	潍坊大数据交易中心	2017 年 4 月
19	山东省新动能大数据交易中心	2017 年 6 月
20	山东省先行大数据交易中心	2017 年 6 月
21	河南平原大数据交易中心	2017 年 11 月
22	吉林省东北亚大数据交易服务中心	2018 年 1 月
23	山西数据交易服务平台	2020 年 7 月
24	北部湾大数据交易中心	2020 年 8 月

续表

序　号	名　称	成立时间
25	北京国际大数据交易所	2021 年 3 月
26	上海数据交易所	2021 年 11 月
27	北方大数据交易中心	2021 年 11 月
28	湖南大数据交易所	2022 年 1 月

伴随着大数据交易组织机构数量的迅猛增加，各大交易机构的服务体系也在不断完善，一些交易机构已经制定大数据交易相关标准及规范，为会员提供完善的数据确权、数据定价、数据交易、结算、交付等服务支撑体系，在很大程度上促进了中国大数据交易从"分散化""无序化"向"平台化""规范化"的转变。

10.3　大数据交易平台

微视频

10-3
交易平台的类型、数据来源和产品类型

大数据交易平台是有效推动大数据流通、充分发挥大数据价值的基础与核心，它使得数据资源可以在不同组织之间流动，从而让单个组织能够获得更多、更全面的数据。这样不仅提高了数据资源的利用效率，也有助于其通过数据分析发现更多的潜在规律，从而对内提高自身的效率，对外促进整个社会的不断进步。

本节介绍交易平台的类型、数据来源、产品类型、涉及的主要领域、交易规则和运营模式，并介绍具有代表性的大数据交易平台。

10.3.1　交易平台的类型

大数据交易平台主要包括综合数据服务平台和第三方数据交易平台两种。综合数据服务平台为用户提供定制化的数据服务，由于需要涉及数据的处理加工，因此，该类型平台的业务相对复杂，国内大数据交易平台大多属于这种类型。而第三方数据交易平台业务则相对简单明确，主要负责对交易过程的监管，通常可以提供数据出售、数据购买、数据供应方查询以及数据需求发布等服务。

此外，从大数据交易平台的建设与运营主体角度而言，目前的大数据交易平台还可以划分为三种类型：政府主导的大数据交易平台、企业以市场需求为导向建立的大数据交易平台、产业联盟性质的大数据交易平台。其中，产业联盟性质的大数据交易平台（例如中关村大数据产业联盟、中国大数据产业联盟、上海大数据产业联盟等），侧重于数据的共享，而不是数据的交易。

10.3.2　交易平台的数据来源

交易数据的来源主要包括政府公开数据、企业内部数据、数据供应方数据、网页爬虫数据等。

（1）政府公开数据。政府数据资源开放共享是世界各国实施大数据发展战略的重要举措。政府作为公共数据的核心生产者和拥有者，汇集了最具挖掘价值的数据资源，加快政府数据开放共享，释放政府数据和机构数据的价值，对大数据交易市场的繁荣将起到重要影响。

（2）企业内部数据。企业在生产经营过程中，积累了海量的数据，包括产品数据、设备数据、研发数据、供应链数据、运营数据、管理数据、销售数据、消费者数据等，这些数据经过处理加工以后，是具有重要商业价值的数据源。

（3）数据供应方数据。该类型的数据一般是由数据供应方在数据交易平台上根据交易平台的规则和流程提供自己所拥有的数据。

（4）网页爬虫数据。通过相关技术手段，从全球范围内的互联网网站爬取的数据。

多种数据来源渠道可以使得交易平台数据更加丰富，同时也增加了数据监管难度。在IT技术飞速发展的时代，信息收集变得更加容易，信息滥用、个人数据倒卖情况屡见不鲜，因此，在数据来源广泛的情况下，更要加强对交易平台的安全监管。

10.3.3　交易平台的产品类型

不同的交易平台会根据自己的目标和定位，提供不同的交易产品类型，用户可以根据自己的个性化需求合理地选择交易平台。交易产品的类型主要有以下几种：API、数据包、云服务、解决方案、数据定制服务以及数据产品。

（1）API。API是应用程序接口，数据供应方对外提供数据访问接口，数据需求方直接通过调用接口来获得所需的数据。

（2）数据包。数据包的数据，既可以是未经处理的原始数据，也可以是经过加工处理以后的数据。

（3）云服务。云服务是在云计算不断发展的背景下产生的，通常通过互联网来提供实时的、动态的资源。

（4）解决方案。在特定的情景下，利用已有的数据，为需求方提供处理问题的方案，例如数据分析报告等。

（5）数据定制服务。在某些情况下，数据需求方的个性化数据需求很可能无法直接得到满足，这时，就可以向交易平台提出自己的明确需求，交易平台围绕需求去采集、处理得到的数据提供给需求方。

（6）数据产品。主要是对数据的应用，例如数据采集的系统、软件等。

10.3.4　交易平台涉及的主要领域

国内外大数据交易平台产品涉及的主要领域包括政府、经济、教育、环境、法律、医疗、人文、地理、交通、通信、人工智能、商业、农业、工业等。了解交易平台产品涉及的主要领域，可以帮助用户根据自己的个性化需求有针对性地选择合适的交易平台。国内外交易平台基本上都涉及多个领域，平台提供的多领域数据，可以较好满足目前广泛存在的用户对跨学科、跨领域数据的需求。

微视频

10-4
交易平台涉及的主要领域、交易规则和运营模式

10. 3. 5　平台的交易规则

平台的交易规则是指交易平台中的用户的行为规范，是安全有效进行交易的保障，也是大数据交易平台对各个用户进行监管的法律依据。由于大数据这种商品的特殊性，对大数据交易过程监管的难度更高，这对交易规则的制定提供了更高的要求。

相对于国外的数据交易公司来说，国内的数据交易平台大多发布了成系统的总体规则，规定更详细，在很多方面也更严格。如《中关村数海大数据交易平台规则》《贵阳大数据交易所 702 公约》等，以条文的形式对整个平台的运营体系、遵守原则都进行了详细规定，明确了交易主体、交易对象、交易资格、交易品种、交易格式、数据定价、交易融合和交易确权等内容。随着我国数据流通行业的发展，部分企业间已经推出了跨企业的数据交易规则或自律准则。可以说，目前我国建立广泛的数据流通行业自律公约的时机已经相对成熟，行业内部各企业对数据交易自律性协议的需求呼之欲出。

10. 3. 6　交易平台的运营模式

大数据交易平台的运营模式主要包括两种：一种是兼具中介和数据处理加工功能的交易平台（如贵阳大数据交易所，如图 10-3 所示），平台既提供数据交易中介的服务，也提供数据的存储、处理加工和分析服务。另一种是只具备中介功能的交易平台（如中关村数海大数据交易平台，如图 10-4 所示），仅提供纯粹的数据交易中介服务，并不提供数据存储和数据分析等服务。

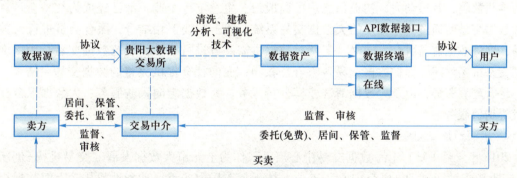

图 10-3　贵阳大数据交易所运营模式

对于兼具中介和数据处理加工功能的交易平台而言，其优势是参与主体多为政府机构或者行业巨头，数据量大、性价比高、可信度强，平台具有对数据交易的审核和监管职责，提高了数据的安全性。其劣势是在某些专业性较强或者跨行业领域，该平台形成的大数据分析结果的作用显得过于微弱。

对于只具备中介功能的交易平台而言，其优势是完全依托市场经济大环境，无主体资格限制，准入门槛较低，有助于调动各方参与者的积极性。其劣势是平台仅作为交易渠道，对于数据买方的需求与数据卖方的情况几乎无了解，交易效率低，不利于大数据交易的有效进行。

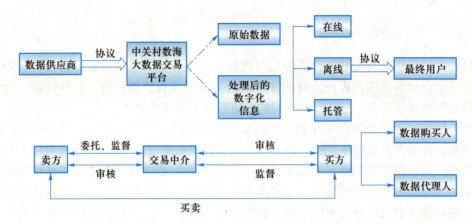

图 10-4　中关村数海大数据交易平台运营模式

10.3.7　代表性的大数据交易平台

1. 贵阳大数据交易所

全球第一家大数据交易所——贵阳大数据交易所，在 2014 年 12 月 31 日诞生于贵阳，并于 2015 年 4 月 14 日正式挂牌运营，现已拥有 2 000 多家会员，可交易产品近 4 000 个，可交易数据总量超过 60 PB。泰康人寿、宝钢集团、阿里巴巴旗下天弘基金、中信银行总行、海尔集团、腾讯、京东、中国联通、华为神州数码、软通动力、初灵信息、中茵股份、生意宝等企业，都已经成为交易会员。贵阳大数据交易所通过自主开发的大数据交易系统，线上与线下相结合，撮合会员进行大数据交易，促进数据流通融合，同时，定期对数据供需双方进行评估，规范数据交易行为，维护数据交易市场秩序，保护数据交易各方合法权益，面向社会提供完整的数据交易、结算、交付等综合配套服务，以及大数据清洗建模分析服务、大数据定向采购服务、大数据平台技术开发等增值服务。

2. 上海数据交易中心

2016 年 4 月 1 日，上海数据交易中心启动。作为上海市大数据发展"交易机构+创新基地+产业基金+发展联盟+研究中心"五位一体规划布局内的重要功能性机构，上海数据交易中心突出面向应用、合规透明、数控分离、实时互联、生态共赢五大特点，承担着促进商业数据流通、跨区域的机构合作和数据互联、政府数据与商业数据融合应用等工作职能。为完善与统一数据交易市场，2016 年 9 月 7 日，上海数据交易中心经过对数据交易的大量研究与实践探索，发布了《数据互联规则》，明确了数据交易对象和适用范围。

3. 华东江苏大数据交易中心

作为国家信息消费和智慧城市试点市，盐城已成为江苏数据资源的快速聚集地，数据采集、存储、应用等环节后发赶超态势明显。2015 年 12 月 16 日，华东江苏大数据交易中心平台在盐城上线运营，这是国家批准设立的、华东地区首家也是唯一的一家跨区域、标准化、综合性的大数据交易平台。中心以"大数据+产业+金融"为业务发展模式，将分散在各个信息孤岛的数据汇聚后通过关联、交叉、分析、挖掘，为全社会提供数据应用服务。同时，中心基于数据金融资产证券化方向提供数据资产的典当、融资、抵押、贷款等多种业务模式，为各类经济主体如政府、机构、企业以及个人盘活数据存量资源提供全面的综合解决方案。

4. 浙江大数据交易中心

作为世界互联网大会永久会址所在地，2016 年 9 月 26 日，浙江大数据交易中心在乌镇上线，并迎来了首笔数据服务交易。中心由浙报传媒、百分点信息科技、浙商资本共同投资设立，主要通过数据产品、数据接口、数据包资产评估、交易供需匹配、交易平台提供来完成数据交易服务，同时以数据加工、整合、脱敏、模型构建等服务提供额外配套数据增值支持。该中心的强大之处在于其数据整合、融合、加工处理的突出能力，这是该中心独特又难以复制的竞争力。

5. 北京国际大数据交易所

北京国际大数据交易所成立于 2021 年 3 月，提出了构建"数据可用不可见、数据可控可计量"的新型数据交易体系，研发上线了基于隐私计算、区块链及智能合约、数据确权标识、测试沙盒等技术打造的数据交易平台——IDeX 系统，并推出了保障数据交易真实和可追溯的"数字交易合约"。

10.4　大数据交易在发展过程中出现的问题

中国大数据交易市场发展还处于起步阶段，发展过程中面临的问题归纳起来主要包括以下几个方面。

微视频

10-6
大数据交易在发展过程中出现的问题

- 互联网数据马太效应显现。
- 大数据产权界定不清晰。
- 大数据交易规则和标准缺乏。
- 数据估值定价机制有待完善。
- 大数据需求不明确，抑制交易市场发展。
- 大数据交易组织机构定位不清。
- 用户隐私保护隐患重重。
- 大数据交易专业人才缺乏。

1. 互联网数据马太效应显现

互联网数据是大数据的重要组成部分，随着中国互联网的大发展，互联网数据正在迅猛增加。但是，在互联网数据迅速增加的同时，也应看到，互联网数据资源日渐向以腾讯为代表的社交入口、以百度为代表的搜索入口和以阿里巴巴为代表的电商入口集中，互联网数据垄断格局基本形成，马太效应初步显现，富者愈富（拥有更多的数据），穷者愈穷（无法获得足够的数据）。互联网数据马太效应的出现，不利于数据的自由流通，在很大程度上会限制大数据交易市场走向成熟。

2. 大数据产权界定不清晰

清晰的产权界定是大数据交易市场建立和发展的必要前提，产权界定不清的数据将给未来交易市场带来更大的风险和不确定性，很大程度上会阻碍大数据交易市场的正常运行。在数据产权无法明晰的情况下，数据供应方往往缺乏积极参与数据交易的意愿，大数据交易市场一旦缺少数据来源，就会失去发展的活力与前进的动力。例如，商户在电商平台上的交易数据以及用户在运营商网络里的行为数据，应该属于平台或运营商还是用户，在法律上还很难界定清楚。类似的问题，必须在大数据交易市场不断走向成熟的过程中得到妥善解决。

3. 大数据交易规则和标准缺乏

目前，在我国大数据交易过程中，既无专门性法律法规，也无专门监管机构，对大数据交易过程进行约束和监管。缺少法律约束，导致对数据是否可以进行直接交易、处理后交易或者禁止交易等问题，缺少明确清晰的判断。缺乏监管机构，导致大数据交易市场无法建立起有效的市场信用体系，技术服务方、数据分发商、数据查询节点等私下缓存并对外共享、交易数据，数据使用企业不按协议要求私自留存、复制甚至转卖数据的现象普遍存在。这些问题的存在，会令潜在的数据供应方产生顾虑，削弱其参与市场交易的积极性和主动性，最终影响到大数据交易市场的健康稳步发展。

此外，各大数据交易平台缺乏统一的标准，国内几类大数据交易组织机构并存，各自建立规则，存在隐藏的盲点和误区，数据标准化程度低，这不仅增加了数据交易市场的交易成本，而且也降低了整个社会的运行效率。

4. 数据估值定价机制有待完善

数据资产是一种无形资产，而且内容千差万别，如何评价数据价值还是一个开放性问题。通常可以从如下维度评价数据价值。第一，数据样本量：样本量越大，越接近全样本，大数据产品的价值越高。第二，数据品种：包含报表型数据、多维分析型数据等，不同品种的数据价值不同。第三，数据完整性：没有缺失或缺失程度小的数据完整度高，价值自然就高。第四，数据时间跨度：数据时间跨度越大，价值越高。第五，数据实时性：实时数据比历史数据更能反映事物当前的情况，价值自然要高。第六，数据深度：对于某类数据的某种属性，分析更透彻的数据价值更高。第七，数据样本覆盖度：可以理解为数据广度，数据维度越大，样本覆盖度越高，数据产品价值更高。第八，数据稀缺性：物以稀为贵，一般来说，数据越罕见，价值越高。

目前大数据交易市场上的主要定价机制包括平台预定价、自动计价、拍卖式定价、自由定价、协议定价、捆绑式定价等。其中，平台预定价和自动计价都是以大数据交易平台自有的数据质量评价指标为前提，拍卖式定价以大数据产品的使用价值为前提，自由定价、协议定价、捆绑式定价，虽然没有明确的定价原则，但也可以认为是以大数据产品的使用价值为前提。但是，这些估值定价机制在实际交易运作过程中都存在很大的改进空间。在大数据交易市场后续的发展过程中，需要根据数据资产所属行业特点、数据资产特征、应用环境、商业模式等多角度综合分析数据资产价值维度，通过提取量化指标，建立适合不同行业、不同属性的数据资产价值评估模型。而这方面的研究也刚刚开始，需要较长时间才能逐步走向成熟。

5. 大数据需求不明确，抑制交易市场发展

企业利用大数据进行商业分析，分析结果可以指导企业的日常经营管理，帮助企业创造新的价值。但是，利用大数据创造新价值的前提是，企业深刻理解业务痛点，并能够在此基

础上提出明确的大数据需求。而如今在大数据产业发展起步阶段，很多企业的业务部门并不了解大数据以及大数据的应用场景和价值，不懂得如何使用大数据解决业务痛点问题，因此，很难提出对大数据的准确需求。这在很大程度上影响了企业在大数据方向的发展，阻碍了企业积累和挖掘自身大数据资产的潜力，甚至存在由于数据没有应用场景，致使很多具有实际价值的历史数据被盲目删除，导致企业大数据资产流失。

6. 大数据交易组织机构定位不清

从 2014 年中国首家大数据交易平台"贵阳大数据交易所"诞生以来，各地大数据交易机构如雨后春笋般涌现。如此众多的交易平台，缺乏统一的组织规划，难免出现重复建设、各自为战、条块分割等问题，无法形成集聚性综合优势。以湖北省为例，目前已经投入运营的大数据交易机构就包括湖北大数据交易平台、武汉东湖大数据交易中心、华中大数据交易所和长江大数据交易中心等，这些机构"条块分割、各自为政"，缺少"一盘棋"的统一规划，导致各大数据交易市场之间缺乏自由流动性，从而使整个数据交易市场呈现交易规模小、交易价格无序、交易频次较低等特点，难以真正实现平台化、规模化、产业化发展，无法有序发挥大数据交易平台的功能优势。

7. 用户隐私保护隐患重重

在现实生活中，大数据的监管不同于保护普通的有形财产，由于所有权人同数据占有者的分离，数据所有权人不但不占有数据，甚至接触、支配自己的数据财产也非常困难。并且，用户一旦丧失了个人数据的控制权，将直接导致个人数据控制权不可逆转地丧失，而且这种权利丧失，还可能带来个人隐私暴露于交易市场的巨大隐患。随着大数据的指数性增长，在大数据交易过程中隐私泄露事件时有发生，一些数据供应方可能会把自己所有的、包含个人隐私信息的数据进入流通环节进行交易，这在很大程度上侵害了用户的隐私权，如果不能加以遏制，将会极大抑制大数据交易工作的顺利开展和大数据产业的有序推进。目前，我国还没有专门的隐私权保护法律，因而无法保证国家大数据战略进行过程中数据的隐私安全。为促进中国大数据健康有序发展，须尽快研究制定相关法律法规，明确对每一个项目活动周期中所产生的数据进行监管，确保数据隐私不被侵犯。

8. 大数据交易专业人才缺乏

大数据是一种新生事物，大数据交易更是如此。大数据交易是一个专业的商品交易过程，其中涉及计算机、法律、金融、管理等跨学科知识，这就对参与大数据交易的人员提出了更高的要求。从目前的人才市场现状来看，大数据交易人才主要是在大数据交易机构中成长起来的，高校还没有设置相关专业专门培养这类市场急需的人才。大数据交易市场的快速发展和大数据交易人才的紧缺，成为今后一段时期快速推进大数据交易发展必须要解决的矛盾。

10.5　推进大数据交易发展的对策

微视频

10-7
推进大数据交易发展的对策

总体而言，可以从以下几个方面推进大数据交易的健康有序发展。
- 加快制定隐私保护相关法律法规。

- 加快推进政府数据开放共享。
- 加快完善市场交易机制。
- 加快建立大数据交易监管职能部门。
- 加快培育大数据交易人才。

1. 加快制定隐私保护相关法律法规

大数据时代的不断推进和大数据交易的快速发展，在推动社会发展变革的同时，也为企业和个人信息保护带来了新的挑战。特别是近些年，个人信息在被各类主体挖掘和利用的同时，因个人信息泄露所引发的侵权、欺诈等信息犯罪行为日益严重，已给全社会造成了巨大损失，有些严重的甚至影响了社会安定。对此，国家陆续颁布、实施了一系列法律、规范。特别是于 2017 年 6 月 1 日正式实施的《中华人民共和国网络安全法》，强调了中国境内网络运营者对所收集到的个人信息所应承担的保护责任和违规处罚措施。但是，目前我国还没有制定关于数据安全和隐私保护的单行法律，因此，迫切需要起草相关法律法规，加强数据安全和个人隐私保护，明确数据安全边界，保障大数据采集、使用等环节中个人隐私信息不受侵犯。要扎扎实实地为大数据交易与交换发展营造良好的法律法规制度环境，助力中国成为世界"数据强国"。

2. 加快推进政府数据开放共享

政府是数据最大的生产者和拥有者，政府数据约占整个社会数据的 80% 以上，因此，政府数据是大数据交易市场中的一个重要数据来源。目前，政府数据资源开放共享步伐缓慢，已成为制约我国大数据发展的主要障碍。由于政府数据开放十分有限，造成部门之间的数据保密与数据隔阂，不仅制约了政府协同治理水平的提升，也限制了公众参与国家治理的程度。政府数据开放度不高，数据加工失真，也影响了学术界经济社会研究成果的实用价值，阻碍了基于大数据分析的智库建设。通过开放决策过程数据，可以提高政府的公信力。通过开放商业数据，可以驱动经济转型。通过开放各类奖惩信息，可以提高社会信用。通过开放社会统计基础数据，可以促进社会发展科学化。政府开放数据对国家治理理念、治理范式、治理内容、治理手段等都能产生积极的影响。

政府数据资源开放共享缓慢的深层原因，在于现行政府行政体制条块分割的"自我封闭性"。只有全面深化行政体制改革，创新行政管理方式，从根本上打破部门行业条块分割的体制壁垒和"行政孤岛"，彻底治理时下一些政府部门存在的"不愿开放共享"、"不会开放共享"、"不敢开放共享"现象，才能破解目前大数据发展面临的"数据孤岛""数据碎片化"难题，进而推动大数据资源整合与集成应用，提高数据质量，促进互联互通、实现数据资源开放共享，加快推进大数据交易市场化步伐。

3. 加快完善市场交易机制

大数据交易是一种新生事物，我国大数据交易市场日益活跃，越来越多的主体参与到数据交易过程中，但是，交易规则、交易标准等缺失，已严重制约大数据交易市场健康有序发展。贵阳大数据交易所、中关村数海大数据交易平台等虽然也出台了各自的数据交易规则和相关标准，但是，目前尚未形成统一规范的大数据交易市场规则，更没有形成成熟的商用数据交易模式。应该采取切实措施积极探索加快数据交易统一机制的建设，优化大数据交易与交换市场环境。数据交易市场的繁荣将助力大数据产业的健康有序发展，大数据产业的健康有序发展又将进一步推进大数据交易的持续发展，实现良性循环。

4. 加快建立大数据交易监管职能部门

构建良好的大数据交易环境，不仅要有法律法规的保障和数据标准规范的支撑，也需要来自政府部门的严格监管。近几年，我国大数据交易市场处在快速发展的关键时期，在这个发展的关键期，政府部门的监管职能尤为重要。但是，目前我国尚未设立专门的监管部门对大数据交易进行全程监管，主要依靠交易平台和相关参与主体的自律管理。

由于缺少政府部门的有效监管，各地大数据交易市场乱象丛生，有些地方做低水平重复建设，行业内缺乏统一标准导致交易价格无序，不同交易机构之间条块分割、各自为战。这些现象的存在凸显了政府监管的必要性及重要性。应当及早在政府层面组建大数据交易监管职能部门，制定相应法规，强化事前监管，加大事后惩治力度，充分发挥"有为政府"的作用，规范大数据交易活动，维护公平、公正有序的市场竞争秩序，实现"有为政府"与"有效市场"的有机统一，保障市场在资源配置中的决定性作用。

5. 加快培育大数据交易人才

当前，大数据交易人才相对稀缺，市场缺口较大，而大数据交易对人才的理论水平和实践能力都有很高要求，这就对大数据交易人才的培养提出了更高的要求。要不断完善人才培养机制，以大数据交易发展需要和市场需求为导向，要明确重点，建立人才培养机制。应坚持政府主导推进，走政府、高校、企业多元化培育复合型人才路径。政府要把大数据交易人才队伍建设纳入国家人才建设总体布局，做出专项部署，明确大数据交易人才培养的目标和路径，扶持高等院校发展大数据相关专业。高校是培养大数据交易人才最直接、最重要的场所，要加快进行师资队伍建设、人才培养模式等统筹规划，推进课程体系改革，开设一系列既符合当前又能满足未来需求的大数据交易技术和管理的课程，扎扎实实地培养大数据交易人才。

10.6　本章小结

随着云计算和大数据的快速发展，全球掀起了新的大数据产业浪潮，人类正从 IT 时代迅速向 DT 时代迈进，数据资源的价值也进一步得到提升。近年来，在国家及地方政府相关政策的积极推动与扶持下，我国各地陆续设立大数据交易平台，在探索大数据交易进程中取得了良好效果。伴随着大数据交易组织机构数量的迅猛增加，各大交易机构的服务体系也在不断完善，我国大数据交易正在实现从分散化、无序化向平台化、规范化的转变。本章介绍了大数据交易的发展现状以及在发展中出现的问题，并给出了相应的对策。

10.7　习题

1. 请阐述交易平台的类型。

2. 请阐述交易平台的数据来源。

3. 请阐述交易平台的产品类型。

4. 请举例说明交易平台的运营模式。

5. 请列举几个具有代表性的大数据交易平台。

6. 请阐述大数据交易在发展过程中出现的问题。

7. 请阐述推进大数据交易发展的对策。

第 11 章
大数据治理

　　大数据的"潘多拉魔盒"已经打开，社交网站、电商巨头、电信运营商乃至金融、医疗、教育等行业，都纷纷加入大数据的"淘金"热潮。如何将海量数据应用于决策、营销和产品创新，如何利用大数据平台优化产品、流程和服务，如何利用大数据更科学地制定公共政策、实现社会治理，所有问题都离不开大数据治理。可以说，大数据时代给数据治理带来了新的机遇和挑战。一方面，数据科学研究的兴起为数据治理提供了新的研究范式，使得数据治理的视角、过程和方法都发生了显著的变化。另一方面，实践层面随着组织业务的增长，海量、多源、异构的数据给数据的管理、存储和应用均提出了新的要求。因此，顺应时代发展趋势，构建起完整的数据治理体系，提供全面的数据治理保障，从而充分发挥数据资产的价值，更好地支持数据治理的应用实践，成为学术界、业界和政界共同关注的焦点问题。

　　本章内容首先讨论为什么需要数据治理、数据治理的概念及其与数据管理的关系、大数据治理的概念、大数据治理与数据治理的关系，然后介绍大数据治理的要素、大数据治理原则、大数据治理范围和大数据治理模型，最后阐述大数据治理的保障机制。

11.1　概述

大数据治理包含很多相关概念，概念之间存在比较复杂的关系。本节将对大数据治理的重点概念进行逐一介绍、比较和分析，并介绍大数据治理的重要意义和作用。

11.1.1　数据治理的必要性

企业的信息系统建设记录着企业规模和信息技术的发展轨迹，普遍存在各系统间数据标准和规范不同、信息相互不通等问题，致使系统的协同性等问题越来越显著。

（1）系统建设缺少统一规划，各自为政，导致存在数据孤岛问题。在主要业务数据方面，无法实现有序集中整合，从而无法保证业务数据的完整性和正确性。

（2）缺乏统一的数据规范和数据模型，导致组织内对数据的描述和理解存在不一致的情况。

（3）缺少完备的数据管理职能体系，对于一些重点领域的管理（例如元数据、主数据、数据质量等），没有明确职责，不能保障数据标准和规范的有效执行以及数据质量的有效控制。

（4）在数据更新、维护、备份、销毁等数据全生命周期管理方面，缺乏相关的机制。

数据治理成为解决以上瓶颈的有效手段，为多源、异构、跨界数据应用夯实基础。数据治理可以使得数据资产管理活动始终处于规范、有序、可控的状态，通过多重机制保障基于数据的相关决策是科学的、有效的、前瞻的，以实现资产价值最大化，提升组织的竞争力。

11.1.2　数据治理的基本概念

"治理"（governance）来源于拉丁文和希腊语中的"掌舵"一词，是指政府控制、引导和操纵的行动或方式，经常在国家公共事务相关的情景下与"统治"（government）一词交叉使用。随着对"治理"概念的不断挖掘，目前比较主流的观点认为"治理"是一个采取联合行动的过程，它强调协调，而不是控制。

数据治理是组织中涉及数据使用的一整套管理行为。关于数据治理的定义尚未形成一个统一的标准。在当前已有的定义中，以国际数据管理协会（The Global Data Management Community，DAMA）、国际数据治理研究所（The Data Governance Institute，DGI）、IBM 数据治理委员会（IBM DG Council）等机构提出的定义最具有代表性和权威性，详见表 11-1。

表 11-1　关于"数据治理"的代表性观点

机　　构	定　　义
DAMA	数据治理是指对数据资产管理行使权力和控制的活动集合（计划、监督和执行）
DGI	数据治理是包含信息相关过程的决策权及责任制的体系，根据基于共识的模型执行，描述谁在何时何种情况下采取什么样的行动、使用什么样的方法

续表

机　　构	定　　义
IBM DG Council	数据治理是针对数据管理的质量控制规范，它将严密性和纪律性植入企业的数据管理、利用、优化和保护过程中

上述定义较为概括和抽象。为了方便理解，这里从以下四个方面来解释数据治理的概念内涵。

（1）明确数据治理的目标。这里的"目标"是指，在管理数据资产的过程中，确保数据的相关决策始终是正确、及时、有效和有前瞻性的，确保数据管理活动始终处于规范、有序和可控的状态，确保数据资产得到正确有效的管理，并最终实现数据资产价值的最大化。

（2）理解数据治理的职能。从决策的角度，数据治理的职能是"决定如何做决定"，因此，数据治理必须回答决策过程中所遇到的问题，即为什么、什么时间、在哪些领域、由谁做决策，以及应该做哪些决策。从具体活动的角度，数据治理的职能是"评估、指导和监督"，即评估数据利益相关者的需求、条件和选择，以达成一致的数据获取和管理的目标，通过优先排序和决策机制来设定数据管理职能的发展方向，然后根据方向和目标来监督数据资产的绩效与是否合规。

（3）把握数据治理的核心。数据治理关注的焦点问题是，通过何种机制才能确保所做决策的正确性。决策权分配和职责分工就是确保做出正确有效决策的核心机制，因而也就成为数据治理的核心。

（4）抓住数据治理的本质。对机构的数据管理和利用进行评估、指导和监督，通过提供不断创新的数据服务，为其创造价值，这是数据治理的本质，如图 11-1 所示。

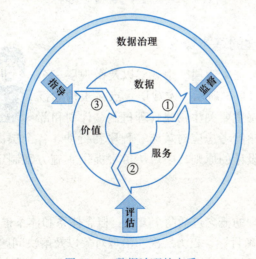

图 11-1　数据治理的本质

11.1.3　数据治理与数据管理的关系

数据治理和数据管理这两个概念比较容易混淆，要想正确理解数据治理，必须厘清二者的关系。实际上，治理和管理是完全不同的活动：治理负责对管理活动进行评估、指导和监督，而管理根据治理所做的决策来具体计划、建设和运营。治理的重点在于，设计一种制度架构，以达到相关利益主体之间的权利、责任和利益的相互制衡，实现效率和公平的合理统一，因此，理性的治理主体通常追求治理效率。而管理则更加关注经营权的分配，强调的是在治理架构下，通过计划、组织、控制、指挥和协同等职能来实现目标，理性的管理主体追求经营效率。从上述论述可以看出，数据治理对数据管理负有领导职能，即指导如何正确履行数据管理职能。

数据治理主要聚焦于宏观层面，它通过明确战略方针、组织架构、政策和过程，并制定相关规则和规范，来评估、指导和监督数据管理活动的执行，如图 11-2 所示。相对而言，数据管理会显得更加微观和具体，它负责采取相应的行动，即通过计划、建设、运营和监控相关方针、活动和项目，来实现数据治理所做的决策，并把执行结果反馈给数据治理。

图 11-2　数据治理与数据管理的关系

11.1.4　大数据治理的基本概念

大数据治理的内涵可以从宏观层、中观层以及微观层三个不同的层次来解析，如图 11-3 所示。宏观层重点在于构建概念体系和体系框架，中观层主要关注构建管理机制、计划和部

署，微观层是从某一要素角度考虑应对策略、程序和行动。各个层次之间相互影响，相互作用。宏观层负责提供顶层设计的原则，中观层负责提供实施方案制定的规则，微观层负责提供落地实践的规范。

1. 宏观层

在宏观层，大数据治理的概念包括两个方面：概念体系和体系框架。

（1）概念体系包括明确目标、权力层次、治理对象以及解决问题四个方面。

第一，大数据治理的目标是关注大数据的价值实现和风险管控，建立大数据治理体系的作用是鼓励期望行为的发生在可控的风险范围内，实现大数据价值的最大化。实现价值是强调大数据治理必须能够带来收益，例如提升效率、效益、效果和效能。管控风险是强调有效的大数据治理有助于避免决策失误和经济损失。大数据治理需要在实现价值与管控风险二者之间寻找一个均衡点。

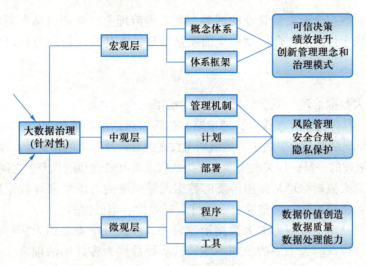

图 11-3　大数据治理 3 大层次

第二，大数据治理在权属实现过程中，是为了实现大数据的价值，大数据的资产和权属属性需要被发挥出来。大数据具体表现为占有、使用、收益和处分四种权能。占有权是对资源实际掌握和控制的权能。使用权是按照资源的性能和用途对其加以利用，以满足生产、生活需要的权能。收益权是收取由资源产生的新增经济价值的权能。处置权是依法对资源进行处置，从而决定资源命运的权能。大数据资源既可以与所有权同属一人，也可以与所有权相分离，与其他资源相比，大数据资源的四种权能的分离现象非常明显。

第三，大数据治理的对象需要大数据治理的要素来保证，即决策机制、激励约束机制和监督机制。决策的相关事项包括：有哪些决策、谁有权力进行决策、如何保证做出"好"的决策、如何对决策进行监督和追责。为了制定科学合理的决策，需要细致完善的决策机制。为了保证决策代表利益相关者的整体利益，需要考虑激励与约束机制。要对决策结果进行监督，需要考虑监督机制。

第四，大数据治理在形成可持续治理体系下，明确了权属关系，需要设计与决策相关的治理活动来解决一系列问题。例如，是什么决策，为什么要做这种决策，如何做好这种决策，如何对这种决策做有效监控。

（2）体系框架是实现大数据治理，进行大数据管理、利用、评估、指导和监督的一整套解决方案，其构成要素包括制定战略方针、建立组织架构和明确职责分工等。

2. 中观层

在中观层，大数据治理的概念表现在以下三个层面。

第一个层面是管理机制。在很大程度上，大数据治理是一种组织行为，完善的管理机制，可以作为数据治理的行动依据和指导方针，为实现"用数据说话、用数据决策、用数据管理、用数据创新"提供一套规范管理的路径。

第二个层面是信息治理的计划，包括新兴的管理方法、技术、流程和实践，能够促成对大量的、有隐私的、有成本效益的结构化和非结构化数据的快速发现，并对其进行收集、运行、分析、存储和可保护性的处理。

第三个层面是数据全面质量管理的部署。大数据治理全面管理包括数据的可获得性、可用性、完整性和安全性的全生命周期和全面质量管理，尤其关注使用数据时的安全性和数据完整性。

3. 微观层

在微观层，大数据治理的概念包括以下三个层面。

第一个层面是具体的经济有效的管理策略和过程，包括组织结构上的实践、操作上的实践和相关的实践。组织结构上的实践主要是识别出数据拥有者及其角色和责任；操作上的实践主要是组织执行数据治理的手段；相关的实践主要指改善政策有效性和用户需求之间的联系。

第二个层面是大数据治理是使用传统的数据质量维度的方法来测评数据质量和数据的可用性，这些维度包括精确性、完整性、一致性、时效性、单值性。

第三个层面是技术工具应用的大数据治理行为，涉及五个重要因素，包括：以关注人为基础的治理理念、以政府为主体的治理主体、以多种数据为客体的治理客体、以法律和计算机等软硬件为主的治理工具、以对大数据价值为主要发掘对象的治理目标。

11.1.5 大数据治理与数据治理的关系

"大数据治理"不是一个横空出世的概念，它是在传统的数据治理基础上提出的适应大数据时代的产物。由于大数据治理是基于数据治理衍生出的概念，因此，二者存在着千丝万缕的联系。可以基于数据治理的概念，从阐述两者之间的区别和联系的角度来理解大数据治理的概念。

与传统数据相比，大数据的"4V"特征（大量、多样、低价值密度和处理速度快）导致大数据治理范围更广、层次更高、需要资源投入更多，从而导致在目的、权利层次等方面与数据治理有一定程度的区别，但是在治理对象、解决的实际问题等关于治理问题的核心维度上有一定的相似性，因此，这里主要从大数据治理的目的、权利层次、对象和解决的实际问题四个方面对大数据治理和数据治理的概念进行比较，如表 11-2 所示。

表 11-2 大数据治理与数据治理的概念内涵比较

概念维度	大数据治理概念内涵	数据治理概念内涵
目的	鼓励"实现价值"和"管控风险"期望行为的发生，大数据治理更强调效益实现和管控风险	鼓励"实现价值"和"管控风险"期望行为的发生，数据治理更强调效率提升
权利层次	企业外部的大数据治理强调所有权分配；企业内部的大数据治理强调经营权分配	数据治理强调企业内部经营权分配
对象	权责安排，即决策权归属和责任担当	权责安排，即决策权归属和责任担当
实际问题	有哪些决策；由谁来做决策；如何做出决策；如何对决策进行监控	有哪些决策；由谁来做决策；如何做出决策；如何对决策进行监控

总体而言，大数据治理与数据治理的联系与区别如下。

（1）大数据治理和数据治理的目的相同。大数据治理和数据治理的目的都是鼓励期望行为发生，具体而言就是实现价值和管控风险，即如何从大数据中挖掘出更多有价值的信息，如何保证大数据使用的合规性，以及如何保证在大数据开发利用过程中不泄露用户隐私。在共同的目的下，数据治理和大数据治理还存在细微的差别：由于大数据具有多源数据融合的特性，数据源既包括企业内部的数据，也包括企业外部的数据，由此带来了较大的安全和隐私的风险。此外，需要企业进行大量投入才能满足对异构、实时和海量数据的处理需求，这也造成了大数据治理更强调实现效益。与此相对，数据治理通常发生在企业内部，很难衡量其经济价值和经济效益，因此更强调内部效率提升。而且由于数据主要是内部数据，因而引发的安全和隐私的风险较小。因此，大数据治理更强调效益和风险管控，而数据治理更强调效率。

（2）大数据治理和数据治理的权利层次不同。大数据治理涉及企业内外部数据融合，旨在利用企业外部数据来提升企业价值，因此会涉及所有权分配问题，具体包括占有、使用、收益和处置四种权能在不同的利益相关者之间分配。而数据治理重点在于企业内部的数据融合，主要关注经营权分配问题。因此，大数据治理强调所有权和经营权，而数据治理主要关注经营权。

（3）大数据治理和数据治理的对象相同。二者都是关注决策权分配，即决策权归属和责任担当。权利和责任匹配，是在权责分配的过程中必须要实现的一个原则，即具有决策权的主体也必须承担相应的责任。大数据治理模式也存在多样性，不同类型的企业、不同时期的企业、不同产业的企业，其治理模式都可能不一样，但是无论何种治理模式，保证企业中行为人（包括管理者和普通员工）责、权、利的对应，是衡量治理绩效的重要标准。

（4）大数据治理和数据治理解决的实际问题相同。围绕着决策权归属和责任担当，产生了四个需要解决的实际问题：为了保证有效地管理和使用大数据，应该做出哪些范围的决策；由谁/哪些人决策；如何做出决策；如何监控这些决策。大数据治理和数据治理都面临着相同的问题，但是，由于大数据独有的特性，导致在解决这些问题的时候，大数据治理更复杂，因为大数据治理涉及的范围更广、技术更复杂、投入更大。

11.1.6　大数据治理的重要意义和作用

大数据时代，数据已经成为机构最为宝贵的资产。然而，目前机构的数据管理水平总体较为低下，普遍存在着"重采集轻管理、重规模轻质量、重利用轻安全"的现象，在服务创新、数据质量、安全合规、隐私保护等方面面临着越来越严峻的挑战。

由于数据治理对于数据管理具有指导意义，因此，当一个机构在数据治理层面出现混乱或者缺失时，往往也会同时导致其在数据管理方面出现问题。如果机构内部缺少完善的数据治理计划、一致的数据治理规范、统一的数据治理过程以及跨部门的协同合作，那么数据管理的业务流程可能会变得重复和紊乱，从而导致安全风险的上升和数据质量的下降。有效的数据治理则可通过改进决策、缩减成本、降低风险和提高安全合规等方式，最终实现服务创新和价值创造。数据治理的重要作用可以概括为以下四点。

（1）促进服务创新和价值创造。有效的数据治理能够通过优化和提升数据的架构、质量、标准、安全等技术指标，显著推动数据的服务创新，进而创造出更多更广泛的价值。

（2）提升数据管理和决策水平。科学的数据治理框架，可以协调不同部门的目标和利益，为不同的业务系统提供融合、可信的数据，进而产生与业务目标相一致的科学决策。

（3）提高数据质量，增强数据可信度，降低成本。当企业内部的数据管理有规可依、有据可循时，就可以产生高质量的数据，增强数据可信度，同时会降低数据的成本。

（4）提高合规监管和安全控制，降低风险。数据治理工作的开展，可以促进机构内部加强合作，约束各个部门在跨业务和跨职能部门的应用中采用一致的数据标准，为合规监管创造统一的处理和分析环境，从而降低因不遵守法规、规范和标准所带来的风险。

11.2　大数据治理要素

治理的重要内涵之一就是决策，大数据治理要素描述了大数据治理重点关注的领域，即大数据治理应该在哪些领域做出决策。按照不同领域在经营管理中的作用，可以把大数据治理要素分为四大类领域，如图11-4所示，分别是目标要素、促成要素、核心要素和支持要素。

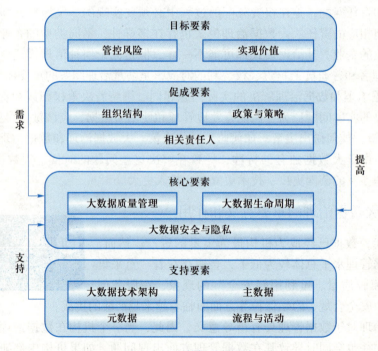

图 11-4　大数据治理要素

目标要素：是大数据治理的预期成果，提出了大数据治理的需求。大数据治理是数据价值和风险管控的平衡，因此，大数据治理的主要目标是通过特定的机制设计，管控风险、实现价值。

促成要素：是影响大数据治理成效的直接决定因素，比较重要的促成要素包括组织结构、政策与策略、相关责任人。

核心要素：是大数据治理需要重点关注的要素，也是影响大数据治理绩效的重要因素，包括大数据质量管理、大数据生命周期、大数据安全与隐私。

支持要素：是实现大数据治理的基础和必要条件，包括大数据技术架构、主数据、元数据、流程与活动。

11.3　大数据治理原则

大数据治理原则是指大数据治理所遵循的指导性法则。大数据治理原则对大数据治理实践起指导作用，只有将原则融入实践过程中，才能实现数据治理的战略和目标。提高大数据运用能力，可以有效增强政府服务和监管的有效性。为了高效采集、有效整合、充分运用庞大的数据，可以遵循以下五项大数据治理的基本原则。

1. 有效性原则

有效性原则体现了大数据治理过程中数据的标准、质量、价值以及管控的有效性、高效性。在大数据治理的过程中，首先需要的是数据处理的信息准确度高、理解上不存在歧义，遵循有效性原则，选择有用数据，淘汰无用数据，识别出有代表性的本质数据，去除细枝末节或无意义的非本质数据。这种有效性原则在大数据的收集、挖掘、算法和实施中具有重要作用。运用有效性原则就能够获取可靠数据，降低数据规模，提高数据抽象程度，提升数据挖掘的效率，使之在实际工作中可以根据需要选用具体的分析数据和合适的处理方法，以达到操作上的简单、简洁、简约和高效。具体来说，当一位认知主体面对收集到的大量数据和一些非结构化的数据对象，如文档、图片、视频等物件时，不仅需要掌握大数据管理、大数据集成的技术和方法，遵循有效性原则和数据集成原则，学会数据的归档、分析、建模和元数据管理，还需要在大量数据激增的过程中，学会选择、评估和发现某些潜在的本质性变化，包括对新课题、新项目的开发。

2. 价值化原则

价值化原则是指大数据治理过程中以数据资产为价值核心，最大化大数据平台的数据价值。数据本身不产生价值，但是从庞杂的数据背后挖掘、分析用户的行为习惯和喜好，找出更符合用户"口味"的产品和服务，并结合用户需求有针对性地调整和优化自身，这具有很大的价值。大数据在各个行业的应用都是通过大数据技术来获知事情发展的"真相"，最终利用这个"真相"来更加合理地配置资源。而要实现大数据的核心价值，需要 3 个重要的步骤，第一步是通过"众包"的形式收集数据，第二步是通过大数据的技术途径进行全面的数据挖掘，第三步是利用分析结果进行资源优化配置。

3. 统一性原则

统一性原则是指在数据标准管理组织架构的推动和指导下，遵循协商一致制定的数据标准规范，借助标准化管控流程得以实施数据统一性的原则。如今的大数据和云计算已经成为社会发展动力中新一轮的创新平台，基于大数据系统做出一个数据产品，需要数据采集、存储和计算等多个步骤，整个流程很长。经过统一规范后，通过标准配置，能够大大缩短数据采集的整个流程。数据治理遵循统一性原则，能够节约很大的成本和时间，同时形成一个规范，这对于数据治理具有重要的意义与作用。

4. 开放性原则

在大数据和云计算环境下，要以开放的理念确立起信息公开的政策思想，运用开放、透明、发展、共享的信息资源管理理念对数据进行处理，提高数据治理的透明度，不让海量的数据信息在封闭的环境中沉睡。需要认识到不能以信息安全为理由使很多应开放的数据处于沉睡的状态。组织需要对信息数据进行自由共享，向公众开放非竞争性数据，安全合理地共享数据，并使数据之间形成关联，形成一个良好的数据标准和强有力的数据保护框架，使数据高效、安全地共享和关联，在保护公民个人自由的同时促进经济的增长。

5. 安全性原则

大数据治理的安全性原则体现了安全的重要性、必要性，遵循该原则需要保障大数据平台数据安全和大数据治理过程中数据的安全可控。大数据的安全性直接关系到大数据业务能否全面推广，数据治理过程在利用大数据优势的基础上，要明确其安全性，从技术层面到管理层面采用多种策略，提升大数据本身及其平台的安全性。在大数据时代，业务数据和安全需求相结合，才能够有效提高企业的安全防护水平。大数据的汇集不可避免地加大了用户隐私数据信息泄露的风险。由于数据中包含大量的用户信息，使得对大数据的开发利用很容易侵犯公民的隐私，恶意利用公民隐私的技术门槛大大降低。在大数据应用环境下，数据呈现动态特征，面对数据库中属性和表现形式不断随机变化，基于静态数据集的传统数据隐私保护技术面临挑战。各领域对于用户隐私保护有多方面的要求，具备各自的特点，数据之间存在复杂的关联性和敏感性，而大部分现有隐私保护模型和算法都是仅针对传统的关系型数据，而不能直接将其移植到大数据应用中。

传统数据安全往往是围绕数据生存周期部署的，即数据的产生、存储、使用和销毁。随着大数据应用的增多，数据的拥有者和管理者分离，原来的数据生存周期逐渐变成数据的产生、传输、存储和使用。由于大数据的规模没有上限，且许多数据的生存周期极为短暂，因此，传统安全产品要想继续发挥作用，需要随时关注大数据存储和处理的动态化、并行化的特征，动态跟踪数据边界，管理对数据的操作行为。

大数据安全不同于关系型数据安全，大数据无论是在数据体量、结构类型、处理速度、价值密度方面，还是在数据存储、查询模式、分析应用上都与关系型数据有着显著差异。

为解决大数据自身的安全问题，需要重新设计和构建大数据安全架构和开放数据服务，从网络安全、数据安全、灾难备份、安全风险管理、安全运营管理、安全事件管理、安全治理等各个角度考虑，部署整体的安全解决方案，以保障大数据计算过程、数据形态、应用价值的安全。

11.4 大数据治理的范围

大数据蕴含价值的逐步释放，使其成为 IT 产业中最具潜力的蓝海。大数据正以一种革命风暴的姿态闯入人们的视野，其技术和市场在快速发展，从而使大数据治理的范围变成不可忽略的因素。

大数据治理范围着重描述了大数据治理的关键领域。大数据治理的关键领域包括：大数据生存周期、大数据架构（大数据存储、元数据、数据仓库、业务数据），大数据安全与隐私，数据质量，大数据服务创新。

11.4.1　大数据生存周期

大数据生存周期是指数据产生、获取到销毁的全过程。传统数据的生存周期管理的重点在于节省成本和保存管理。而在大数据时代，数据的生存周期管理的重点则发生了翻天覆地的变化，更注重在成本可控的情况下，有效地管理并使用大数据，从而创造出更大的价值。大数据生存周期管理主要包括数据捕获、数据维护、数据合成、数据利用、数据发布、数据归档、数据清除等部分。

（1）数据捕获：创建尚不存在或者虽然存在但并没有被采集的数据。主要包括 3 个方面的数据来源：数据采集、数据输入、数据接收。

（2）数据维护：数据内容的维护（无错漏、无冗余、无有害数据）、数据更新、数据逻辑一致性等方面的维护。

（3）数据合成：利用其他已经存在的数据作为输入，经过逻辑转换生成新的数据。例如已知计算公式：净销售额＝销售总额－税收，如果知道销售总额和税收，就可以计算出净销售额。

（4）数据利用：在企业中如何使用数据，把数据本身当作企业的一个产品或者服务进行运行和管理。

（5）数据发布：在数据使用过程中，可能由于业务的需要将数据从企业内部发送到企业外部。

（6）数据归档：将不再经常使用的数据移到一个单独的存储设备上进行长期保存的过程，对涉及的数据进行离线存储，以备非常规查询等。

（7）数据清除：在企业中清除数据的每一个副本。

11.4.2　大数据架构

大数据架构是指大数据在 IT 环境中进行存储、使用及管理的逻辑或者物理架构。它由大数据架构师或者设计师在实现一个大数据解决方案的物理实施之前创建，从逻辑上定义了大数据关于其存储方案、核心组件的使用、信息流的管理、安全措施等的解决方案。建立大数据架构通常需要以业务需求和大数据性能需求为前提。

大数据架构主要包含 4 个层次：大数据来源、大数据存储、大数据分析、大数据应用和服务。

（1）大数据来源：此层负责收集可用于分析的数据，包括结构化、半结构化和非结构化的数据，以提供解决业务问题所需的洞察力基础。此层次是进行大数据分析的前提。

（2）大数据存储：主要定义了大数据的存储设施以及存储方案，以进一步进行数据分析处理。通常这一层提供多个数据存储选项，比如分布式文件存储、云、结构化数据源、NoSQL

（非关系型数据库）等。此层次是大数据架构的基础。

（3）大数据分析：提供大数据分析的工具以及分析需求，从数据中提取业务洞察，是大数据架构的核心。分析的要素主要包含元数据、数据仓库。

（4）大数据应用和服务：提供大数据可视化、交易、共享等，由组织内的各个用户和组织外部的实体（如客户、供应商、合作伙伴和提供商）使用，是大数据价值的最终体现。

11.4.3　大数据安全与隐私

在大数据时代，数据的手机与保护成为竞争的着力点。从个人隐私安全层面看，大数据将大众带入开放、透明时代，若对数据安全保护不力，将引发不可估量的问题。解决传统网络安全的基本思想是划分边界，在每个边界设立网关设备和网络流量设备，用守住边界的办法来解决安全问题。但随着移动互联网、云服务的出现，网络边界实际上已经消亡了。因此，在开放大数据共享的同时，也带来了对数据安全的隐忧。大数据安全是"互联网+"时代的核心挑战，安全问题具有线上和线下融合在一起的特征。

大数据的隐私管理方法有：

（1）定义和发现敏感的大数据，并在元数据库中将敏感大数据进行标记和分类；

（2）在收集、存储和使用个人数据时，需要严格执行所在地关于隐私方面的法律法规，并制定合理的数据保留、处理政策，吸纳公司法律顾问和首席隐私官的建议；

（3）在存储和使用过程中，对敏感大数据进行加密和反识别处理；

（4）加强对系统特权用户的管理，防止特权用户访问敏感大数据；

（5）在数据的使用过程中，需要对大数据用户进行认证、授权、访问和审计等管理，尤其是要监控用户对机密数据的访问和使用；

（6）审计大数据认证、授权和访问的合规性。

大数据与其他领域的新技术一样，也给我们带来了安全与隐私问题。另外，它们也不断地对人们管理计算机的方法提出挑战。正如印刷机的发明引发了社会自我管理的变革一样，大数据也是如此。它迫使人们借助新方法应对长期存在的安全与隐私挑战，并且通过借鉴基本原理对新的隐患进行应对。人们在不断推进科学技术进步的同时，也应确保自身的安全。

11.4.4　数据质量

当前大数据在多个领域广泛存在，大数据的质量对其有效应用起着至关重要的作用，在大数据使用过程中，如果存在数据质量问题，将会带来严重的后果，因而需要对大数据进行质量管理。大数据产生质量问题的具体原因如下：

（1）由于规模大，大数据在收集、存储、传输和计算过程中可能产生更多的错误，如果对其采用人工错误检测与修复，将导致成本巨大而难以有效实施；

（2）由于高速性，数据在使用过程中难以保证其一致性；

（3）大数据的多样性使其更可能产生不一致和冲突。

如果没有良好的数据质量，大数据将会对决策产生误导，甚至产生有害的结果。高质量的数据是使用数据、分析数据、保证数据质量的前提。大数据质量控制在保证大数据质量、减轻数据治理带来的"并发症"过程中发挥着重要作用，它能够把社会媒体或其他非传统的数据源进行标准化，并且可以有效防止数据散落。

建立可持续改进的数据管控平台，有效提升大数据质量管理，可以从以下几个方面入手：

（1）数据质量评估：提供全方位数据质量评估能力，如数据的正确性、完全性、一致性、合规性等，对数据进行全面"体检"；

（2）数据质量检核和执行：提供配置化的度量规则和检核方法生成能力，提供检核脚本的定时调度执行；

（3）数据质量监控：系统提供报警机制，对检核规则或方法进行阈值设置，对超出阈值的规则进行不同级别的警告和通知；

（4）流程化问题处理机制：对数据问题进行流程处理支持，规范问题处理机制和步骤，强化问题认证，提升数据质量；

（5）根据血缘关系锁定在仓库中使用频率较高的对象，进行高级安全管理，避免误操作。数据质量管理是一个综合的治理过程，不能只通过简单的技术手段解决，需要企业给予高度重视，才能在大数据世界里博采众长，抢占先机。

11.4.5　大数据服务创新

大数据的服务创新将激发新的生产力，可以通过对数据直接分析、统计、挖掘、可视化，发现数据规律，进行业务创新；通过对价值链、业务关联接口、业务要素等方面的洞察，挖掘出更加个性化的服务；通过数据处理自动化、智能化的创新，使数据呈现更清晰，分析更明确。

11.5　大数据治理模型

数据治理模型可以帮助组织厘清复杂或模糊的概念，指导组织开展高效的数据治理工作。同时，模型的设置可以为实施数据治理举措制定指导方针，并且提供适当的评估机制，即当组织的治理期望与实际状态不符时，该评估机制可以提供差距分析。此外，模型的设置还有利于数据利益相关者从中获取信息，进而做出正确的决策。

对于数据治理相关者而言，由于不同的组织存在组织背景、动机和期望等的差异，因此，数据治理的模型具有特殊性，即不同组织和领域适用不同的治理模型，而且同一个治理模型也会在发展和使用过程中不断动态变化和调优。这里重点介绍 3 种典型的数据治理模型，即 ISACA 数据治理模型、HESA 数据治理模型和数据治理螺旋模型。

11.5.1　ISACA 数据治理模型

国际信息系统审计与控制协会（International Information Systems Audit and Control Association，ISACA）是全球公认的信息科技管理、监控领导组织。ISACA 从行政资助、文化、管理

指标、培训与意识培养 4 个角度出发，构建了如图 11-5 所示的数据治理模型（ISACA 数据治理模型）。

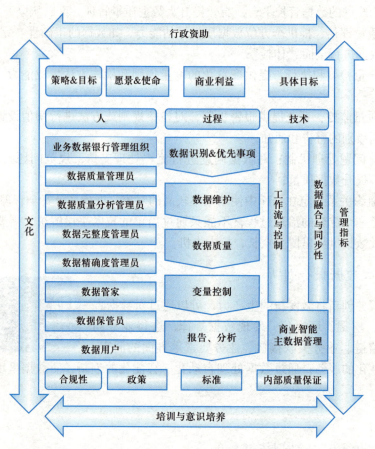

图 11-5 ISACA 数据治理模型

ISACA 数据治理在组织资助的前提下，根据组织的愿景和使命、组织利益以及具体目标，确定数据治理的策略或目标。该数据治理模型具有两大特点，一是由于治理是灵活的，可根据组织需求适当扩大或缩小治理范围，所以该模型不是"一成不变"的，允许在可控的范围内进行调整和优化；二是充分体现了人的能动性与主导作用，及其全程参与数据治理的过程。此外，该模型采用顶层设计、基层实施的方法，秉持简单实用的原则，只在需要的地方进行治理，不将额外的步骤纳入治理过程，确保模型的所有环节都为整个组织增值。

11.5.2 HESA 数据治理模型

高等教育统计局（Higher Education Statistics Agency，HESA）是英国收集、分析和传播高等教育定量信息的官方机构，提出了 HESA 数据治理模型，如图 11-6 所示。HESA 强调数据治理模型与组织的设计和管理结构密切相关，同时指出每个组织应根据各自的侧重点，对通用模型进行适当修改，成为服务某个领域的特色模型。因此在该模型中，HESA 将数据治理团队与法律、安全、人力资源等置于并列位置，由数据治理委员会统一指导。HESA 指出，治理模型在一定程度上体现了"为所有人公平获取数据"的概念，数据应被视为组织资产，而不是一个孤岛。因此，该模型数据治理的范围包括以下几点：

（1）确保数据安全，确保组织面临的风险可控。

（2）防止和纠正数据错误，从而不断完善数据治理计划。

（3）衡量数据质量并提供检测和评估数据质量的改进框架。

（4）记录数据及其在组织内的使用情况，作为数据相关问题和具体决策的参考。

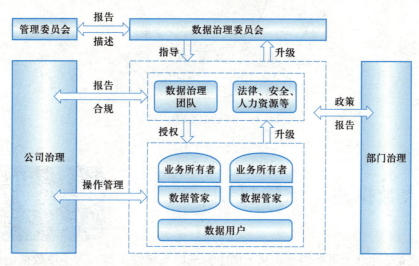

图 11-6　HESA 数据治理模型

11.5.3　数据治理螺旋模型

Mustimuhw Information Solutions 是加拿大一家计算机软件公司，该公司研究发现，随着时间的推移，人们的需求和能力会不断变化和发展，治理模型也将随之而扩张和改进，不断迭代循环、发展壮大。因此，该公司认为数据治理应以螺旋模型呈现，以反映模型的动态和不断演变的性质。由图 11-7 可知，Mustimuhw Information Solutions 数据治理螺旋模型（简称"MIS 螺旋模型"）始于数据治理的愿景和原则。数据治理模型根植于人们对数据治理的愿景，秉承核心指导原则，这些核心指导原则为组织的数据治理提供了全面的方法论和维护方案。随着模型的螺旋形发展，该模型的第二个核心要素是数据治理结构，即治理的概念、组织结构、相关角色与责任。该模型的第三个核心要素是责任机制，强调要明确责任重点、相关要求及相关机制。模型的第四个核心要素是数据治理政策，基于螺旋形的结构特点，每个政策都应将数据治理模型的第一步——愿景和原则纳入考量。有别于其他模型的是，该模型认为数据治理政策的目标是通过对数据治理应用的共同理解，来预防发展中可能遇到的问题。模型的第五个核心要素是隐私与安全政策，它描述了如何保护数据，并制定维护隐私和安全的措施与流程，从而防止隐私侵权和治理过程中的不当访问，该要素为数据治理成果及数据保护提供了更多的保障。该模型的最后一个核心要素是法律，例如数据管理法、数据治理协议、数据共享协议等。通过上述基于要素的模型分析，该模型虽从直观上看是螺旋形，实则是具有纵向深度的柱体，包含着全面的数据治理及其相关延伸。

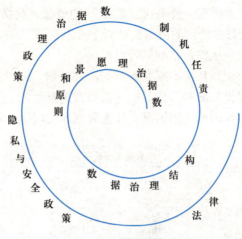

图 11-7　MIS 数据治理螺旋模型

11.6　大数据治理保障机制

数据治理是一个从上至下指导、从下而上推进的系统性工程。为了使数据治理工作顺利开展并取得成效，需要诸多方面的要素保障，主要包括明确的战略目标、强有力的组织机构、合理的制度章程、清晰的流程管理以及具体的技术应用。

11.6.1　大数据治理战略目标

战略是选择和决策的集合，通过绘制一个高层次的行动方案来实现更高层次的目标。大数据治理战略作为企业发展战略中的重要组成部分，是数据管理计划的战略，是保持和提高数据质量、完整性和安全性的计划，是指导数据治理的最高原则。

数据治理战略是否与企业发展战略相吻合，是衡量数据治理体系实施是否成熟的一条重要标准。在企业发展战略框架的指导下，应当逐步建立数据治理的企业战略文化，有力推进企业数据治理工作的顺利开展。数据治理的企业战略文化主要包括企业高层领导对数据治理的重视程度、所能提供的资源、重大问题的协调能力，以及对数据治理文化的宣传推广、培训教育等一系列措施。

数据治理的战略组成部分主要包括：数据治理的愿景、商业案例摘要、指导原则、长远目标分解、管理措施、实施线路等。在实现数据治理战略目标的过程中，要在集体内部形成统一的认知，让他们充分意识到数据治理工作的必要性和重要意义，由此才能促使企业内部产生统一的行动。"垃圾进，垃圾出"在信息化领域广为人知，是指使用受到污染的"脏乱"数据做样本，必然产生毫无价值的研究成果。在数据的产生、采集、传输、流转、加工、存储、提取、交换等各个环节，都有可能发生数据污染，因此，要保证数据治理目标的顺利实现，就必须对数据进行全流程管控，要在集体范围内形成统一的数据治理认知，让人人有责的理念深入人心。

11.6.2　大数据治理组织

数据治理的组织包括制度组织和服务组织。制度组织主要负责数据治理和数据管理制度。这些组织具有横跨多个部门的职能，一般会建立数据治理委员会、数据管理制度团队等，负责整体数据战略、数据政策、数据管理度量指标等数据治理规程问题。服务组织主要是由数据管理的专业人员组成，包括数据质量分析师、数据架构师、元数据管理员等，主要负责实施数据治理各个领域的具体工作。

1. 组织架构

在项目开始之前，必须构建有效的组织机构，并做出明确的责任分工，这样才能确保项目成功并达到项目预期目标。同时，在确定如何成立以及成立什么样的组织，应该充分考虑数据主题自身的发展战略和目标。数据治理项目管理组织给出了可供借鉴的组织架构，如图 11-8 所示。

图 11-8　数据治理组织架构

（1）数据治理委员会：是数据治理的最高组织，负责定义数据治理愿景和目标，在组织内跨业务和 IT 进行协调，设置数据治理计划的总体方向，在发生策略分歧时进行协调。上述职责与传统数据治理委员会一致，由首席技术官（CTO）领衔。此外，针对大数据处理，应考虑设立首席数据官，从海量数据处理角度统筹工作，将与工业制造相关的传感器信息、人机/机机交互信息、以及互联网信息都纳入数据治理的考虑。

（2）数据治理工作组：是数据治理的中层组织，受委员会委托负责日常的数据治理管理，监管各领域数据主管的工作。治理工作组的牵头人在主营业务种类多时，由信息化部门的首席数据架构师担任，在主营业务单一时可由核心业务部门负责人担任。

（3）数据主管：是数据治理的具体实施人员，由每个部门指定。数据主管不拥有数据，但是受数据治理工作组及所在部门的委托，实施数据、访问规则的定义和质量管理。此外，针对大数据处理和分析，设计数据科学家的职责，一是负责海量数据的处理，二是在此基础上构建模型、训练数据，发现数据中存在的价值。

2. 组织层次

建立数据治理委员会，委员会成员可以来自高层领导者，主要负责在多个业务部门和 IT 部门之间协调工作，把握数据治理的总体方向。同时，可以在其下设立工作组，负责执行数据治理计划和监督数据管理工作。建立合理的组织层次，可以为快速推动数据治理工作提供有效助力。

3. 组织职责

应该根据数据管理工作的实际需要来确定业务部门、技术管理部门和业务应用部门工作人员的职责。一般而言，不同的组织会承担不同的职责，在业务开展对数据的具体要求方面，业务部门应该尽早明确相关需求，然后，技术部门就可以根据业务部门的需求来负责具体的实施工作，包括将业务部门提出的要求转化成技术语言，用于事前的控制（例如字段的约束）、事中的逻辑控制（例如控制不能为空）、事后的核查，以及具体的技术操作和编制定期的报告等。

11.6.3 制度章程

制度章程是一种用来确保对数据治理进行有效实施的认责制度，它包含多种职责，既包括数据治理职能的职责，也包括数据管理职能的职责。数据治理是最高层次的、规划性的数据管理制度活动。换句话说，数据治理是主要由数据管理人员和协调人员共同制定的、高层次的数据管理制度决策。数据治理制度体系主要包括规章制度、管控办法、考核机制和技术规范等，如图 11-9 所示。

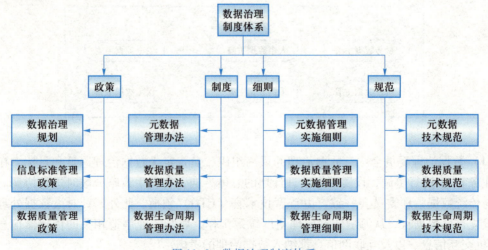

图 11-9　数据治理制度体系

11.6.4　流程管理

流程管理包括流程目标、流程任务、流程分级。具体流程的建立，需要以数据治理的内容作为依据，并且要做到严格遵循本单位数据治理的规章制度。流程管理会因单位而异，在实际操作中，需要建立符合本单位的流程管理，一般可结合所使用的数据治理工具，与数据治理工具供应商协商，来建立相应的流程管理。流程管理的具体工作包括如下几个方面。

（1）做好事前预防。做好事前防范的首要条件就是积极贯彻落实战略文化和规章制度。目前有一些专门的数据治理平台，可以将相关的制度规范和职责要求在系统中进行控制和约束，并在流转的各个环节实施认责机制，把具体责任明确到具体的组织和角色。

（2）加强事中监测。加强事中监测是做好流程管理的关键一环。应组织分析各领域的数据质量问题，监测报告本系统的数据结构变化情况、数据分布情况、数据对业务服务的满足情况、在线数据增长情况、数据空缺和质量恶化情况等。

（3）进行事后评估和整改。进行事后评估和整改，可以有效改进流程管理的质量和水平。应该定期对系统开展全面的数据治理状况评估，对于遇到的具体问题，必须要求按期整改优化，并把整改结果作为考核的依据。

11.6.5　技术应用

技术应用可以保障数据治理工作的顺利有效开展，它包括支撑核心领域的工具和平台，例如数据质量管理系统、元数据管理系统等。要想对各个领域进行有效的数据管理和治理，提高数据的质量和价值，就必须依赖丰富的数据治理工具和平台。

（1）建立数据资产管理系统，统一管理数据资产，包括元数据、数据模型、数据标准以及其他重要的数据资产，并提供可视化的数据查询和展示功能，从而支持数据资产的方便快捷查询。

（2）建立数据质量管理系统，落实数据质量问题的治理工作，实现数据质量问题的发现、跟踪、治理、评价的全流程闭环管理。同时，需要落实数据生命周期管理机制，在必要的时候，可以考虑搭建数据生命周期管理平台。

（3）建设统一的数据仓库平台，持续整合各个生产系统和业务系统的基础数据，在组织层面提供一个统一的数据视图，满足前台营销、统计分析、决策支持、风险管理和新资本协议等多种需求。

（4）加强各系统间的互联互通，努力消除"信息孤岛"，促进数据在各部门、各系统之间的自由流通，充分发挥数据的最大价值。

11.7　本章小结

大数据资源是以容量大、类型多、存取速度快、价值密度低为主要特征的数据集合。在大数据时代，拥有数据规模和应用数据能力成为企业之间竞争的关键，有效利用大数据资源也成为国家竞争力的重要影响因素。但是，大数据资源是一把双刃剑，既存在巨大价值，又蕴含着巨大风险，大数据应用必须追求风险与价值的平衡，这正是大数据治理所蕴含的理念。本章内容介绍了大数据治理的概念和重要作用，并全面介绍了大数据治理要素、原则、范围、模型和保障机制。

11.8　习题

1. 请阐述数据治理的必要性。
2. 请阐述数据治理的基本概念。
3. 请阐述数据治理与数据管理的关系。
4. 请阐述大数据治理的概念。
5. 请阐述大数据治理与数据治理的关系。
6. 请阐述大数据治理的要素。
7. 请阐述大数据治理的原则有哪些。
8. 请阐述大数据治理的关键领域包括哪些。
9. 请具体解释什么是 ISACA 数据治理模型。
10. 请具体解释什么是 HESA 数据治理模型。
11. 请具体解释什么是 MIS 数据治理螺旋模型。

参考文献

［1］林子雨. 大数据技术原理与应用［M］. 3 版. 北京：人民邮电出版社，2021.

［2］林子雨，赖永炫，陶继平. Spark 编程基础（Scala 版）［M］. 2 版. 北京：人民邮电出版社，2022.

［3］林子雨. 大数据基础编程、实验和案例教程［M］. 2 版. 北京：清华大学出版社，2020.

［4］维克托·迈尔-舍恩伯格，肯尼思·库克耶. 大数据时代：生活、工作与思维的大变革［M］. 周涛，等译. 杭州：浙江人民出版社，2013.

［5］中国信息通信研究院安全研究所. 大数据安全白皮书（2018）［R/OL］. ［2018-07-13］. http://www.cbdio.com/BigData/2018-07/13/content_5763797.htm

［6］朱扬勇，叶雅珍. 从数据的属性看数据资产［J］. 大数据，2018，4（6）：65-76.

［7］杜小勇，杨晓春，童咏昕. 大数据治理的理论与技术专题前言［J］. 软件学报，2023，34（3）：1007-1009.

［8］凡景强，邢思聪. 大数据伦理研究进展、理论框架及其启示［J］. 情报杂志，2023，42（3）：167-173.

［9］张丽冰. 大数据伦理问题相关研究综述［J］. 文化创新比较研究，2023，7（01）：58-61.

［10］张涛，崔文波，刘硕，等. 英国国家数据安全治理：制度、机构及启示［J］. 信息资源管理学报，2022，12（6）：44-57.

［11］黎四奇. 数据科技伦理法律化问题探究［J］. 中国法学，2022（04）：114-134.

［12］刘云雷，刘磊. 数据要素市场培育发展的伦理问题及其规制［J］. 伦理学研究，2022（03）：96-103.

［13］张敏. 大数据的悖论［J］. 中关村，2018（05）：91.

［14］陈高华，蔡其胜. 大数据环境下精准诈骗治理难题的伦理反思［J］. 自然辩证法通讯，2018，40（11）：26-32.

［15］袁雪. 大数据技术的伦理"七宗罪"［J］. 科技传播，2016，8（07）：89-90.

［16］郭胜. 大数据技术的伦理问题反思［J］. 科技传播，2018，10（19）：4-7.

［17］宋吉鑫. 大数据技术的伦理问题及治理研究［J］. 沈阳工程学院学报（社会科学版），2018，14（04）：452-455.

［18］朱沁卉. 大数据技术的伦理问题探究［J］. 科技风，2018（24）：78-80.

［19］陈艳，李君亮，栾忠恒，等. 大数据技术伦理：问题、根源及对策［J］. 金华职业技术学院学报，2016，16（06）：90-92.

［20］田维琳. 大数据伦理失范问题的成因与防范研究［J］. 思想教育研究，2018（08）：

107-111.

[21] 李航．大数据时代：网络隐私伦理问题探究 [J]．现代商业，2018（29）：165-166.

[22] 陈仕伟．大数据时代数字鸿沟的伦理治理 [J]．创新，2018，12（03）：15-22.

[23] 李俏．大数据时代下的隐私伦理建构研究 [J]．九江学院学报（社会科学版），2018，37（04）：106-109.

[24] 王永峰．对大数据道德悖论的思考 [J]．人力资源管理，2016（01）：201-202.

[25] 王强芬．儒家伦理对大数据隐私伦理构建的现代价值 [J]．医学与哲学，2019，40（01）：30-34.

[26] 杨欣．试论大数据垄断的法律规制 [J]．法制博览，2018（03）：144-145.

[27] 鲁浪浪．大数据交易的规则体系构建研究 [J]．中小企业管理与科技，2017（12）：180-182.

[28] 王卫，张梦君，王晶．国内外大数据交易平台调研分析 [J]．情报杂志，2019，38（02）：181-186+194.

[29] 闫树．行业自律促进大数据交易发展的几点思考 [J]．互联网天地，2017（2）：58-60.

[30] 沪苏浙大数据交易正后发赶超 [J]．领导决策信息，2016（45）：8-9.

[31] 张琪．浅析大数据交易中侵犯用户隐私权问题 [J]．发展改革理论与实践，2018（2）：45，50-51.

[32] 赵子瑞．浅析国内大数据交易定价 [J]．信息安全与通信保密，2017（5）：61-67.

[33] 宋梅青．融合数据分析服务的大数据交易平台研究 [J]．图书情报知识，2017（2）：13-19.

[34] 刘耀华．数据交易的法律规制探讨 [J]．互联网天地，2016（12）：16-19.

[35] 李唯睿．王叁寿：打造全球第一家大数据交易所 [J]．当代贵州，2018（23）：56.

[36] 张敏，朱雪燕．我国大数据交易的立法思考 [J]．学习与实践，2018（7）：60-70.

[37] 雷震文．以平台为中心的大数据交易监管制度构想 [J]．现代管理科学，2018（9）：19-21.

[38] 茶洪旺，袁航．中国大数据交易发展的问题及对策研究 [J]．区域经济评论，2018（04）：95-101.

[39] 晴青，赵荣．北京市政府数据开放现状研究 [J]．情报杂志，2016，35（4）：177-182.

[40] 姬蕾蕾．大数据时代数据权属研究进展与评析 [J]．图书馆，2019（2）：27-32.

[41] 陈美．德国政府开放数据分析及其对我国的启示 [J]．图书馆，2019（1）：052-057，094.

[42] 龚子秋．公民"数据权"：一项新兴的基本人权 [J]．江海学刊，2018：157-161.

[43] 陈美．日本开放政府数据分析及对我国的启示 [J]．图书馆，2018（6）：8-14.

[44] 刘再春．我国政府数据开放存在的主要问题与对策研究 [J]．理论月刊，2018：110-118.

[45] 赵需要，侯晓丽，徐堂杰，等．政府开放数据生态链：概念、本质与类型［J］．情报理论与实践，2019，42（6）：7.

[46] 秦森林．政府数据开放与共享模型研究［J］．现代计算机（专业版），2019（01）：53-56.

[47] 郑飞鸿，潘燕杰．政府数据开放中公民知情权与隐私权协调机制［J］．西华大学学报，2019，38（1）：105-112.

[48] 齐爱民，盘佳．数据权、数据主权的确立与大数据保护的基本原则［J］．苏州大学学报：哲学社会科学版，2015（1）：7.

[49] 程园园．大数据时代大数据思维与统计思维的融合［J］．中国统计，2018，（01）：15-17.

[50] 卞集．大数据时代的思维革命［J］．大飞机，2017（11）：5.

[51] 张弛．大数据思维范畴探究［J］．华中科技大学学报：社会科学版，2015，29（2）：6.

[52] 陈禹壮．大数据思维探析［J］．电子技术与软件工程，2018（03）：186.

[53] 陈超，沈思鹏，赵杨，等．大数据思维与传统统计思维差异的思考［J］．南京医科大学学报（社会科学版），2016（6）：477-479.

[54] 郑磊．大数据思维与传统统计思维方式的差异分析［J］．无线互联科技，2017（22）：110-111.

[55] 黄夕珂．试论金融学研究中大数据思维的运用［J］．中国国际财经（中英文），2017（23）：230.

[56] 谢志燕．以思维方式的转变拥抱大数据时代的到来［J］．安徽冶金科技职业学院学报，2018（03）：107-109.

[57] 何翼，田华．从"棱镜门"事件领略大数据时代［J］．福建电脑，2016（1）：39.

[58] 孙悦新．大数据时代我国国家安全治理的风险化解［J］．经贸实践，2018（22）：219.

[59] 陈仕伟．大数据时代隐私保护的伦理反思［J］．甘肃行政学院学报，2018（6）：104-112.

[60] 赵丁．大数据云计算语境下的数据安全应对策略［J］．电子技术与软件工程，2019（2）：210.

[61] 杨继武．关于大数据时代下的网络安全与隐私保护探析［J］．通讯世界，2019（2）：35-36.

[62] 孙得，王镜涵．互联网大数据时代对国家安全影响［J］．中国新通信，2018，20（09）：153.

[63] 王海蓉．浅谈大数据时代下国家安全面临的挑战及对策［J］．吉林省经济管理干部学院学报，2016，30（5）：5-7.

[64] 杜燧锋．斯诺登事件后，美国情报界有了哪些变化［J］．世界知识，2016（16）：68-69.

［65］刘佳祎．云计算与大数据环境下的信息安全技术［J］．电子技术与软件工程，2019（2）：204.

［66］吴沈括．数据治理的全球态势及中国应对策略［J］．电子政务，2019，（01）：2-10.

［67］黄道丽，胡文华，大阿来．安全视角下的大数据治理与合规应对［J］．保密科学技术，2018（10）：14-18.

［68］孙嘉睿．国内数据治理研究进展：体系、保障与实践［J］．图书馆学研究，2018（16）：2-8.

［69］甘似禹，车品觉，杨天顺，等．大数据治理体系［J］．计算机应用与软件，2018，35（06）：1-8+69.

［70］刘桂锋，钱锦琳，卢章平．国外数据治理模型比较［J］．图书馆论坛，2018，38（11）：18-26.

［71］安小米，郭明军，魏玮，等．大数据治理体系：核心概念、动议及其实现路径分析［J］．情报资料工作，2018（01）：6-11.

［72］刘桂锋，钱锦琳，卢章平．国内外数据治理研究进展：内涵、要素、模型与框架［J］．图书情报工作，2017，61（21）：137-144.

［73］郑大庆，黄丽华，张成洪，等．大数据治理的概念及其参考架构［J］．研究与发展管理，2017，29（04）：65-72.

郑重声明

高等教育出版社依法对本书享有专有出版权。任何未经许可的复制、销售行为均违反《中华人民共和国著作权法》，其行为人将承担相应的民事责任和行政责任；构成犯罪的，将被依法追究刑事责任。为了维护市场秩序，保护读者的合法权益，避免读者误用盗版书造成不良后果，我社将配合行政执法部门和司法机关对违法犯罪的单位和个人进行严厉打击。社会各界人士如发现上述侵权行为，希望及时举报，我社将奖励举报有功人员。

反盗版举报电话　（010）58581999　58582371

反盗版举报邮箱　dd@ hep. com. cn

通信地址　北京市西城区德外大街 4 号

　　　　　　高等教育出版社知识产权与法律事务部

邮政编码　100120

防伪查询说明

用户购书后刮开封底防伪涂层，使用手机微信等软件扫描二维码，会跳转至防伪查询网页，获得所购图书详细信息。

防伪客服电话　（010）58582300

网络增值服务使用说明

1. 访问 http://abooks. hep. com. cn/187988。

2. 注册并登录，点击页面右上角的个人头像展开子菜单，进入"个人中心"，点击"绑定防伪码"按钮，输入图书封底防伪码（20 位密码，刮开涂层可见），完成课程绑定。

3. 在"个人中心"→"我的图书"中选择本书，开始学习。